KB132466

교육원,

를 위한

고력

초등수학

팩토

연산·공간·논리추론

머리말

"

서로 다른 펜토미노 조각 퍼즐을 맞추어
직사각형 모양을 만들어 본 경험이 있는지요?

한참을 고민하여 스스로 완성한 후 느끼는 행복은 꼭 말로 표현하지 않아도 알겠지요. 퍼즐 놀이를 했을 뿐인데, 여러분은 펜토미노 12조각을 어느 사이에 모두 외워버리게 된답니다. 또 보도블록을 보면서 조각 맞추기를 하고, 화장실 바닥과 벽면의 조각들을 보면서 멋진 퍼즐을 스스로 만들기도 한답니다.
이 과정에서 공간에 대한 감각과 또 다른 퍼즐 문제, 도형 맞추기, 도형 나누기에 대한 자신감도 생기게 되지요. 완성했다는 행복감보다 더 큰 자신감과 수학에 대한 흥미가 생기게 되는 것입니다.

팩토가 만드는 창의사고력 수학은 바로 이런 것입니다.

수학 문제를 한 문제 풀었을 뿐인데, 그 결과는 기대 이상으로 여러분을 행복하게 해줍니다. 학교에서도 친구들과 다른 멋진 방법으로 문제를 해결할 수 있고, 중학생이 되어서는 더 큰 꿈을 이루는 밑거름이 되어 줄 것입니다.
물론 고민하고, 시행착오를 반복하는 것은 퍼즐을 맞추는 것과 같이 여러분들의 몫입니다. 팩토는 여러분에게 생각할 수 있는 기회를 주고, 그 과정에서 포기하지 않도록 여러분들을 도와주는 친구가 되어줄 것입니다.
자 그럼 시작해 볼까요?

"

Contents

구성과 특징

팩토를 공부하기 前 » 진단평가

1. 매스티안 홈페이지 www.mathtian.com의 교재 자료실에서 해당 학년의 진단평가 시험지와 정답지를 다운로드 하여 출력한 후 정해진 시간 안에 풀어 봅니다.
2. 학부모님 또는 선생님이 정답지를 참고하여 채점하고 채점한 결과를 홈페이지에 입력한 후 팩토 교재 추천을 받습니다.

팩토를 공부하는 방법

① 원리 탐구하기

하나의 주제에서 배우게 될 중요한 2가지 원리를 요약 정리하였습니다.

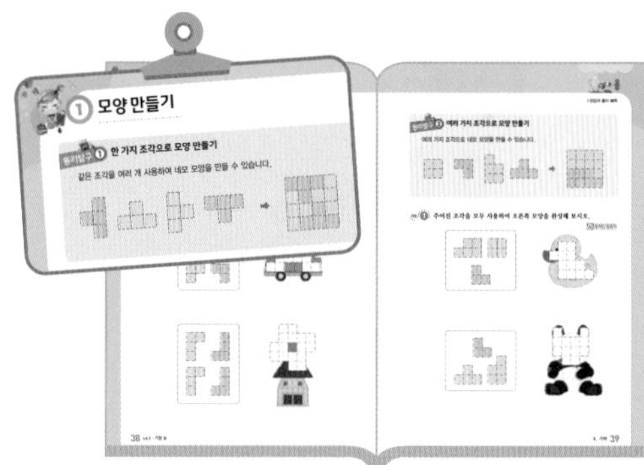

② 대표 유형 익히기

각종 경시대회, 영재교육원 기출 유형을 대표 문제로 소개하며 사고의 흐름을 단계별로 전개하였습니다.

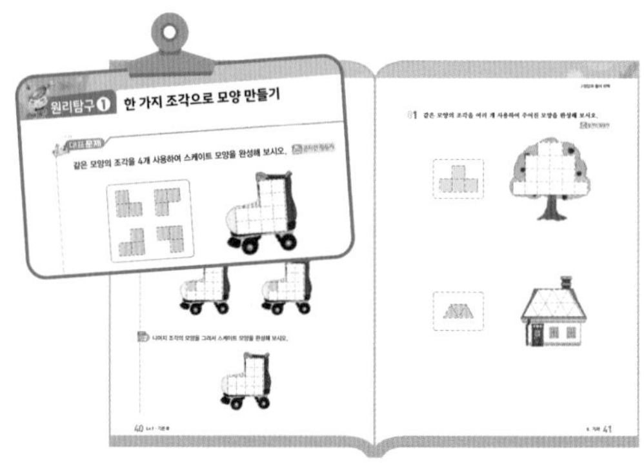

③ 실력 키우기

다양한 통합형 문제를 빠짐없이 수록하여 내실있는 마무리 학습을 제공합니다.

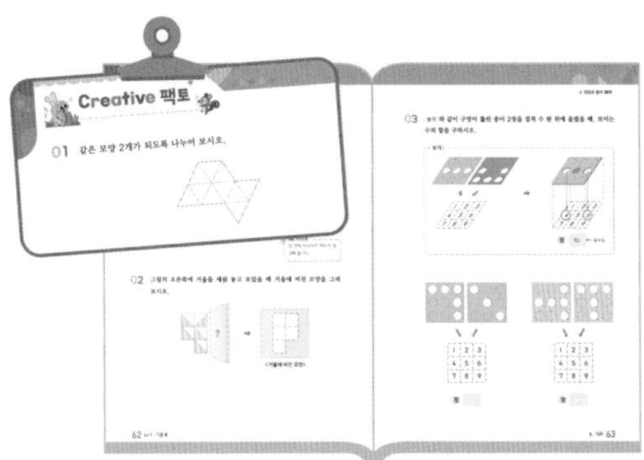

④ 영재교육원 다가서기

경시대회는 물론 새로워진 영재교육원 선발 문제인 영재성 검사를 경험할 수 있는 개방형, 다답형 문제를 담았습니다.

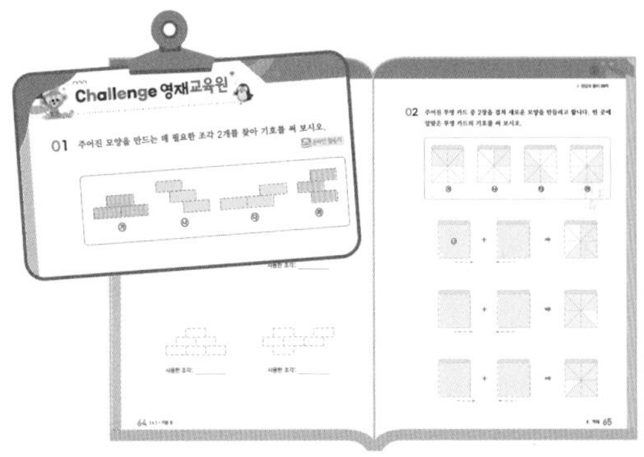

⑤ 명확한 정답 & 친절한 풀이

채점하기 편하게 직관적으로 정답을 구성하였고, 틀린 문제를 이해하거나 다양한 접근을 할 수 있도록 친절하게 풀이를 담았습니다.

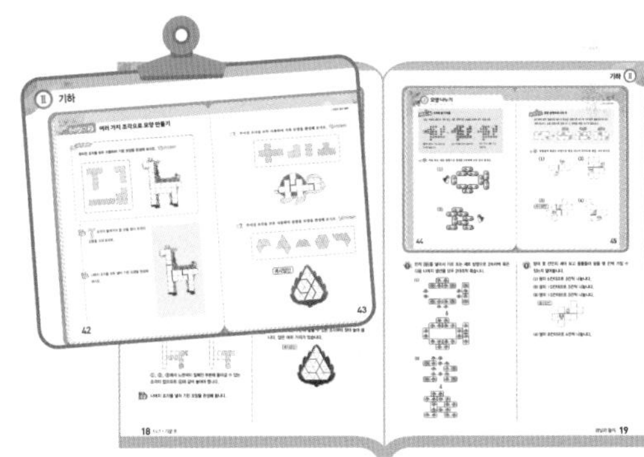

팩토를 공부하고 난 後 » 형성평가·총괄평가

1. 팩토 교재의 부록으로 제공된 형성평가와 총괄평가를 정해진 시간 안에 풀어 봅니다.
2. 학부모님 또는 선생님이 정답지를 참고하여 채점하고 채점한 결과를 매스티안 홈페이지 www.mathtian.com에 입력한 후 학습 성취도와 다음에 공부할 팩토 교재 추천을 받습니다.

I

연 산

학습 Planner

계획한 대로 공부한 날은 😀에, 공부하지 못한 날은 🙁에 ◯표 하세요.

공부할 내용	공부할 날짜	확 인
1 합과 차	월 일	😀 | 🙁
2 연산 퍼즐	월 일	😀 | 🙁
3 식 만들기	월 일	😀 | 🙁
4 마방진	월 일	😀 | 🙁
Creative 팩토	월 일	😀 | 🙁
Challenge 영재교육원	월 일	😀 | 🙁

① 합과 차

원리탐구 ① 합이 같은 세 수 찾기

6을 다음과 같이 가르기 하여 세 수의 합으로 나타낼 수 있습니다.

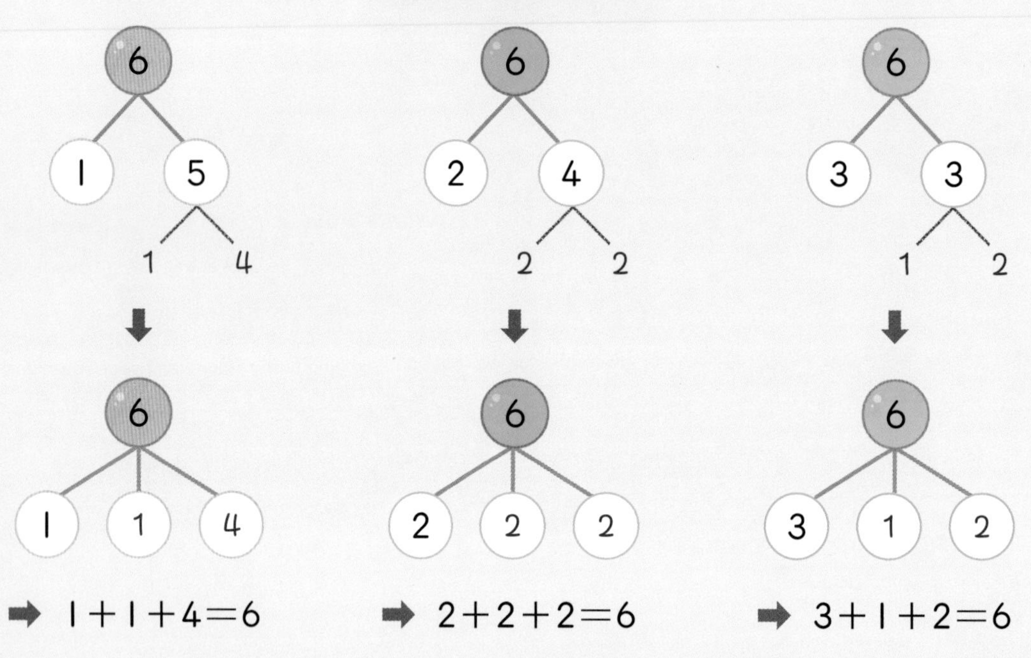

➡ 1+1+4=6 ➡ 2+2+2=6 ➡ 3+1+2=6

확인 ①. 세 수의 합이 9가 되도록 여러 가지 방법으로 만들어 보시오.

1 + 1 + □ =9 □ + □ + □ =9

□ + □ + □ =9 □ + □ + □ =9

□ + □ + □ =9 □ + □ + □ =9

□ + □ + □ =9

정답과 풀이 02쪽

원리탐구 ② 차가 같은 두 수 찾기

1부터 9까지의 수 중에서 두 수의 차가 5가 되는 경우는 다음과 같습니다.

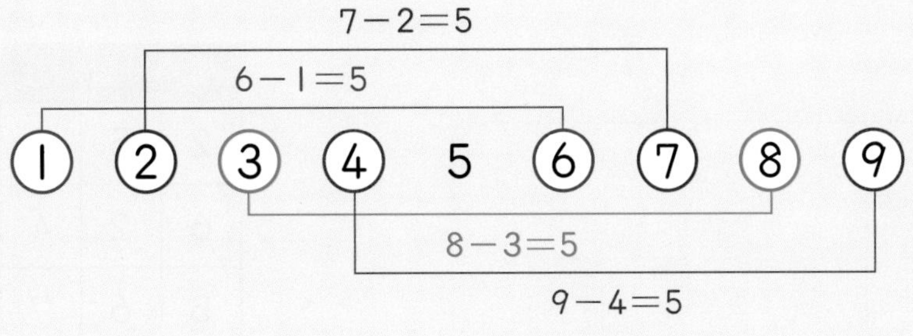

확인 1. 차가 ◯ 안의 수가 되는 두 수를 모두 찾아 선으로 이어 보시오.

(2)

4	1	8	7
5	2	3	6

7-5=2

(3)

9	5	7	3
8	4	6	2

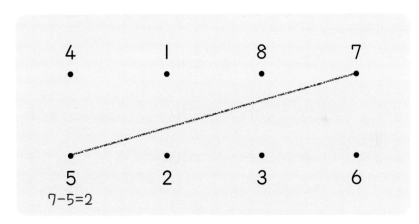

원리탐구 ① 합이 같은 세 수 찾기

대표문제

다음 조각으로 덮은 세 수의 합이 10이 되는 곳을 모두 찾아 ⌊ 또는 ▭ 으로 묶어 보시오. (단, 조각을 돌려도 됩니다.)

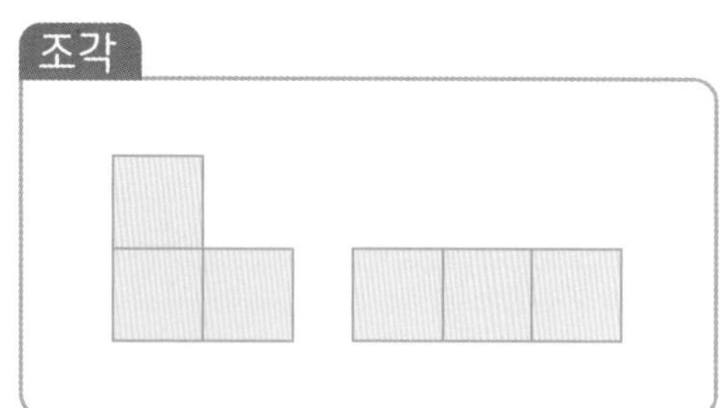

세 수의 합: 10

2	5	3	6
6	2	4	1
5	6	7	4
7	2	1	3

STEP 01 세 수의 합이 10이 되는 덧셈식을 모두 찾아 써 보시오.

1 + 1 + 8 = 10　　☐ + ☐ + ☐ = 10

☐ + ☐ + ☐ = 10　　☐ + ☐ + ☐ = 10

☐ + ☐ + ☐ = 10　　☐ + ☐ + ☐ = 10

☐ + ☐ + ☐ = 10　　☐ + ☐ + ☐ = 10

STEP 02 ⌊ 조각으로 덮은 세 수의 합이 10이 되는 곳을 3곳 더 찾아 ⌊ 으로 묶어 보시오.

2	5	3	6
6	2	4	1
5	6	7	4
7	2	1	3

STEP 03 ▭ 조각으로 덮은 세 수의 합이 10이 되는 곳을 2곳 더 찾아 ▭ 으로 묶어 보시오.

2	5	3	6
6	2	4	1
5	6	7	4
7	2	1	3

> 정답과 풀이 03쪽

01 다음 조각으로 덮은 세 수의 합이 주어진 수가 되는 5곳을 찾아 ㄴ 또는 ▭으로 묶어 보시오. (단, 조각을 돌려도 됩니다.)

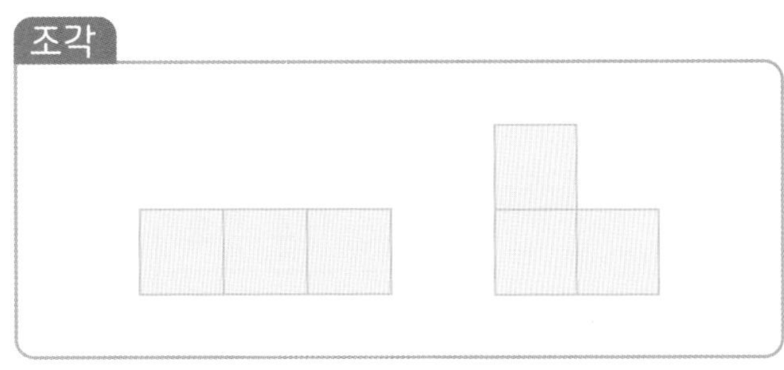

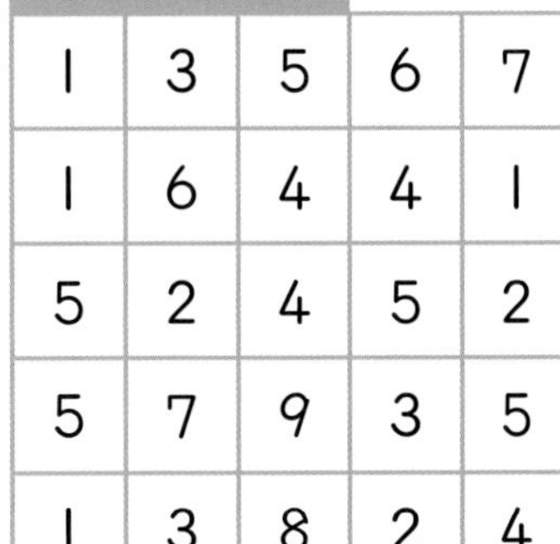

세 수의 합: 9

1	3	5	6	7
1	6	4	4	1
5	2	4	5	2
5	7	9	3	5
1	3	8	2	4

세 수의 합: 10

1	8	6	4	4
2	3	3	6	2
5	8	2	9	1
2	4	5	5	3
1	7	6	1	4

원리탐구 ❷ 차가 같은 두 수 찾기

대표문제

두 수의 차가 3이 되는 4곳을 찾아 ▭ 또는 ▯으로 묶어 보시오.

두 수의 차: 3

2	1	7	3
8	5	4	2
4	9	6	8
2	3	4	1

STEP 01 수직선을 이용하여 두 수의 차가 3이 되는 경우를 모두 찾아보시오.

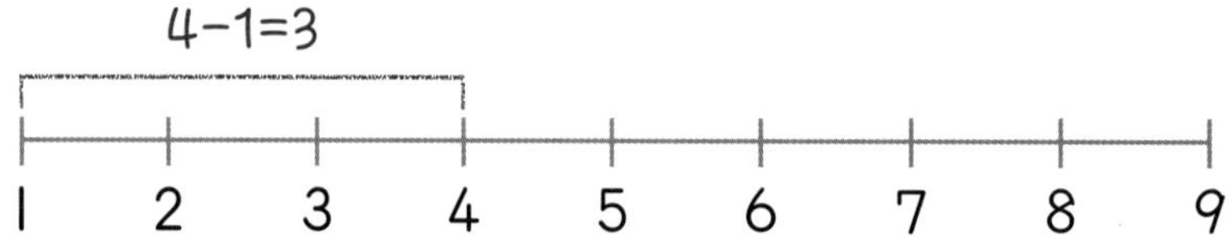

4 − 1 = 3　　□ − □ = 3　　□ − □ = 3

□ − □ = 3　　□ − □ = 3　　□ − □ = 3

STEP 02 두 수의 차가 3이 되는 4곳을 찾아 ▭ 또는 ▯으로 묶어 보시오.

2	1	7	3
8	5	4	2
4	9	6	8
2	3	4	1

01 두 수의 차가 3이 되는 4곳을 찾아 ▭ 또는 ▯으로 묶어 보시오.

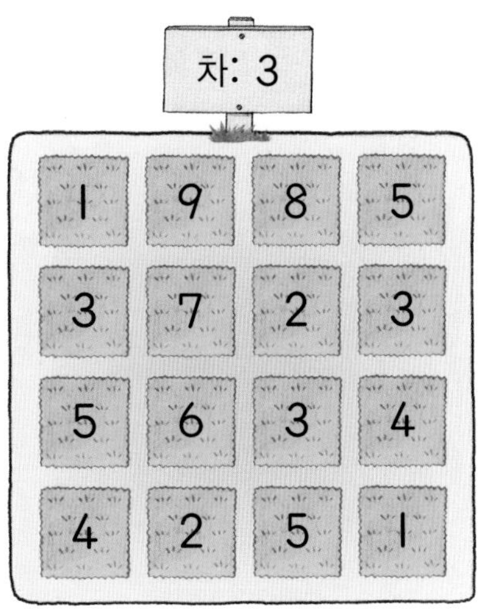

02 두 수의 차가 4가 되는 5곳을 찾아 ▱ 또는 ◇으로 묶어 보시오.

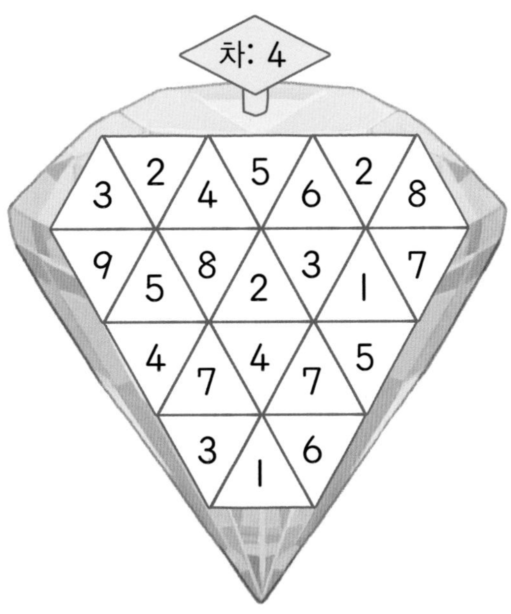

② 연산 퍼즐

원리탐구 ① 사다리타기 연산

사다리타기의 규칙은 위에서 아래로 내려가면서 가로선을 만나면 반드시 꺾어야 하고, 위로는 갈 수 없습니다.

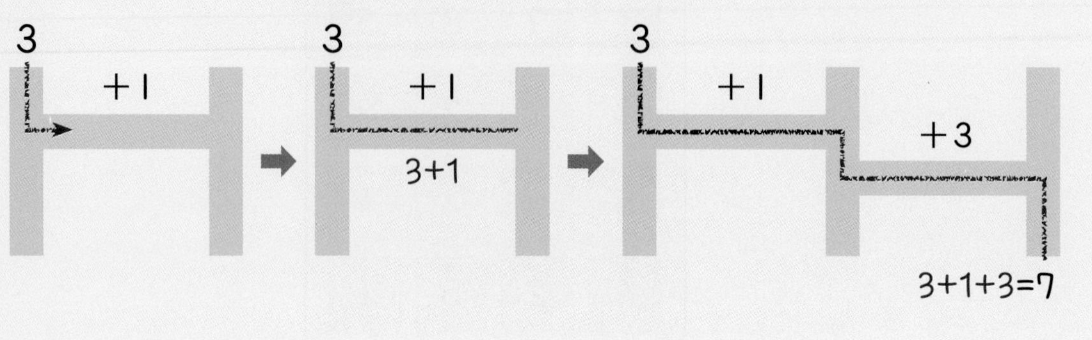

확인 1. 사다리타기를 하면서 ▢ 안에 알맞은 수를 써넣으시오.

2 1 4

+1 +3 +2

확인 2. 사다리타기를 하면서 ▢ 안에 알맞은 수를 써넣으시오.

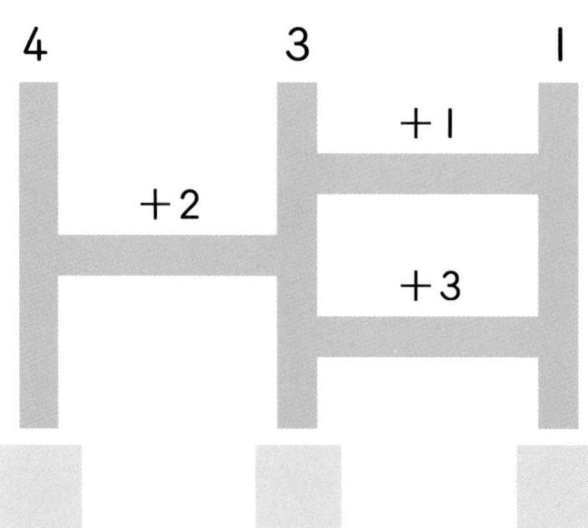

정답과 풀이 05쪽

가로·세로 연산

주어진 수 카드를 모두 사용하여 퍼즐을 완성하면 다음과 같습니다.

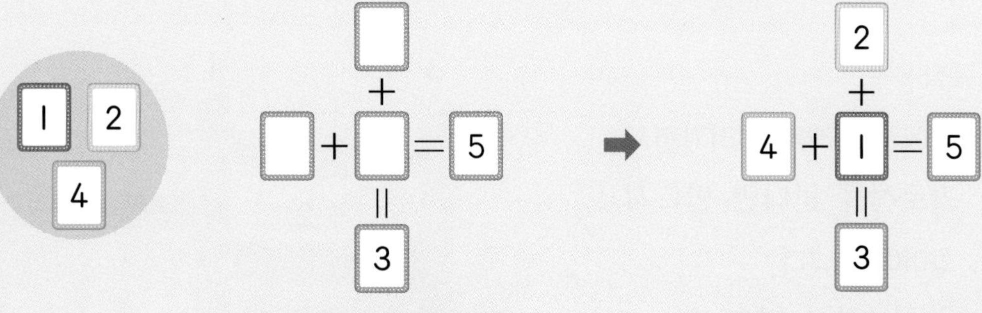

1, 2, 4를 사용하여 합이 3과 5가 되게 만듭니다.

$\boxed{1}+\boxed{2}=3$, $\boxed{1}+\boxed{4}=5$

합이 3과 5가 되게 만들 때 2번 사용된 '1'을 가운데 씁니다.

확인 1. 주어진 수 카드를 모두 사용하여 퍼즐을 완성해 보시오.

수 카드: 3, 6, 8

$$\begin{array}{ccccc} & & \square & & \\ & & + & & \\ \square & - & \square & = & 2 \\ & & \| & & \\ & & 9 & & \end{array}$$

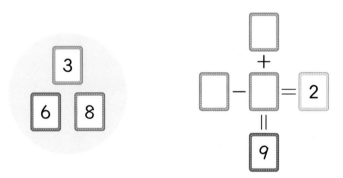

확인 2. □ 안에 알맞은 수를 써넣어 퍼즐을 완성해 보시오.

$$\begin{array}{ccccc} \square & - & 5 & = & \square \\ - & & & & + \\ 2 & & & & 2 \\ \| & & & & \| \\ \square & - & \square & = & 5 \end{array}$$

원리탐구 ① 사다리타기 연산

대표문제

| 규칙 |에 따라 사다리타기를 하면서 덧셈을 할 때, ▢ 안에 알맞은 수를 써넣으시오.

| 규칙 |
- 위에서 아래로 내려가면서 가로선을 만나면 반드시 꺾어야 합니다.
- 위로는 갈 수 없습니다.

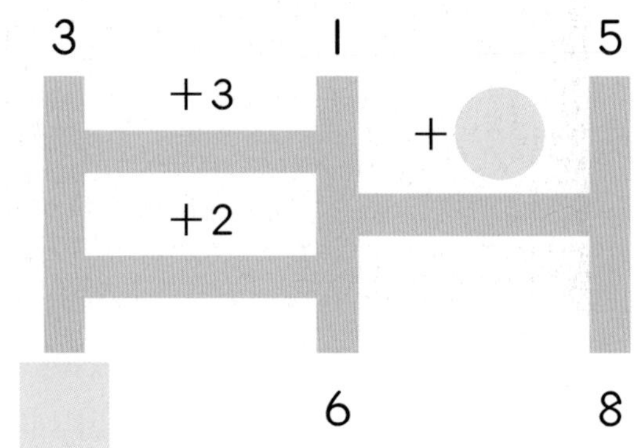

사다리타기를 하여 선을 그어 보시오.

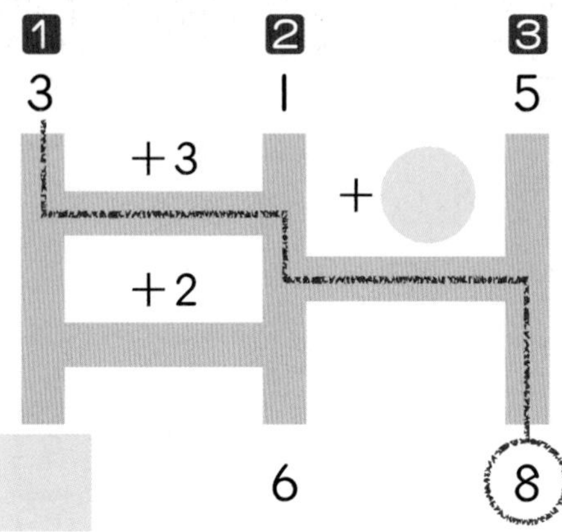

STEP 01 에서 사다리타기를 해서 나오는 식을 써 보시오.

1 출발 ➡ 식 3+3+◯=8

2 출발 ➡ 식 ____________

3 출발 ➡ 식 ____________

STEP 03 ▢ 안에 알맞은 수를 써넣으시오.

정답과 풀이 06쪽

01 사다리타기를 하면서 계산하여 ▢ 안에 알맞은 수를 써넣으시오.

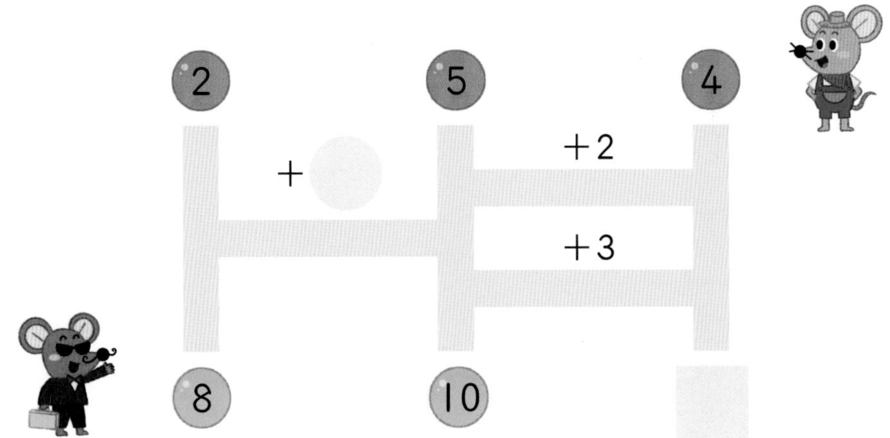

02 |조건|에 맞게 미로를 통과할 때, ▢ 안에 알맞은 수를 써넣으시오.

|조건|
- 가장 짧은 거리로 통과합니다.
- 길에 쓰인 식을 차례로 계산합니다.

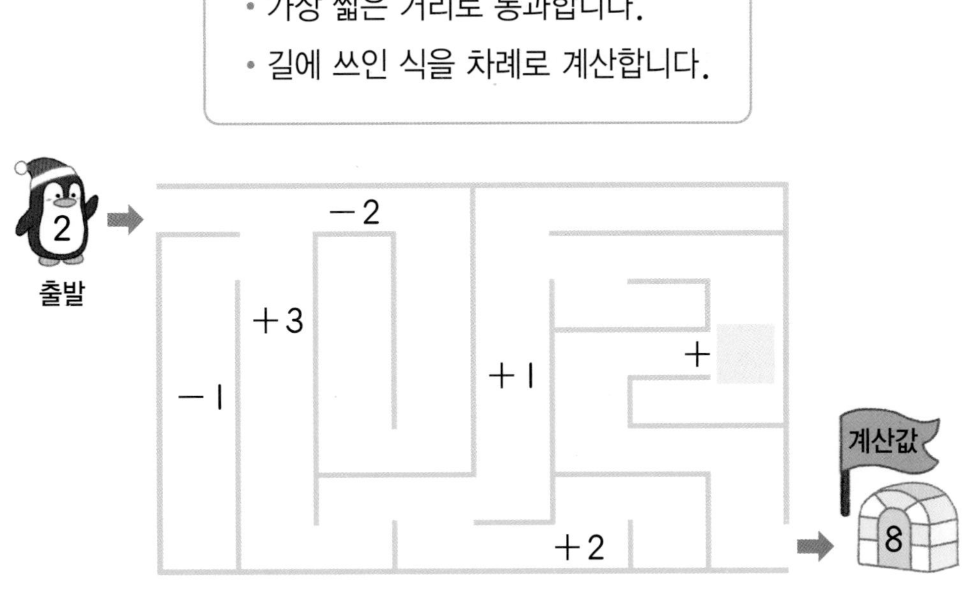

원리탐구 2 가로·세로 연산

대표문제

주어진 수 카드를 모두 사용하여 퍼즐을 완성해 보시오.

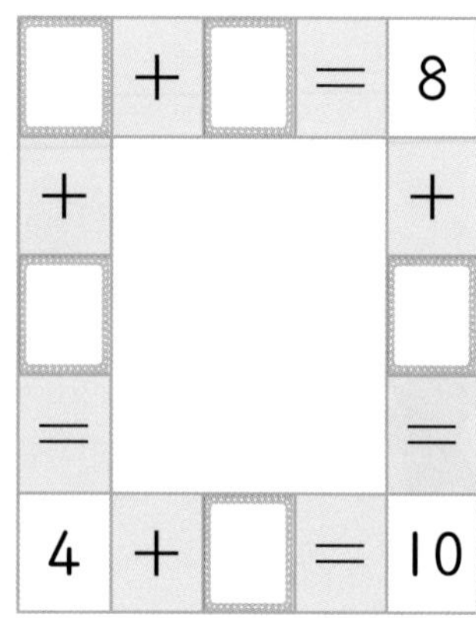

□	+	□	=	8
+				+
□				□
=				=
4	+	□	=	10

STEP 01 □칸에 놓을 알맞은 수 카드를 찾아 써넣으시오.

STEP 02 STEP 01에서 사용하고 남은 수 카드를 빈칸에 알맞게 써넣으시오.

□	+	□	=	8
+				+
□				□
=				=
4	+	□	=	10

정답과 풀이 07쪽

01 빈 곳에 알맞은 수를 써넣어 퍼즐을 완성해 보시오.

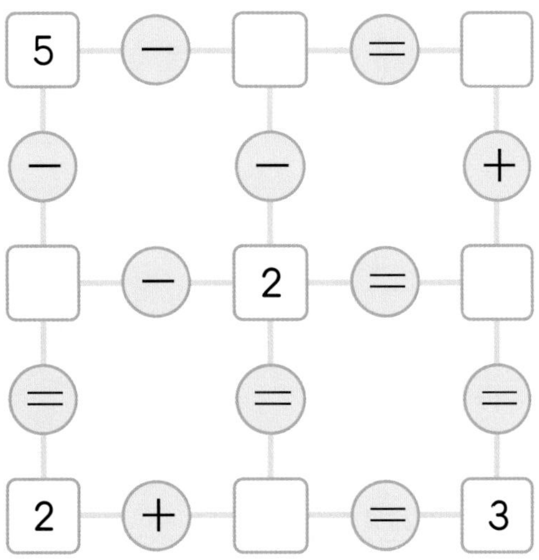

02 주어진 수 카드를 모두 사용하여 퍼즐을 완성해 보시오.

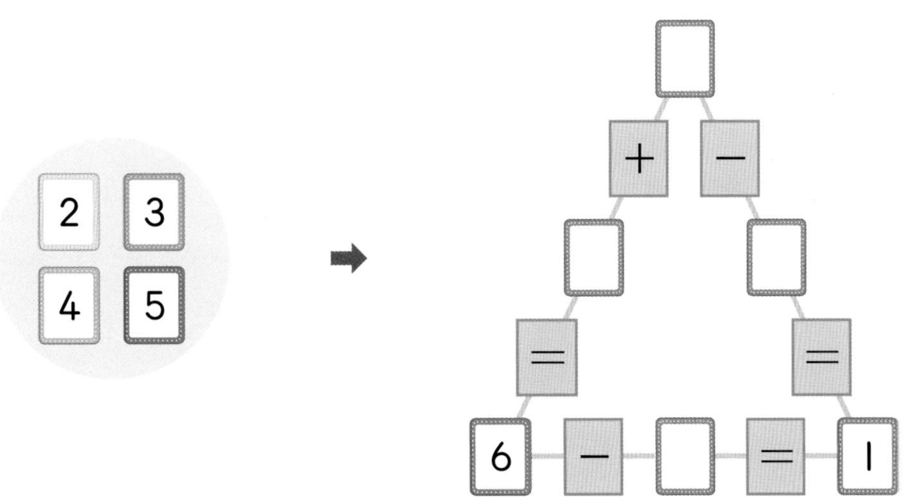

3 식 만들기

원리탐구 ① 식 완성하기

빈칸에 1, 2, 3, 4를 알맞게 써넣어 올바른 식이 되게 만들 수 있습니다.

□－□＝□－□

방법1

4−3=1

1 2 3 4

2−1=1

➡ 4 － 3 ＝ 2 － 1

방법2

4−2=2

1 2 3 4

3−1=2

➡ 4 － 2 ＝ 3 － 1

두 수의 차가 같은 경우를 모두 찾습니다.

찾은 수를 알맞게 써넣습니다.

확인 1. 주어진 수를 알맞게 써넣어 올바른 식이 되도록 만들어 보시오.
(단, 1＋2＝3, 2＋1＝3과 같이 같은 수로 만든 덧셈식은 같은 것으로 봅니다.)

5	1
4	2

➡ □＋□＝□＋□

4	9
6	1

➡ □＋□＝□＋□

정답과 풀이 08쪽

원리탐구 ② 여러 가지 식 만들기

1, 2, 5, 8을 사용하여 목표수 7을 만들어 봅니다.

방법1 덧셈식으로 만들기	방법2 뺄셈식으로 만들기
$1+2=3$	$2-1=1$
$1+5=6$	$5-1=4$
$1+8=9$	$5-2=3$
$2+5=7$	$8-1=7$
$2+8=10$	$8-2=6$
$5+8=13$	$8-5=3$

확인 1. 주어진 수 카드를 모두 사용하여 올바른 식이 되도록 만들어 보시오. (단, $1+2=3$, $2+1=3$과 같이 같은 수로 만든 덧셈식은 같은 것으로 봅니다.)

1, 2, 2, 3, 8 ➡ $\square-\square=6$, $\square+\square+\square=6$

1, 1, 3, 5, 5, 9 ➡ $\square+\square=4$, $\square-\square=4$, $\square-\square=4$

원리탐구 ❶ 식 완성하기

대표문제

1부터 5까지의 수 중 서로 다른 4개의 수를 써넣어 올바른 식이 되도록 3가지 방법으로 만들어 보시오. (단, 1＋2＝3, 2＋1＝3과 같이 같은 수로 만든 덧셈식은 같은 것으로 봅니다.)

방법1 □ ＋ □ ＝ □ ＋ □

방법2 □ ＋ □ ＝ □ ＋ □

방법3 □ ＋ □ ＝ □ ＋ □

STEP 01 두 수의 합이 같은 경우를 2가지씩 찾아 선으로 이어 보시오.

두 수의 합: 5 　 1 　 2 　 3 　 4 　 5

두 수의 합: 6 　 1 　 2 　 3 　 4 　 5

두 수의 합: 7 　 1 　 2 　 3 　 4 　 5

STEP 02 STEP 01 을 이용하여 방법1, 방법2, 방법3 을 완성해 보시오.

정답과 풀이 09쪽

01 주어진 수 카드를 모두 사용하여 올바른 식이 되도록 만들어 보시오.
(단, 1+2=3, 2+1=3과 같이 같은 수로 만든 덧셈식은 같은 것으로 봅니다.)

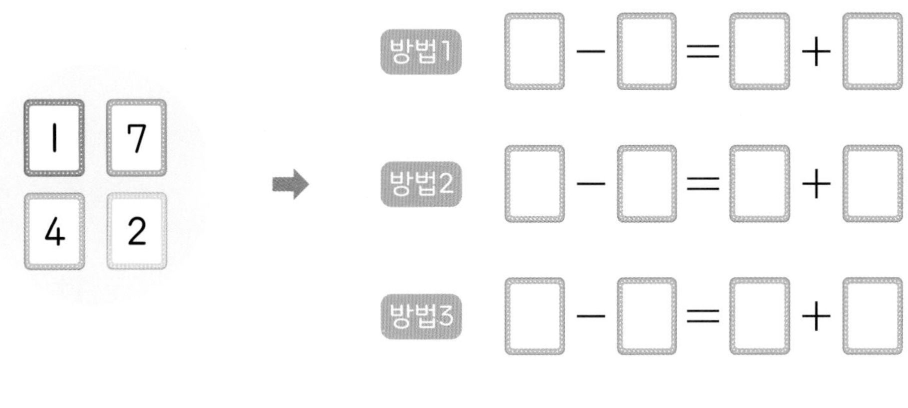

02 1부터 6까지의 수를 빈칸에 모두 써넣어 올바른 식이 되도록 만들어 보시오.

$\square + \square = \square + \square = \square + \square$

원리탐구 ② 여러 가지 식 만들기

대표문제

주어진 수를 한 번씩만 사용하여 계산한 값이 목표수가 되도록 여러 가지 식을 만들어 보시오. (단, 1＋2＝3, 2＋1＝3과 같이 같은 수로 만든 덧셈식은 같은 것으로 봅니다.)

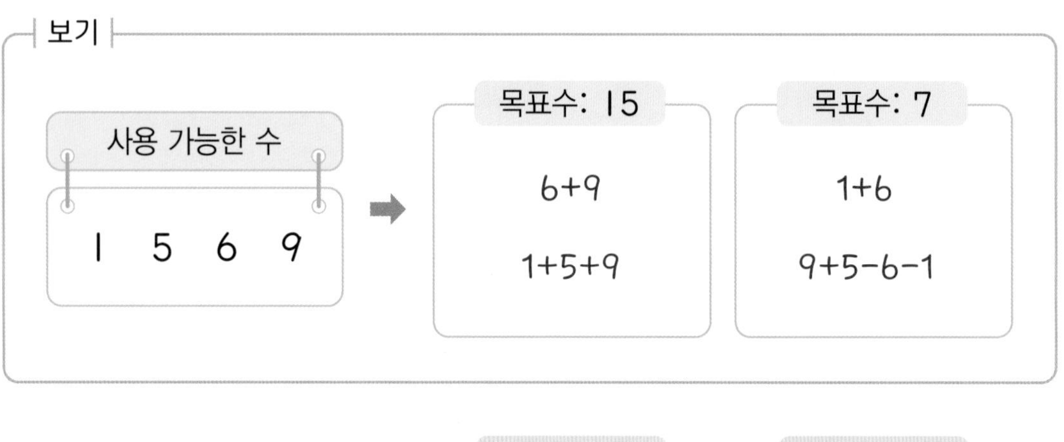

보기
사용 가능한 수
1 5 6 9
목표수: 15
6+9
1+5+9
목표수: 7
1+6
9+5-6-1

STEP 01 수 1, 4, 5, 8을 사용하여 목표수 7을 만들어 보시오.

□ － □ ＝7　　　　□ ＋ □ － □ ＝7

STEP 02 수 1, 4, 5, 8을 사용하여 목표수 13을 만들어 보시오.

□ ＋ □ ＝13　　　　□ ＋ □ ＋ □ ＝13

정답과 풀이 10쪽

01 주어진 구슬 중 3개를 골라 여러 가지 덧셈식 또는 뺄셈식을 만들어 보시오. (단, 1+2=3, 2+1=3과 같이 같은 수로 만든 덧셈식은 같은 것으로 봅니다.)

보기
덧셈식 만들기
1
4
9
3
5
방법1 1 + 3 = 4
방법2 1 + 4 = 5
방법3 4 + 5 = 9

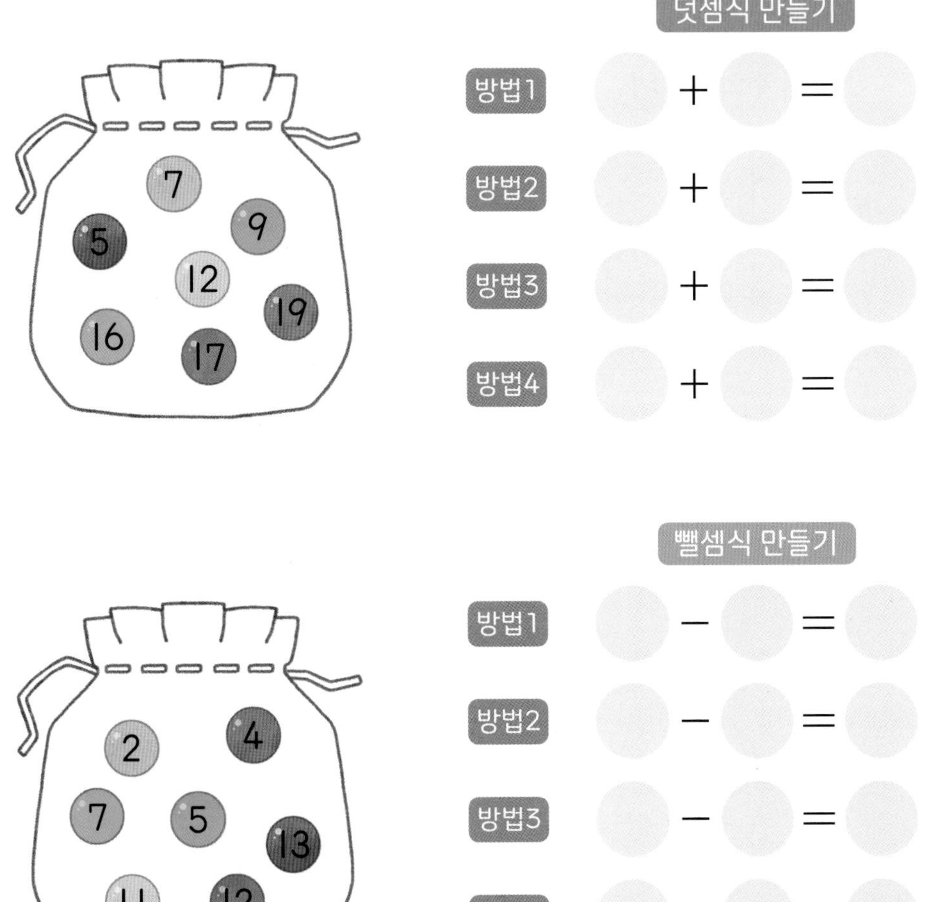

4 마방진

원리탐구 ① 십자 마방진

1부터 5까지의 수를 넣어 가로줄과 세로줄에 놓인 세 수의 합을 같게 만들 수 있습니다.

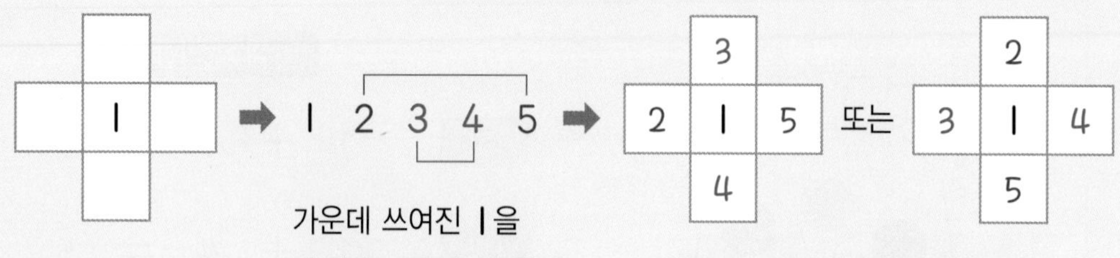

가운데 쓰여진 1을 제외하고 두 수의 합이 같은 경우를 찾습니다.

찾은 수를 알맞게 써넣습니다.

확인 1. 가로줄과 세로줄에 있는 세 수의 합이 주어진 수가 되도록 만들어 보시오.

세 수의 합: 11

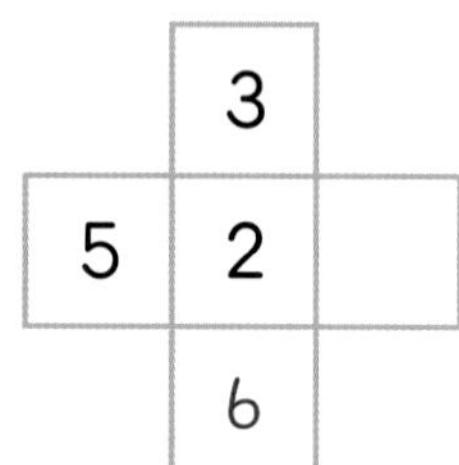

세 수의 합: 12

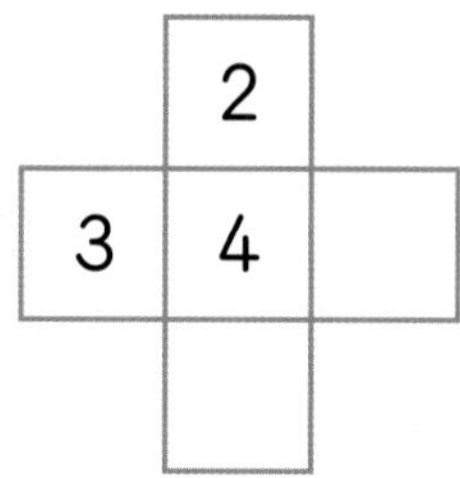

세 수의 합: 12

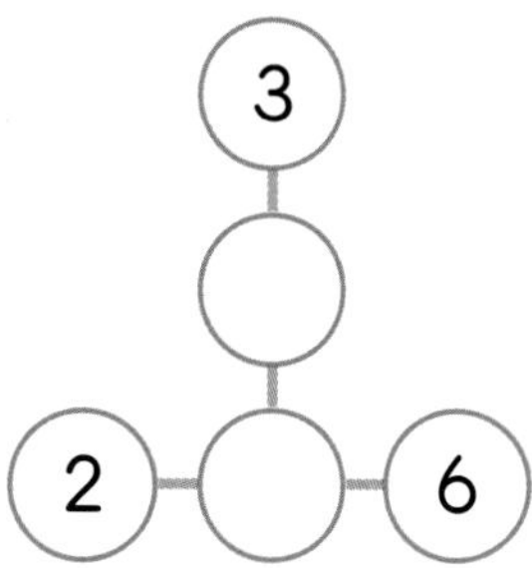

세 수의 합: 10

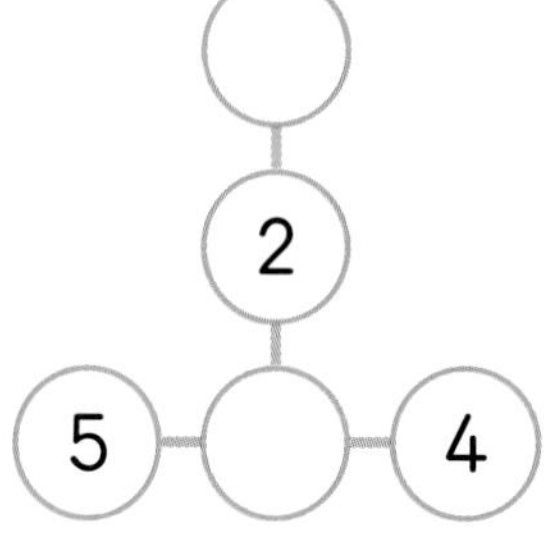

정답과 풀이 11쪽

원리탐구 ② 삼각진

1부터 6까지의 수를 넣어 같은 줄에 있는 세 수의 합이 10이 되도록 만들 수 있습니다.

$1+3+6=10$

$1+4+5=10$

$2+3+5=10$

더해서 10이 되는 서로 다른 세 수를 찾습니다.

→ (1, 3, 5)

두 번 나온 1, 3, 5를 먼저 색칠된 부분에 써넣습니다.

→ (1, 6, 4, 3, 2, 5)

같은 줄의 세 수의 합이 10이 되도록 남은 2, 4, 6을 써넣습니다.

확인 1. 같은 줄에 있는 세 수의 합이 9가 되도록 만들어 보시오.

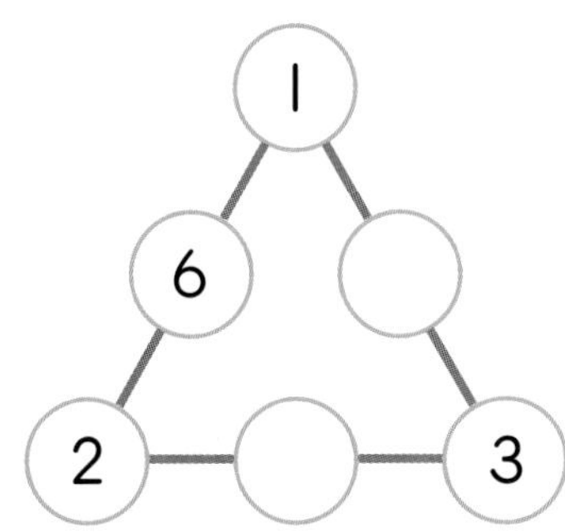

확인 2. 같은 줄에 있는 세 수의 합이 같도록 빈 곳에 알맞은 수를 써넣으시오.

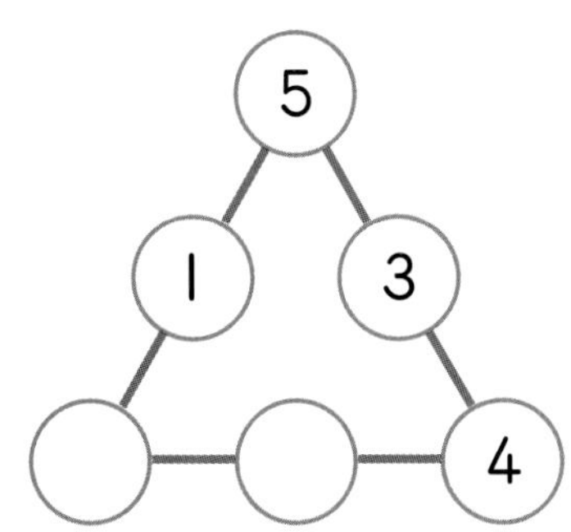

원리탐구 ❶ 십자 마방진

대표문제

주어진 수를 모두 사용하여 가로줄과 세로줄에 있는 세 수의 합이 12가 되도록 만들어 보시오.

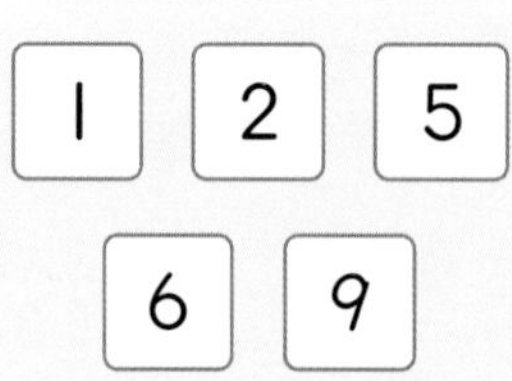

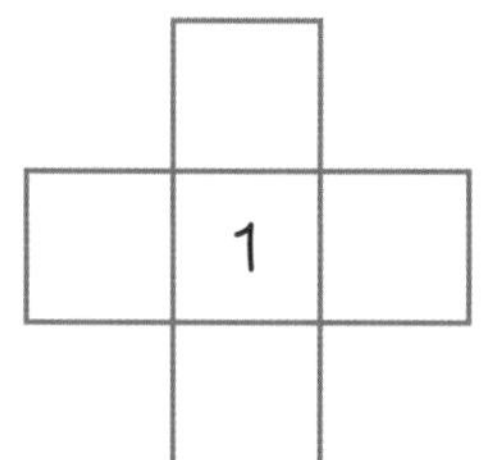

2, 5, 6, 9 중에서 더해서 11이 되는 2가지 경우를 찾아보시오.

$\square + \square = 11$　　　$\square + \square = 11$

세 수의 합이 12가 되도록 STEP 01 에서 찾은 수를 빈칸에 알맞게 써넣으시오.

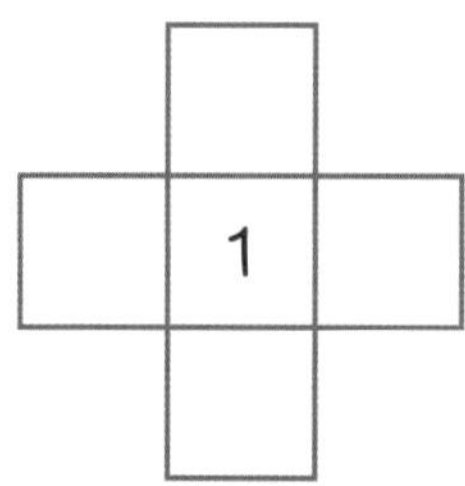

정답과 풀이 12쪽

01 1부터 6까지의 수 중 5개의 수를 사용하여 가로줄과 세로줄에 있는 세 수의 합이 주어진 수가 되도록 만들어 보시오.

세 수의 합: 10

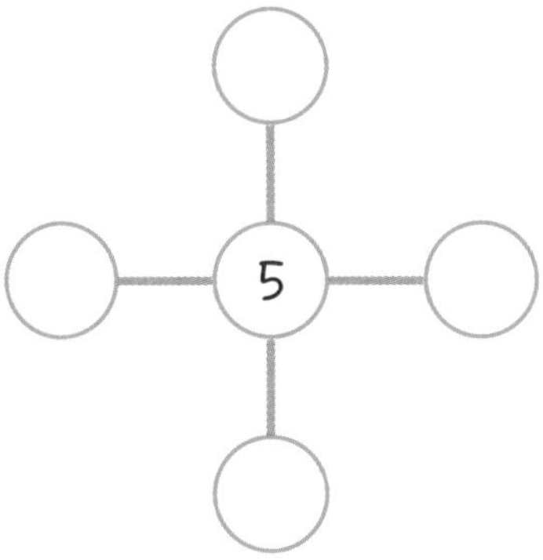

5

세 수의 합: 12

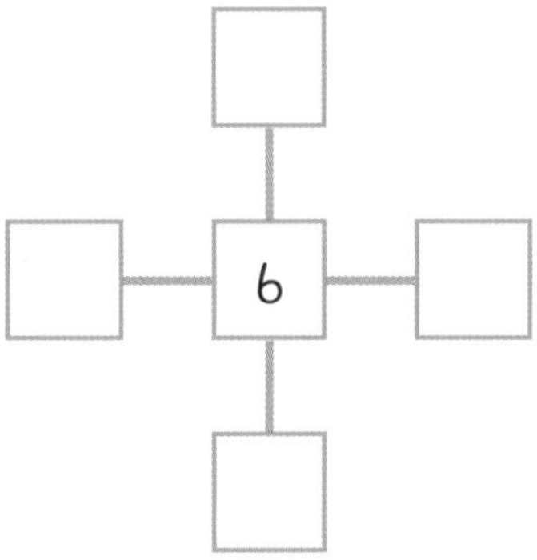

6

02 주어진 수를 모두 사용하여 가로줄과 세로줄에 놓인 세 수의 합이 같도록 만들어 보시오.

3 4 7

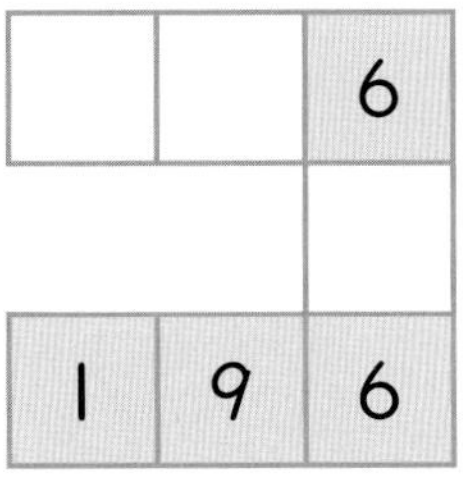

		6
1	9	6

2 4 6

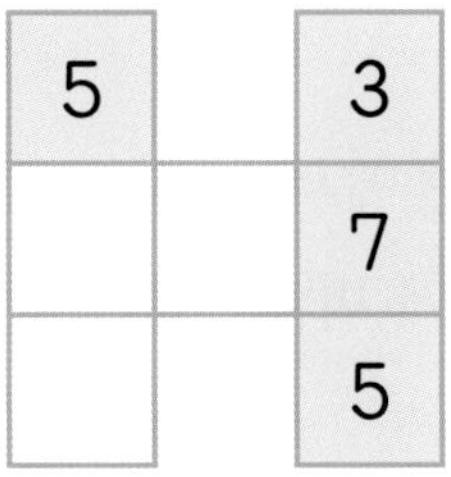

5		3
		7
		5

원리탐구 ② 삼각진

대표문제

1부터 9까지의 수를 모두 사용하여 각 줄에 있는 네 수의 합이 17이 되도록 만들어 보시오.

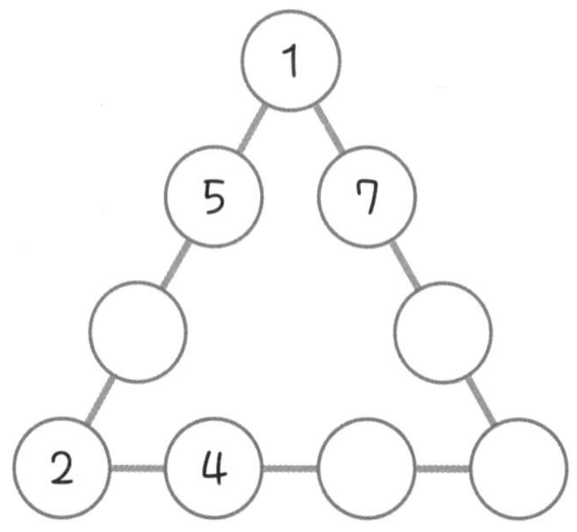

STEP 01 각 줄에 있는 네 수의 합이 17이 되도록 ◯ 안에 알맞은 수를 써넣으시오.

STEP 02 STEP 01 에서 사용하고 남은 수를 빈 곳에 알맞게 써넣으시오.

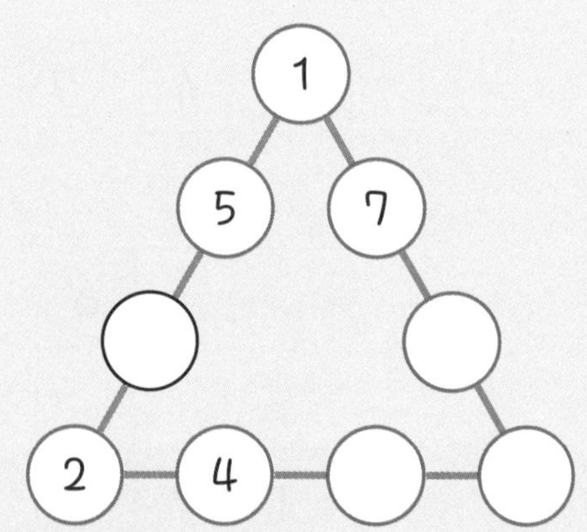

정답과 풀이 13쪽

01 1부터 6까지의 수를 모두 사용하여 각 줄에 있는 세 수의 합이 주어진 수가 되도록 만들어 보시오.

세 수의 합: 11

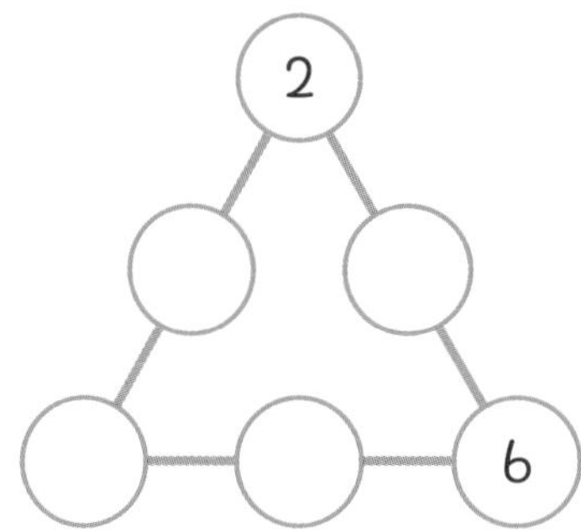

세 수의 합: 12

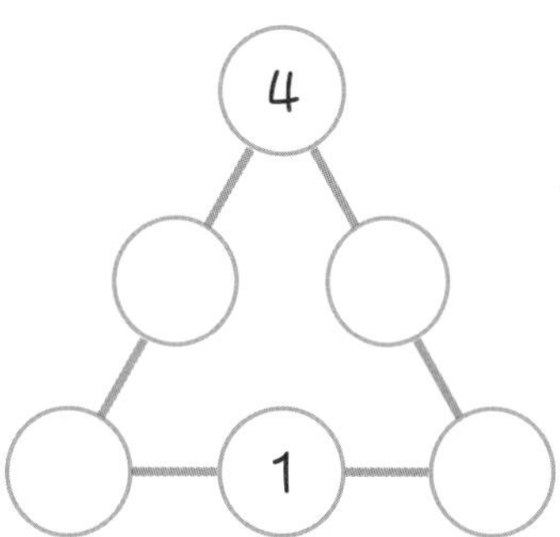

02 1부터 8까지의 수를 모두 사용하여 각 줄에 있는 세 수의 합이 12가 되도록 만들어 보시오.

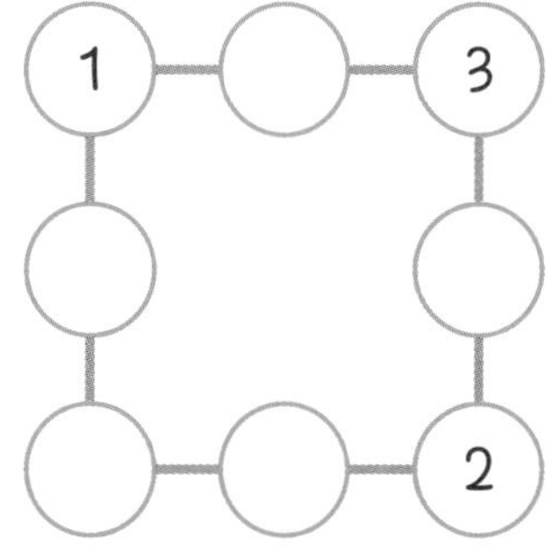

01 출발에서 도착까지 올바른 식이 되도록 선을 그어 보시오.

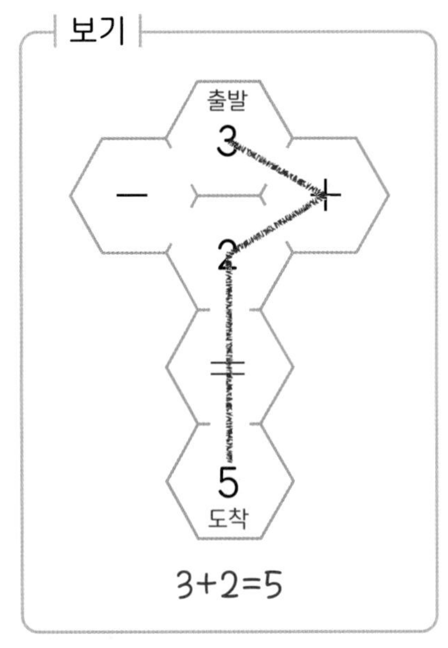

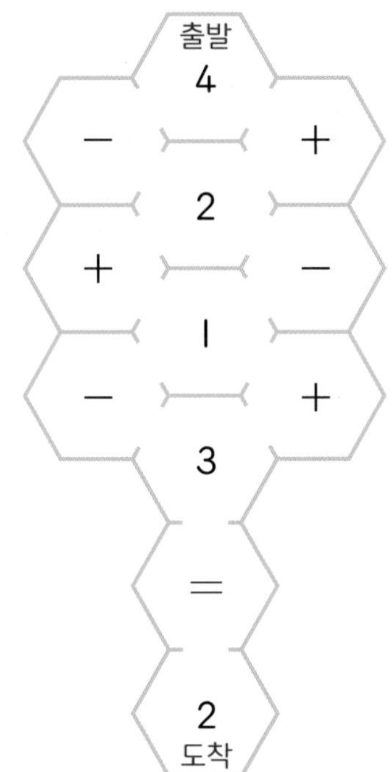

02 올바른 식이 되도록 ○ 안에 +, −, = 기호를 알맞게 써넣으시오.

보기

2 + 3 = 7 − 2

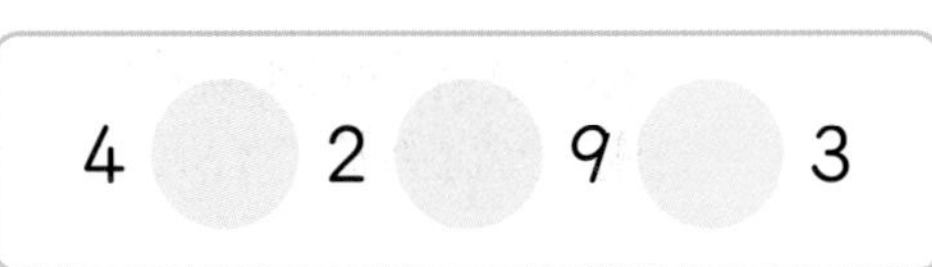

7 ○ 3 ○ 2 ○ 6

9 ○ 4 ○ 1 ○ 6

정답과 풀이 14쪽

03 1부터 7까지의 수를 모두 사용하여 각 줄에 있는 세 수의 합이 11이 되도록 만들어 보시오.

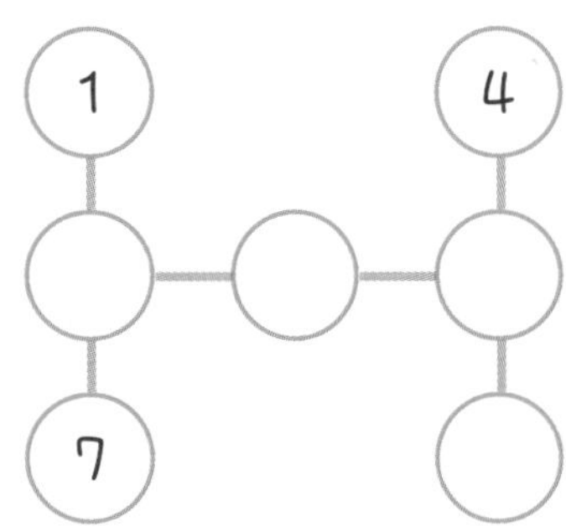

04 주어진 수 카드에서 2장을 사용하여 만들 수 있는 덧셈식과 뺄셈식의 계산값을 모두 찾아 ○표 하시오.

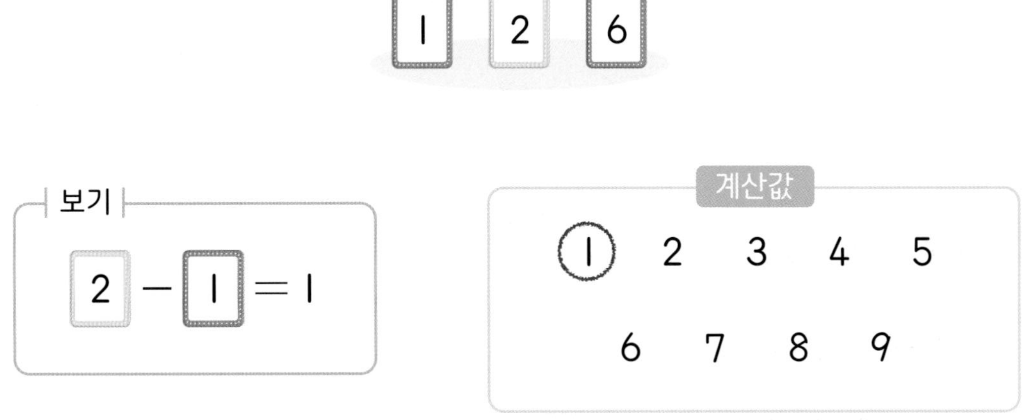

01 이웃한 수 카드끼리 차례로 더해서 4부터 11까지의 수를 만들고 덧셈식으로 나타내어 보시오.

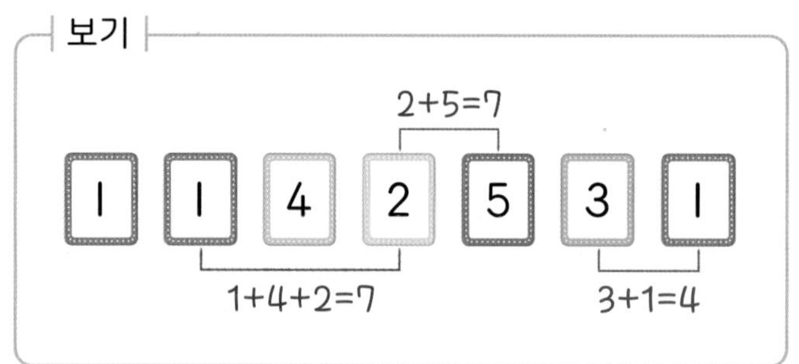

1 1 4 2 5 3 1

수	덧셈식
4	3+1=4
5	
6	
7	1+4+2=7 (또는 2+5=7)
8	
9	
10	
11	

02 | 보기 |와 같이 두 부분으로 나눈 수들의 합이 같도록 선을 그어 나누어 보시오.

| 보기 |

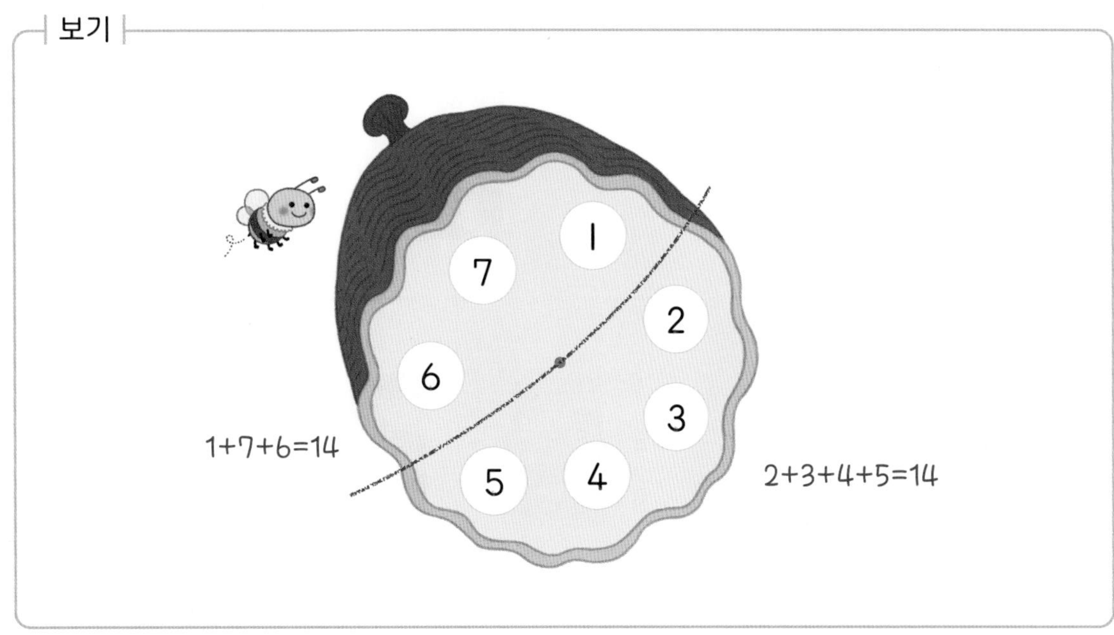

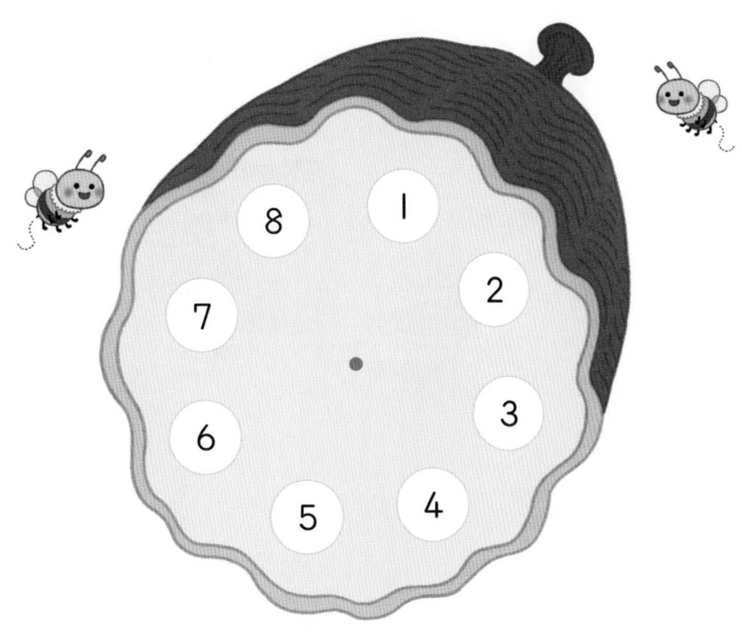

Ⅱ 공간

계획한 대로 공부한 날은 😀 에, 공부하지 못한 날은 ☹ 에 ○표 하세요.

공부할 내용	공부할 날짜	확 인
1 입체도형	월 일	😀 | ☹
2 블록의 개수	월 일	😀 | ☹
3 모양 만들기	월 일	😀 | ☹
4 색종이 겹치기와 자르기	월 일	😀 | ☹
Creative 팩토	월 일	😀 | ☹
Challenge 영재교육원	월 일	😀 | ☹

1 입체도형

원리탐구 1 여러 가지 모양

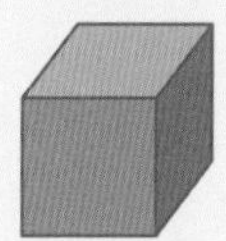 ➡   

상자 모양 — 모든 부분이 평평하고, 둥근 부분이 없습니다.

 ➡   

둥근 기둥 모양 — 평평한 부분과 둥근 부분이 모두 있습니다.

 ➡  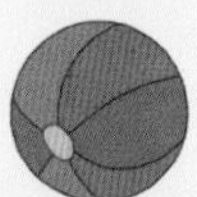 

공 모양 — 전체가 둥글고, 평평한 부분이 없습니다.

- 평평한 부분이 있으면 쌓을 수 있습니다.
- 둥근 부분이 있으면 굴러갈 수 있습니다.

확인 1. 여러 가지 모양을 보고 알맞은 말에 ○표 하시오.

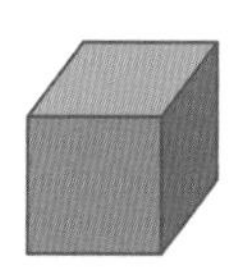 ➡
- 잘 쌓을 수 (있습니다, 없습니다).
- 잘 굴러(갑니다, 가지 않습니다).

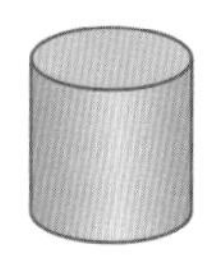 ➡
- 쌓을 수 (있습니다, 없습니다).
- 한 방향으로만 잘 굴러(갑니다, 가지 않습니다).

➡
- 쌓을 수 (있습니다, 없습니다).
- 어느 방향으로도 잘 굴러(갑니다, 가지 않습니다).

정답과 풀이 16쪽

원리탐구 ② 블록의 위치 관계

다양한 블록으로 만든 모양을 보고 각 블록의 위치 관계를 찾을 수 있습니다.

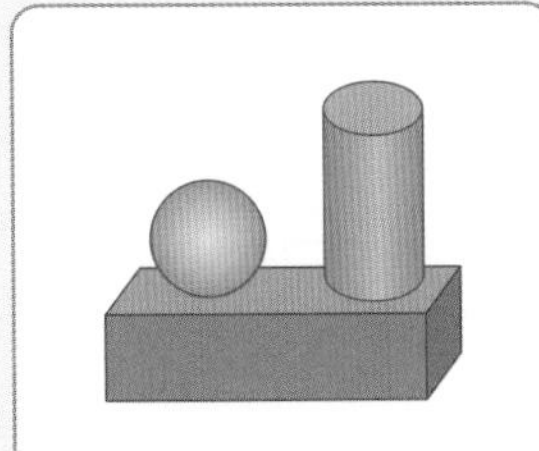

- 모양 아래에 모양이 있습니다.
- 모양 오른쪽에 모양이 있습니다.

확인 1. 다음 모양을 보고 설명한 내용이 맞으면 ○표, 틀리면 ×표 하시오.

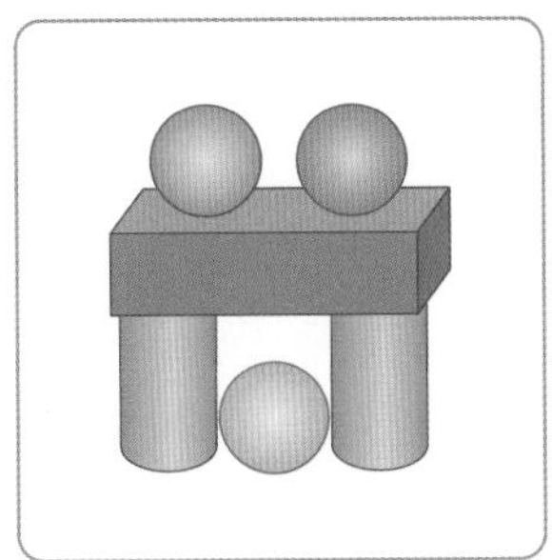

(1) 모양 위에 모양이 있습니다. ························ (　　)

(2) 모양과 모양 사이에 모양이 있습니다. ······· (　　)

(3) 모양은 모양 오른쪽에 있습니다. ························ (　　)

(4) 모양과 모양 사이에 모양이 있습니다. ················ (　　)

원리탐구 ❶ 여러 가지 모양

대표문제

다음 | 조건 |을 모두 만족하는 모양을 찾아 기호를 써 보시오.

| 조건 |

- 쌓을 수 없는 모양이 5개 있습니다.
- 쌓을 수 있고 잘 굴러가지 않는 모양이 2개 있습니다.
- 한 방향으로만 잘 굴러가는 모양이 1개 있습니다.

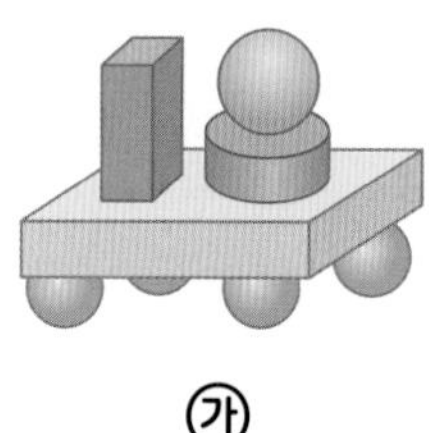
㉮

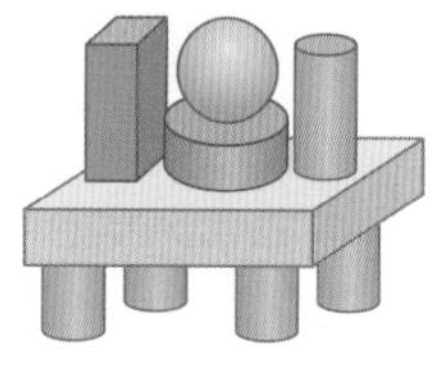
㉯

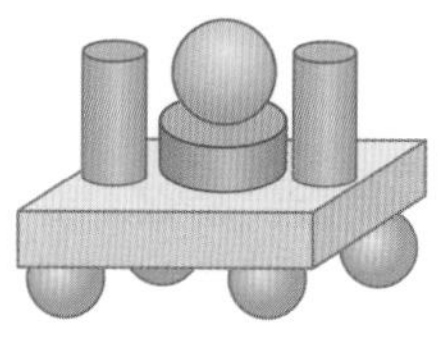
㉰

㉱

STEP 01 다음 중 쌓을 수 <u>없는</u> 모양에 ○표 하시오.

 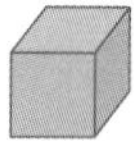 

STEP 02 STEP 01 에서 찾은 모양이 5개 있는 것을 모두 찾아 기호를 써 보시오.

STEP 03 STEP 02 에서 찾은 모양 중 쌓을 수 있고 잘 굴러가지 않는 모양이 2개 있는 것을 찾아 기호를 써 보시오.

STEP 04 STEP 03 에서 찾은 모양 중 한 방향으로만 잘 굴러가는 모양이 1개 있는 것을 찾아 기호를 써 보시오.

01 다음 |조건|을 모두 만족하는 모양을 찾아 ○표 하시오.

| 조건 |

- 평평한 부분과 둥근 부분이 모두 있는 모양은 3개 있습니다.
- 전체가 둥근 모양은 1개 있습니다.
- 모든 부분이 평평하고, 둥근 부분이 없는 모양은 3개 있습니다.

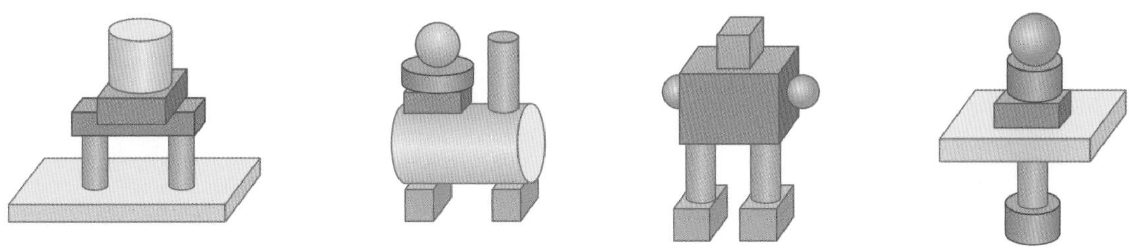

02 주어진 |블록|을 모두 사용하여 만든 모양이 아닌 것을 찾아 기호를 써 보시오.

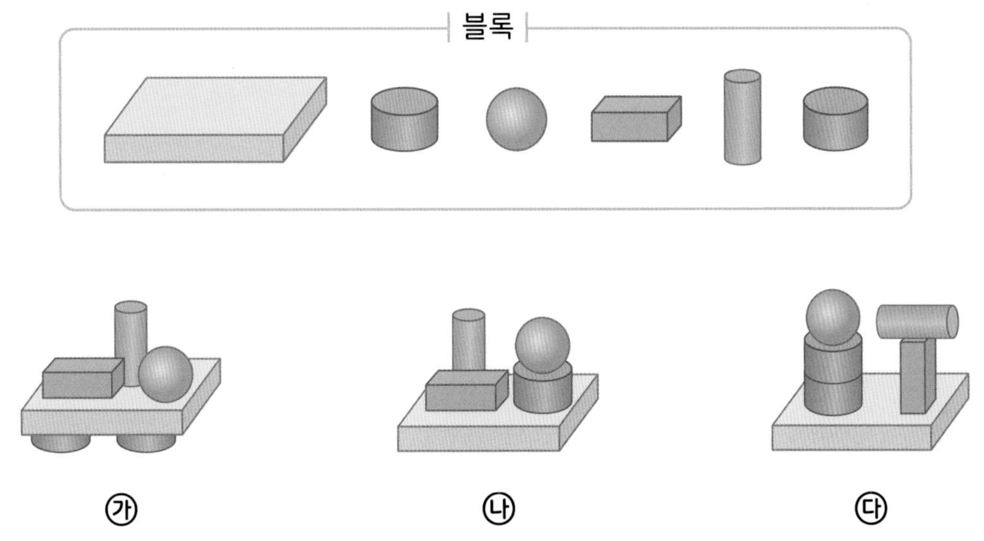

블록의 위치 관계

다음 모양을 보고 설명한 것 중 바르게 설명한 것을 찾아 기호를 써 보시오.

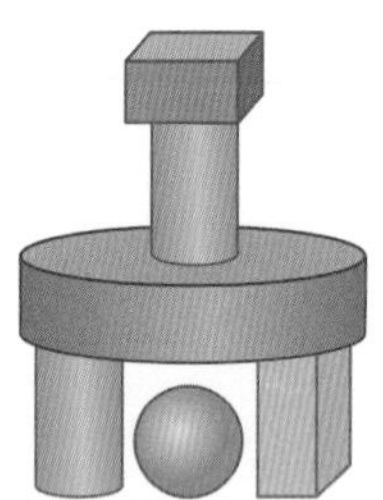

㉮ 가장 위에 있는 모양은 어느 방향으로도 잘 굴러갑니다.

㉯ 공 모양 오른쪽에는 잘 쌓을 수 있는 모양이 있습니다.

㉰ 쌓을 수 없는 모양의 왼쪽과 오른쪽에는 같은 모양이 있습니다.

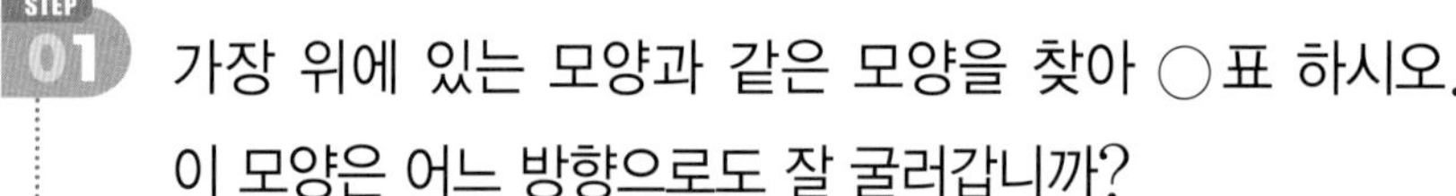

STEP 01 가장 위에 있는 모양과 같은 모양을 찾아 ○표 하시오.
이 모양은 어느 방향으로도 잘 굴러갑니까?

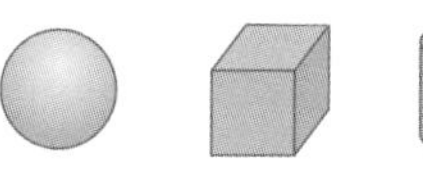

STEP 02 공 모양 오른쪽에 있는 모양과 같은 모양을 찾아 ○표 하시오.
이 모양은 잘 쌓을 수 있습니까?

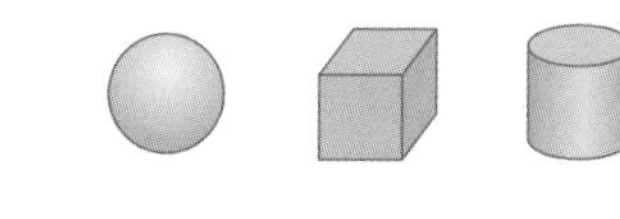

STEP 03 쌓을 수 없는 모양의 왼쪽과 오른쪽에 있는 모양을 찾아 ○표 하시오. 찾은 모양은 서로 같습니까?

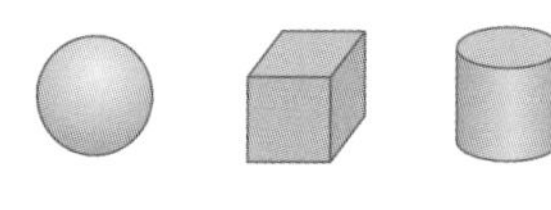

STEP 04 모양을 보고 설명한 것 중 바르게 설명한 것을 찾아 기호를 써 보시오.

정답과 풀이 18쪽

01 다음 모양을 보고 바르게 설명한 사람을 모두 찾아 이름을 써 보시오.

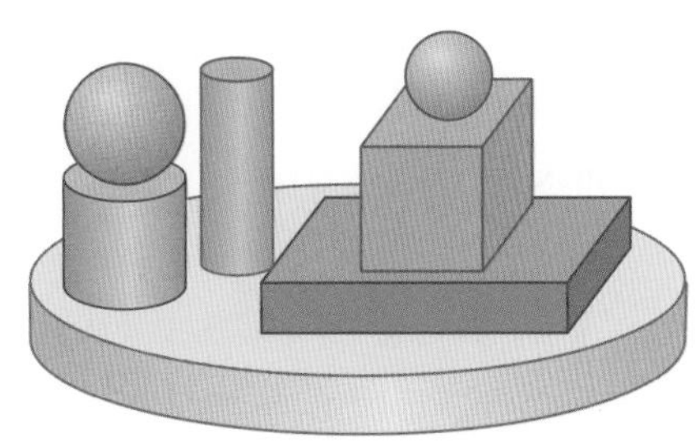

성민

길쭉한 둥근 기둥 모양은 작은 공 모양 왼쪽에 있어.

시우

굵은 둥근 기둥 모양 아래에 납작한 상자 모양이 있어.

하은

납작한 상자 모양 아래에 납작한 둥근 기둥 모양이 있어.

유진

큰 공 모양과 납작한 둥근 기둥 모양 사이에 작은 공 모양이 있어.

2 블록의 개수

원리탐구 ① 쌓기나무의 개수

각 자리에 쌓여 있는 쌓기나무의 개수를 세어 모두 더하면 주어진 모양을 쌓기 위해 필요한 쌓기나무의 전체 개수를 알 수 있습니다.

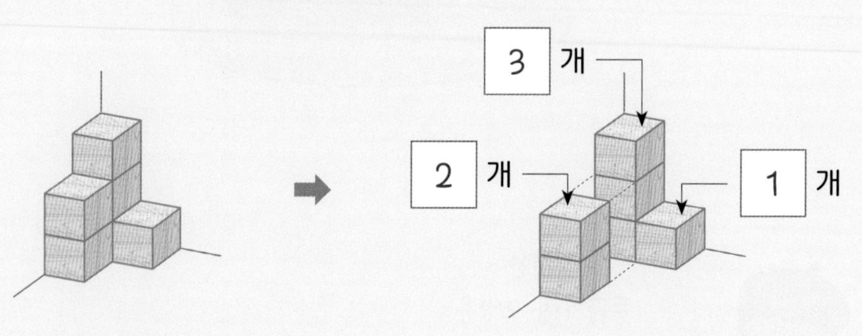

➡ 필요한 쌓기나무는 모두 3 + 1 + 2 = 6(개)입니다.

확인 1. 그림을 보고 각 자리에 쌓여 있는 쌓기나무의 개수를 ☐ 안에 써넣으시오.

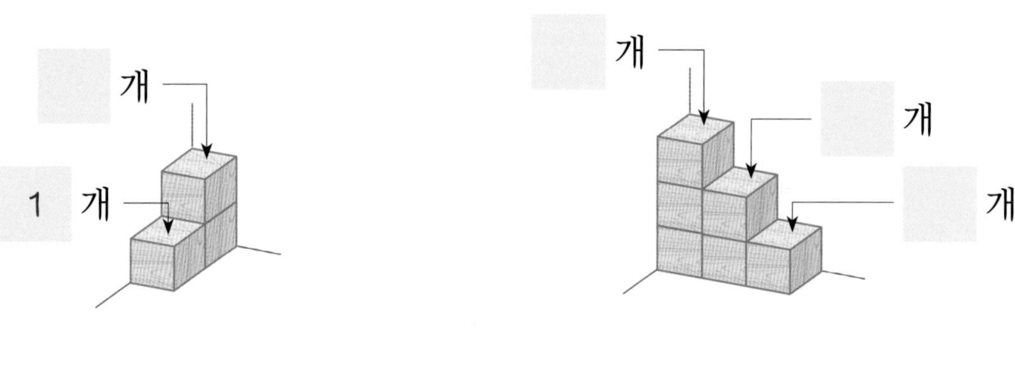

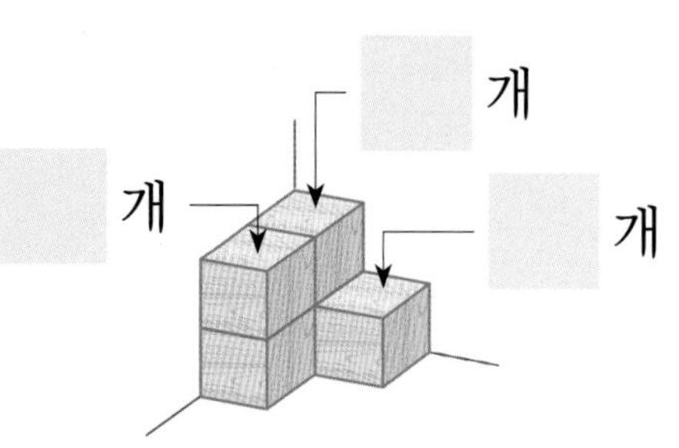

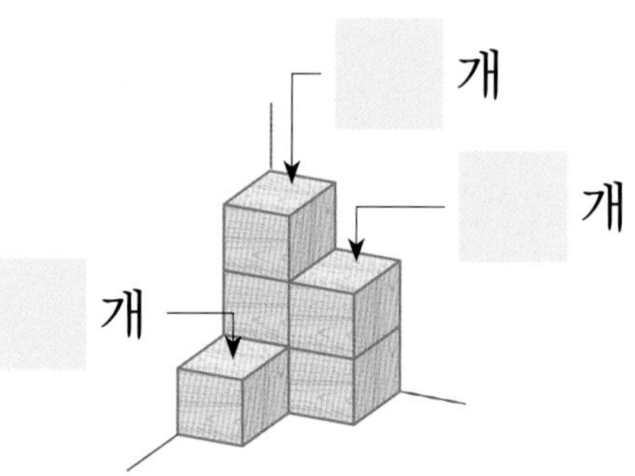

원리탐구 ② 블록의 개수

다음 모양을 만들기 위해 필요한 블록의 개수를 구할 수 있습니다.

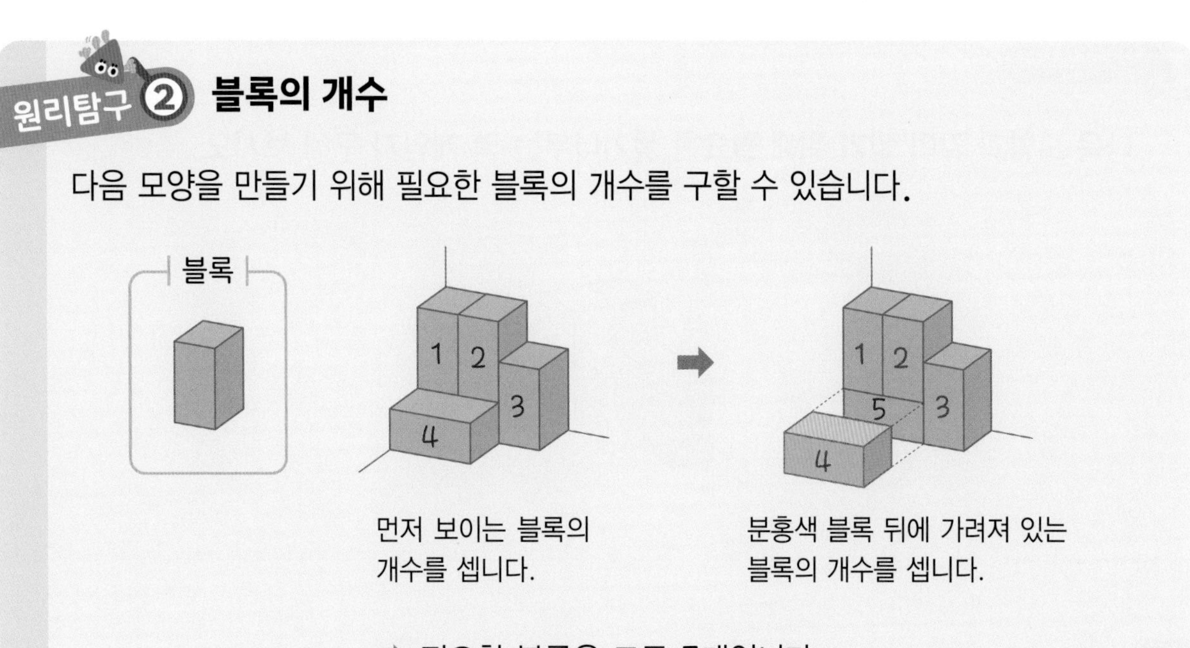

먼저 보이는 블록의 개수를 셉니다.

분홍색 블록 뒤에 가려져 있는 블록의 개수를 셉니다.

➡ 필요한 블록은 모두 5개입니다.

확인 **1.** 같은 크기의 블록을 여러 개 사용하여 만든 모양입니다. 다음 모양을 만들기 위해 필요한 블록은 몇 개인지 구해 보시오.

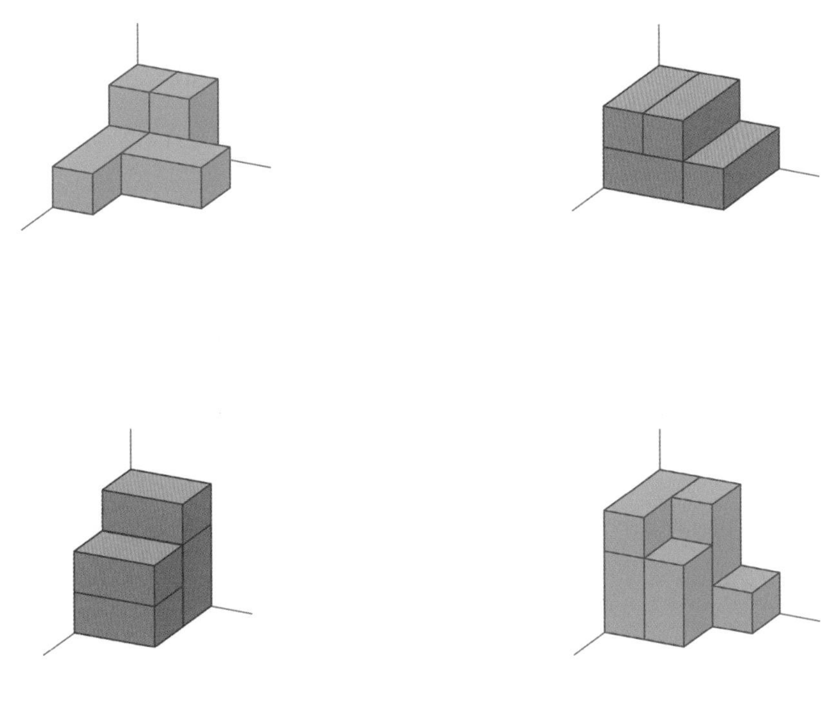

원리탐구 ❶ 쌓기나무의 개수

대표문제

다음 모양과 같이 쌓기 위해 필요한 쌓기나무는 몇 개인지 구해 보시오.

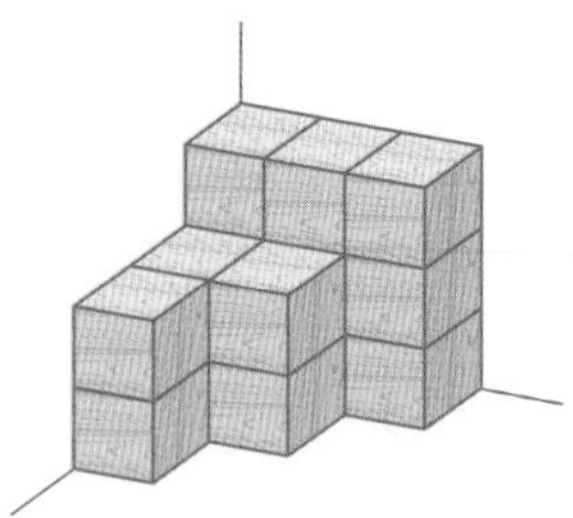

STEP 01 각 자리에 쌓여 있는 쌓기나무의 개수를 □ 안에 써넣으시오.

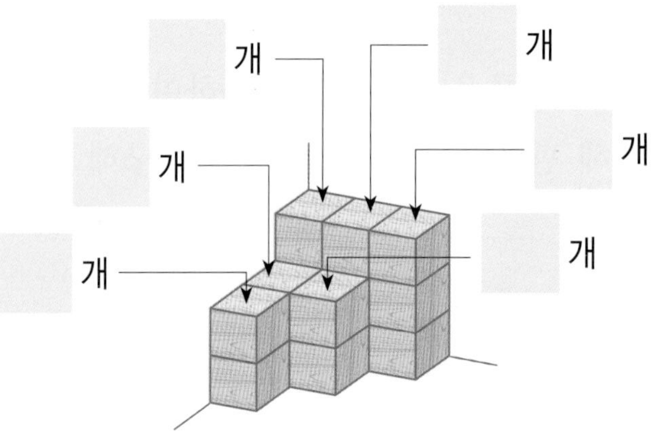

STEP 02 주어진 모양과 같이 쌓기 위해 필요한 쌓기나무는 몇 개입니까?

정답과 풀이 20쪽

01 다음 모양과 같이 쌓기 위해 필요한 쌓기나무는 몇 개인지 구해 보시오.

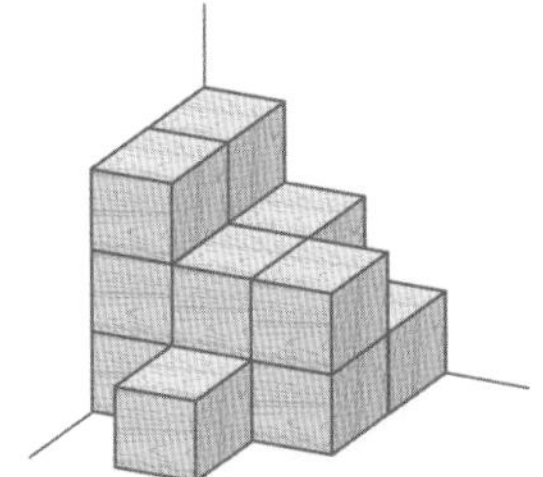

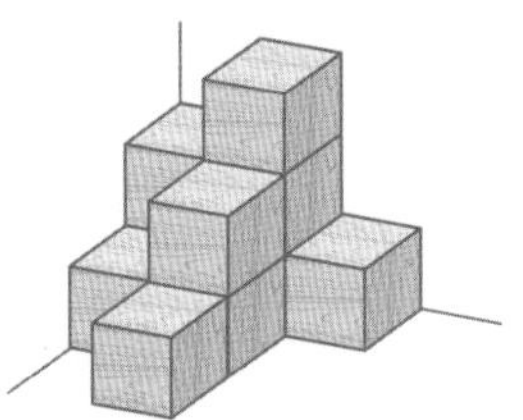

02 다음 모양에서 보이지 <u>않는</u> 쌓기나무는 몇 개인지 구해 보시오.

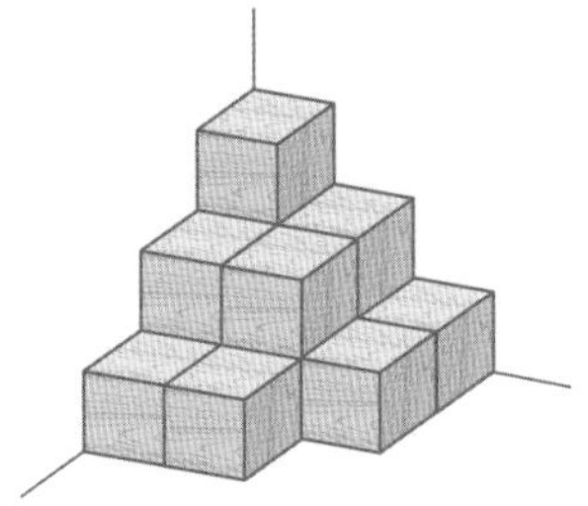

원리탐구 ❷ 블록의 개수

대표문제

다음 모양을 만들기 위해 필요한 블록은 몇 개인지 구해 보시오.

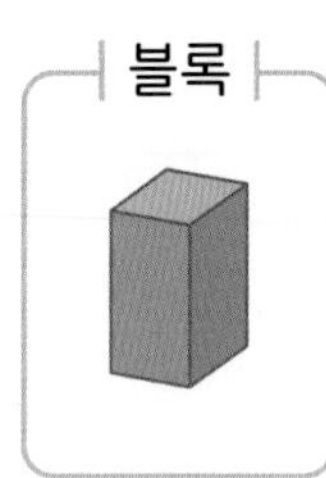

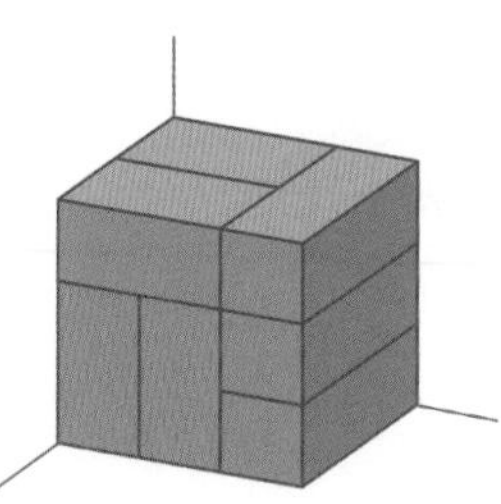

STEP 01 보이는 블록은 몇 개입니까?

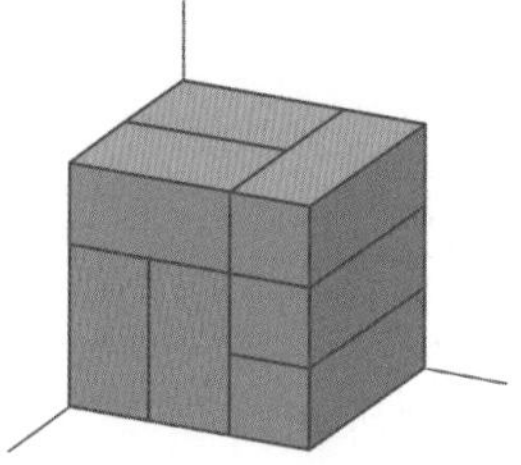

STEP 02 연두색 블록 뒤에 가려진 블록은 몇 개입니까?

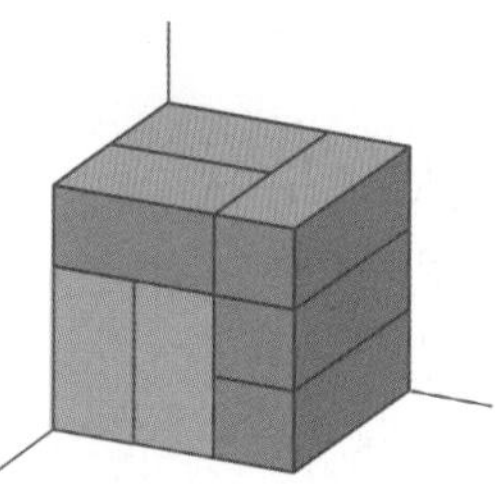

STEP 03 주어진 모양을 만들기 위해 필요한 블록은 몇 개입니까?

정답과 풀이 21쪽

01 다음 모양을 만들기 위해 필요한 블록은 몇 개인지 구해 보시오.

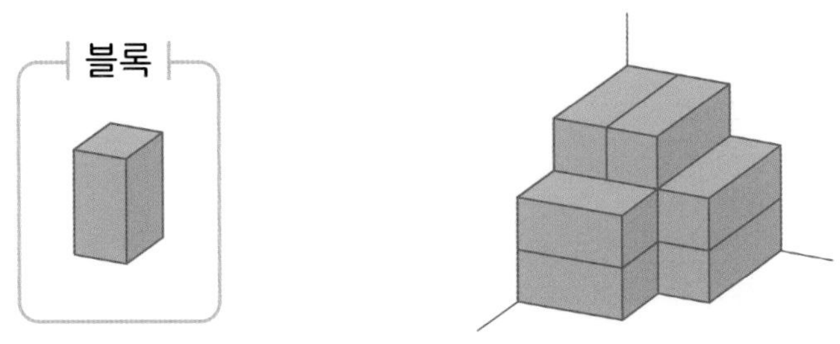

02 주어진 모양을 만들기 위해 필요한 블록의 개수가 다른 것을 찾아 기호를 써 보시오.

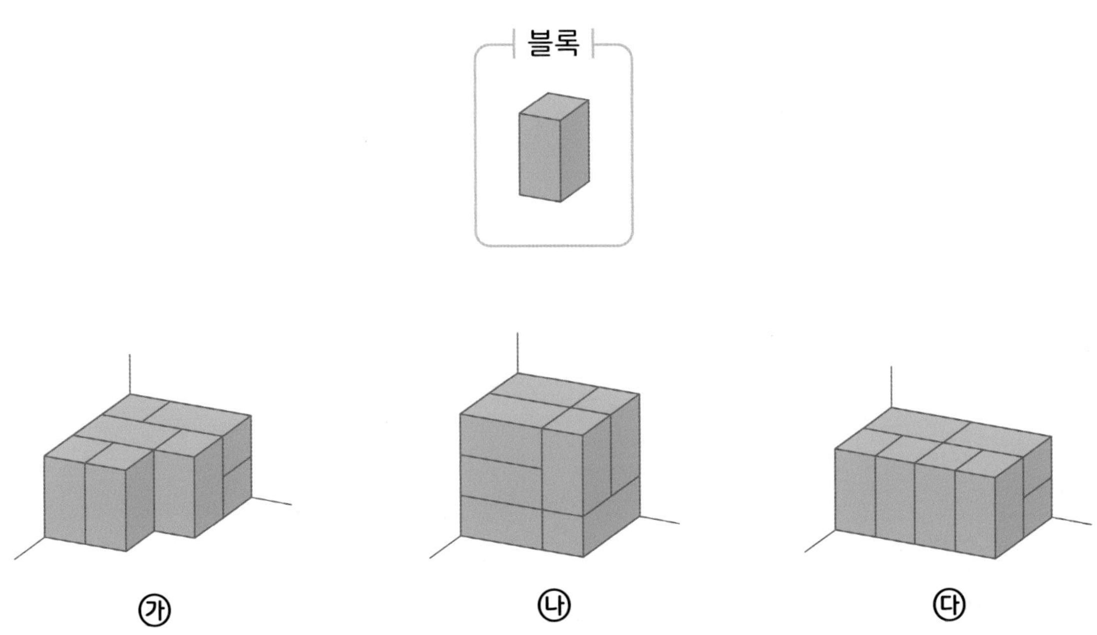

3 모양 만들기

원리탐구 1 쌓기나무 옮겨서 모양 만들기

쌓기나무 한 개를 옮겨서 다음과 같은 여러 가지 모양을 만들 수 있습니다.

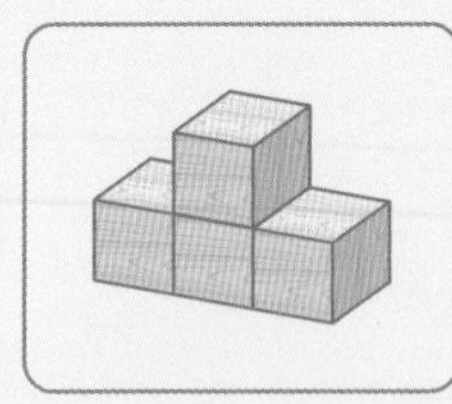
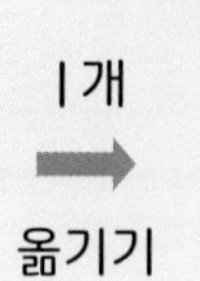

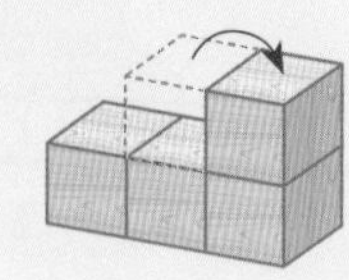
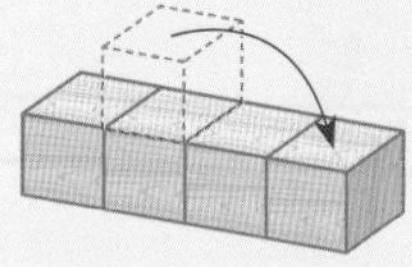
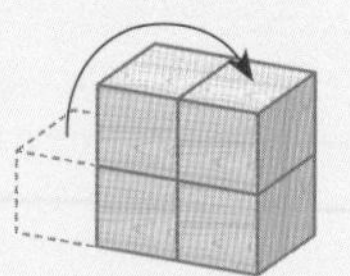

확인 1. | 보기 |와 같이 옮겨진 쌓기나무 1개를 찾아 색칠해 보시오.

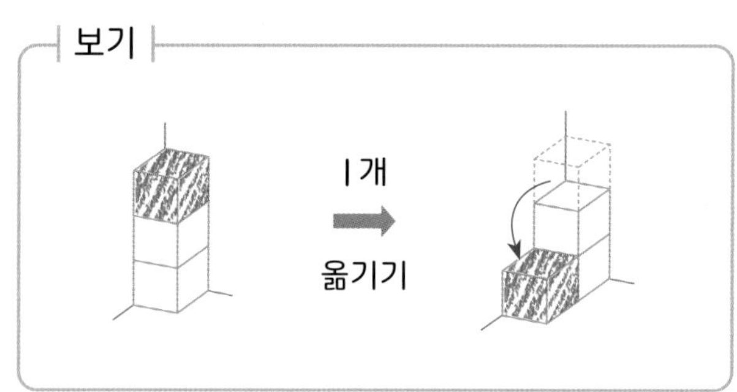

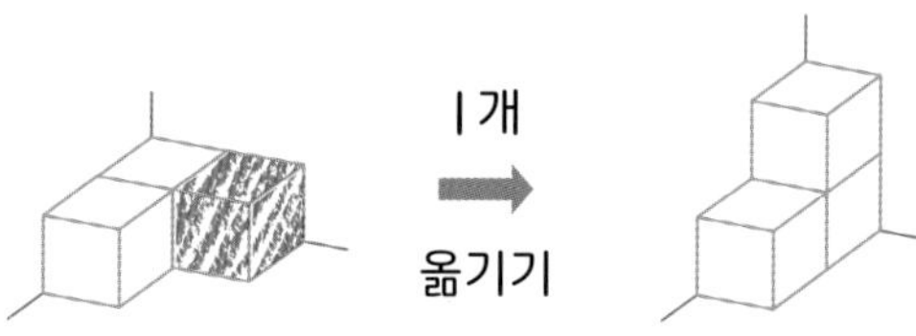

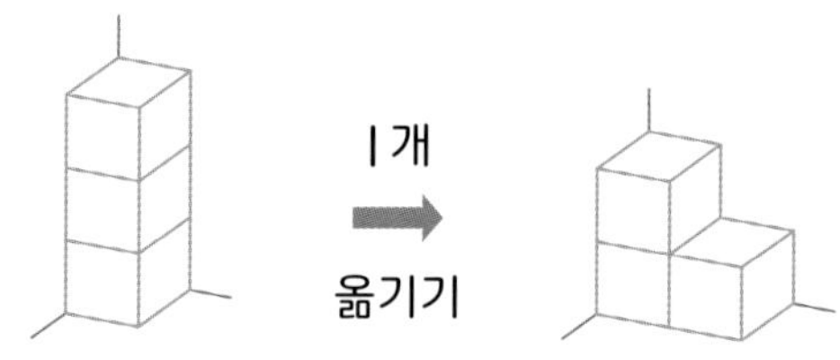

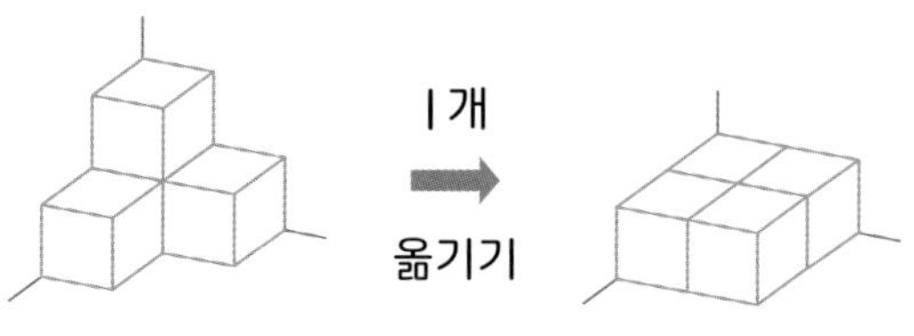

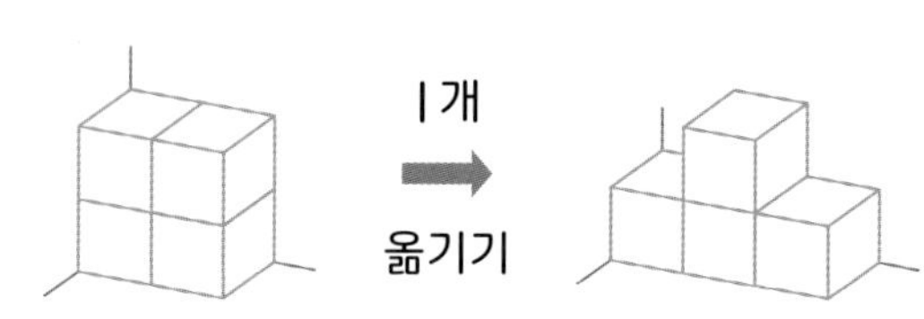

정답과 풀이 22쪽

원리탐구 ② 블록으로 모양 만들기

2가지 모양의 블록으로 다음과 같은 모양을 만들 수 있습니다.

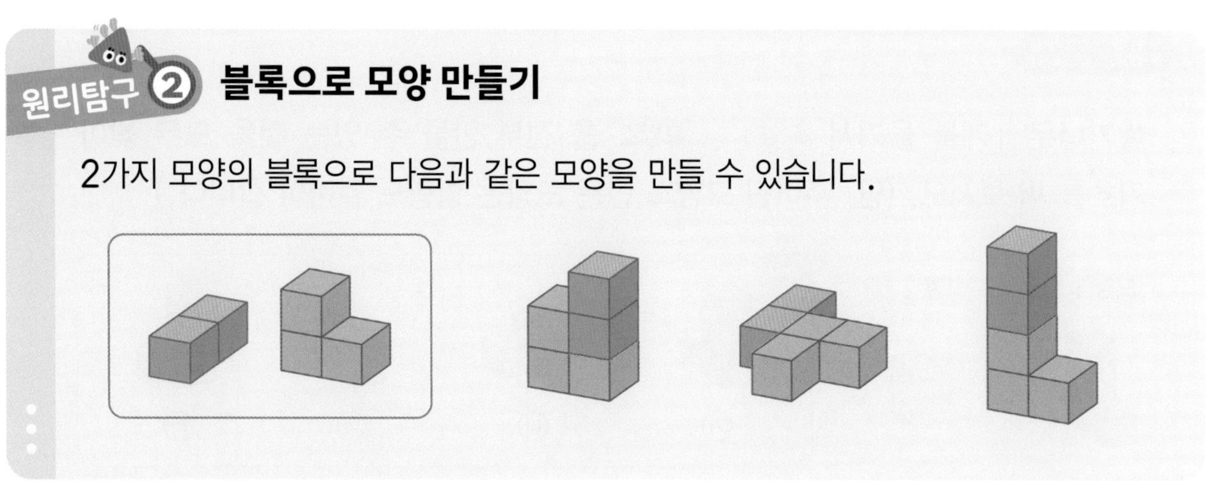

확인 1. | 보기 |와 같이 주황색 블록이 사용된 곳을 찾아 색칠해 보시오.

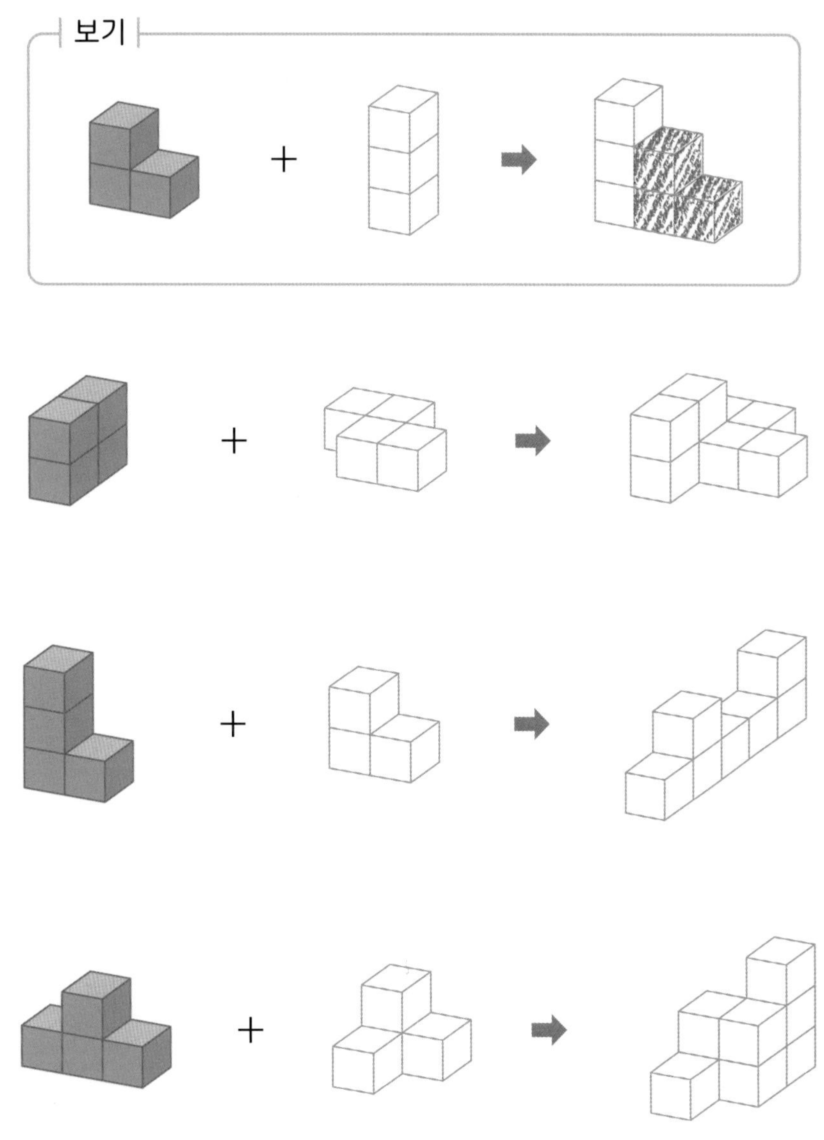

원리탐구 ① 쌓기나무 옮겨서 모양 만들기

대표문제

쌓기나무 1개를 옮겨서 모양 1 , 모양 2 를 전부 만들 수 있는 것을 모두 찾아 기호를 써 보시오. (단, 주어진 모양과 만든 모양은 방향도 같아야 합니다.)

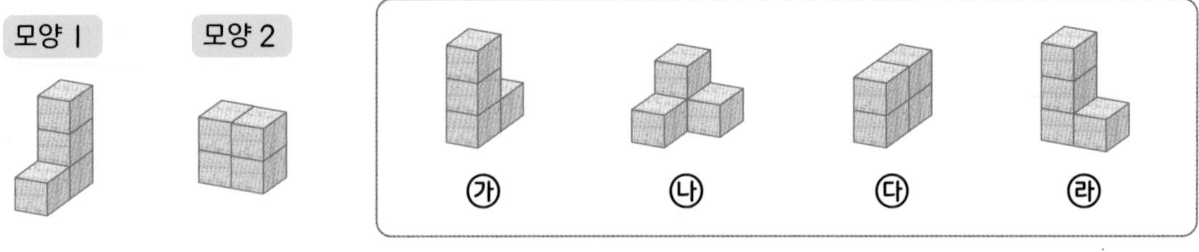

STEP 01 쌓기나무 1개를 옮겨서 오른쪽 모양을 만들 수 있는지 색칠해 보고 만들 수 있으면 ○표, 만들지 못하면 ×표 하시오.

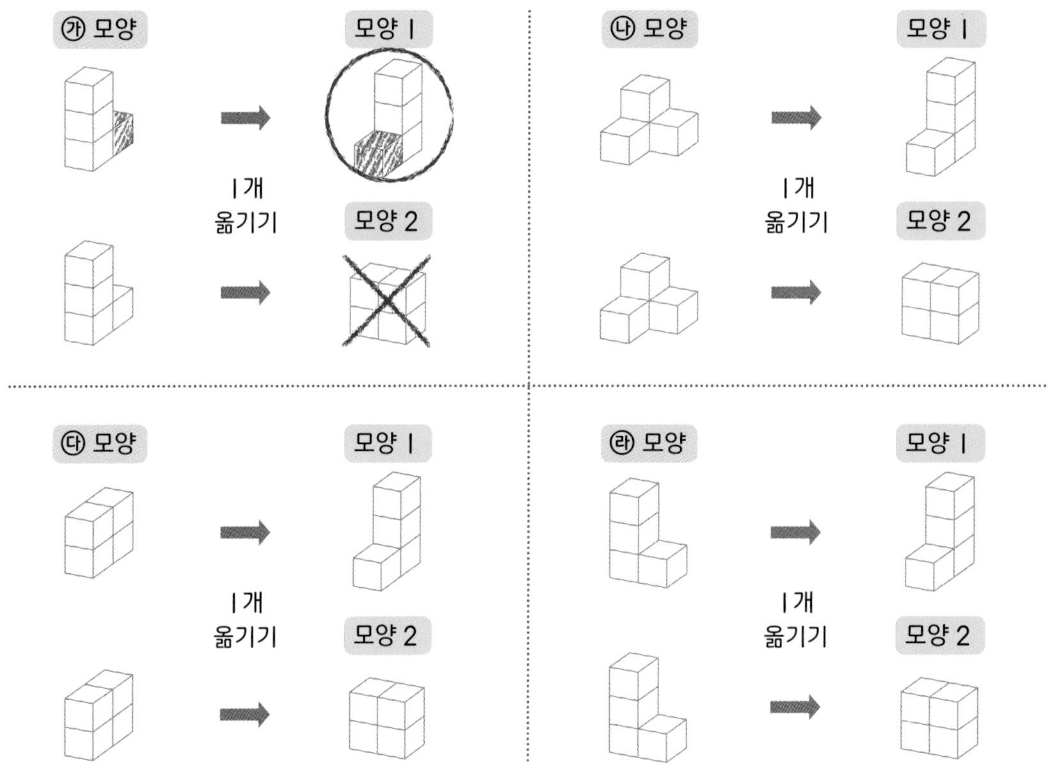

STEP 02 STEP 01에서 쌓기나무 1개를 옮겨서 모양 1 , 모양 2 를 전부 만들 수 있는 것을 모두 찾아 기호를 써 보시오.

정답과 풀이 23쪽

01 주어진 모양에서 쌓기나무 1개를 옮겨 만들 수 있는 모양을 모두 찾아 ○표 하시오. (단, 주어진 모양과 만든 모양은 방향도 같아야 합니다.)

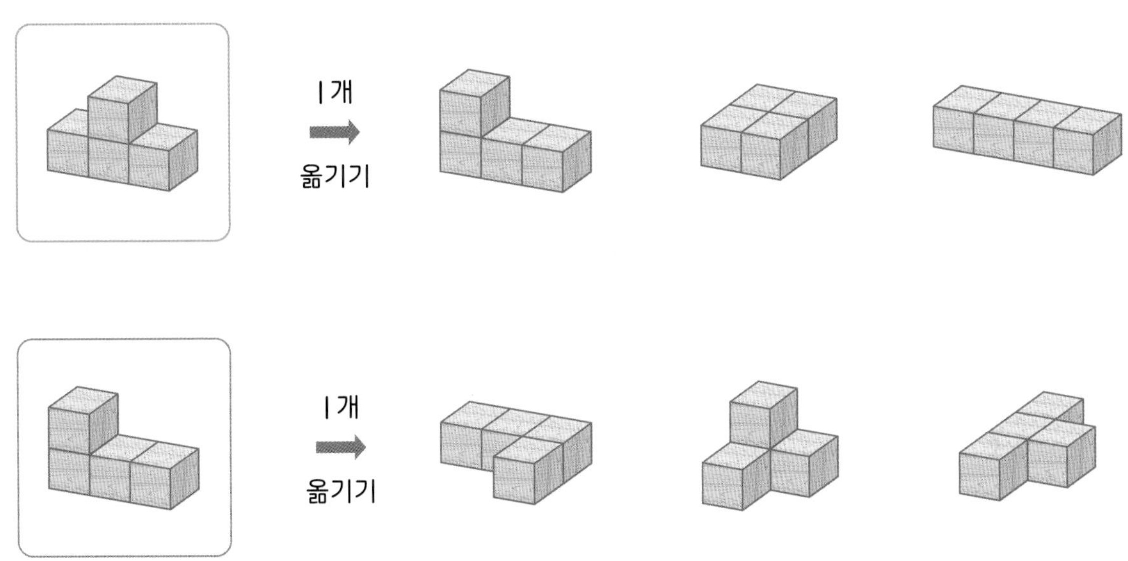

02 쌓기나무 1개를 옮겨서 모양 1, 모양 2를 전부 만들 수 있는 것을 모두 찾아 기호를 써 보시오.

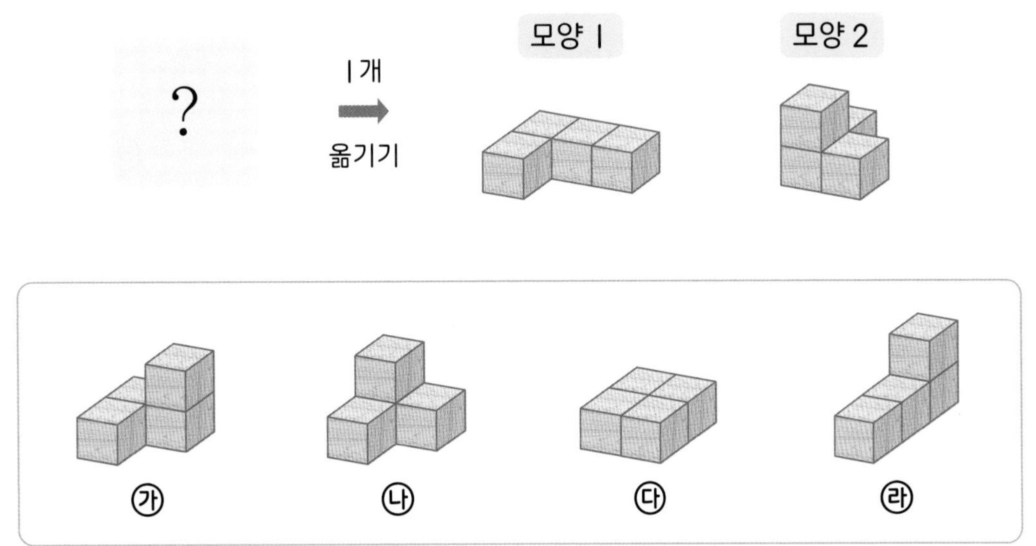

원리탐구 ② 블록으로 모양 만들기

대표문제

오른쪽 2개의 모양 블록을 이용하여 만들 수 있는 모양을 모두 찾아 기호를 써 보시오.

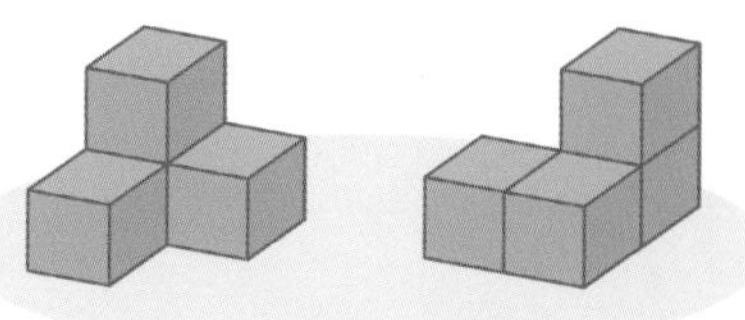

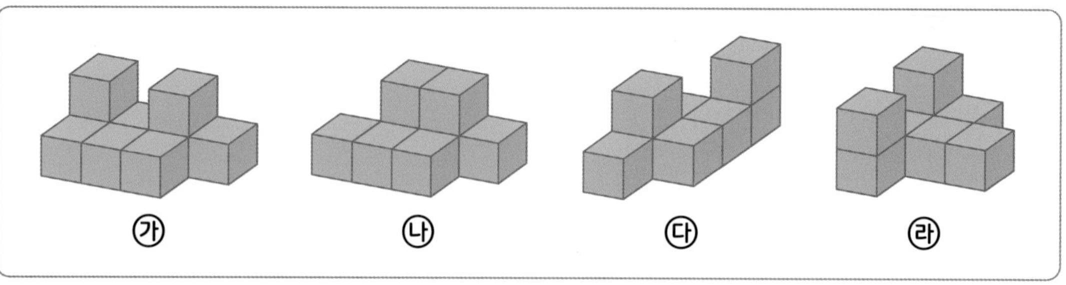

STEP 01 ㉮, ㉯, ㉰, ㉱에서 왼쪽 모양과 같은 부분을 찾아 색칠해 보시오.

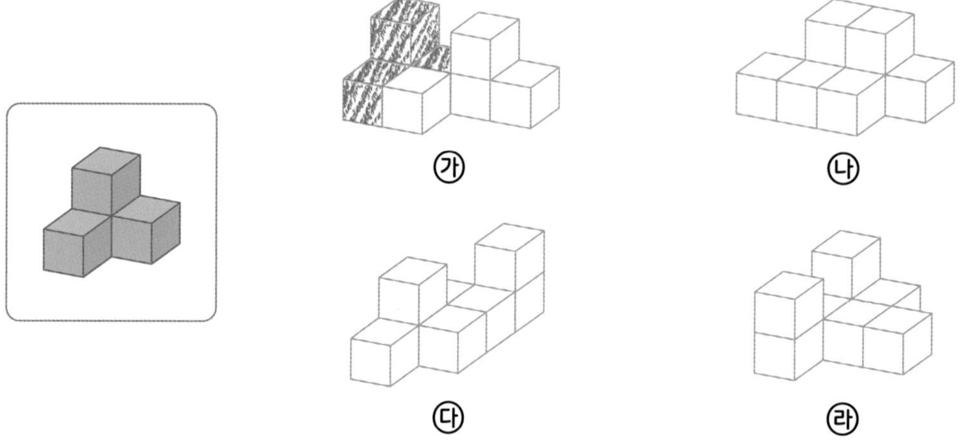

STEP 02 STEP 01 에서 색칠되지 않은 부분이 오른쪽 모양과 같은 것을 모두 찾아 기호를 써 보시오.

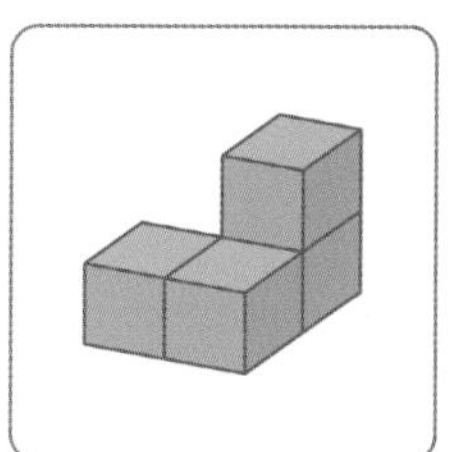

01 오른쪽 모양을 만들기 위해 필요한 2개의 블록을 찾아 선으로 이어 보시오.

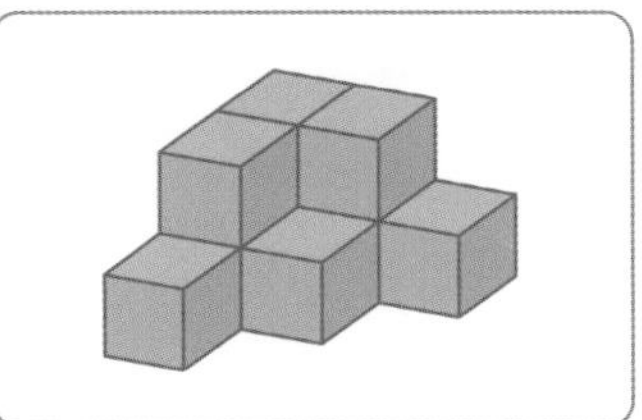

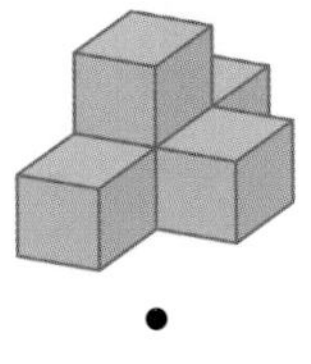
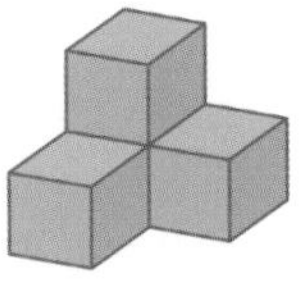

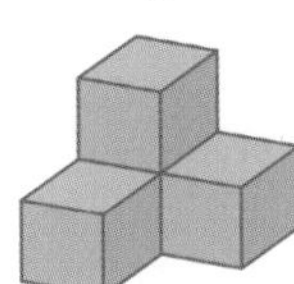

02 오른쪽 2개의 블록을 이용하여 만들 수 있는 모양을 모두 찾아 기호를 써 보시오.

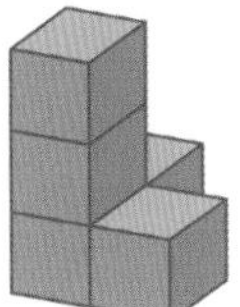
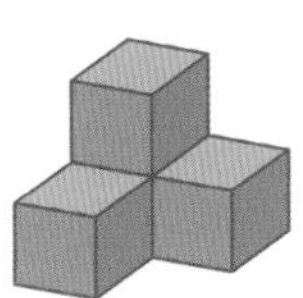

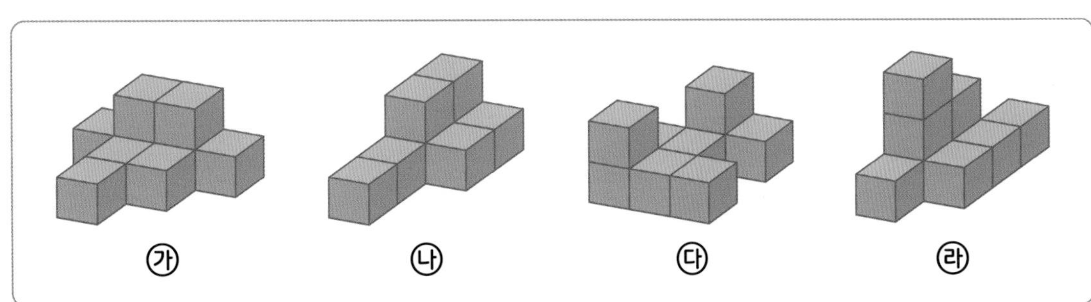

4 색종이 겹치기와 자르기

원리탐구 ① 색종이 겹치기

먼저 놓은 색종이는 겹친 색종이들에 의해 가려집니다. 가려진 곳이 없는 색종이가 가장 위에 있는 색종이입니다.

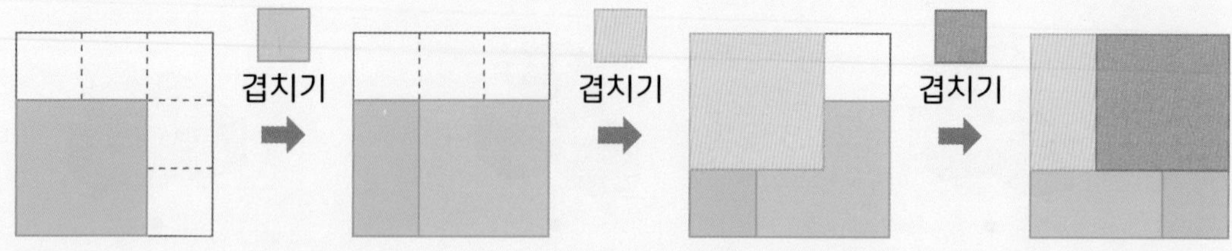

가장 위에 있는 색종이부터 한 장씩 빼면 색종이가 겹쳐진 순서를 알 수 있습니다.

확인 1. 크기가 같은 색종이를 겹쳤습니다. 가장 위에 있는 색종이를 뺀 모양을 찾아 ○표 하시오. 온라인 활동지

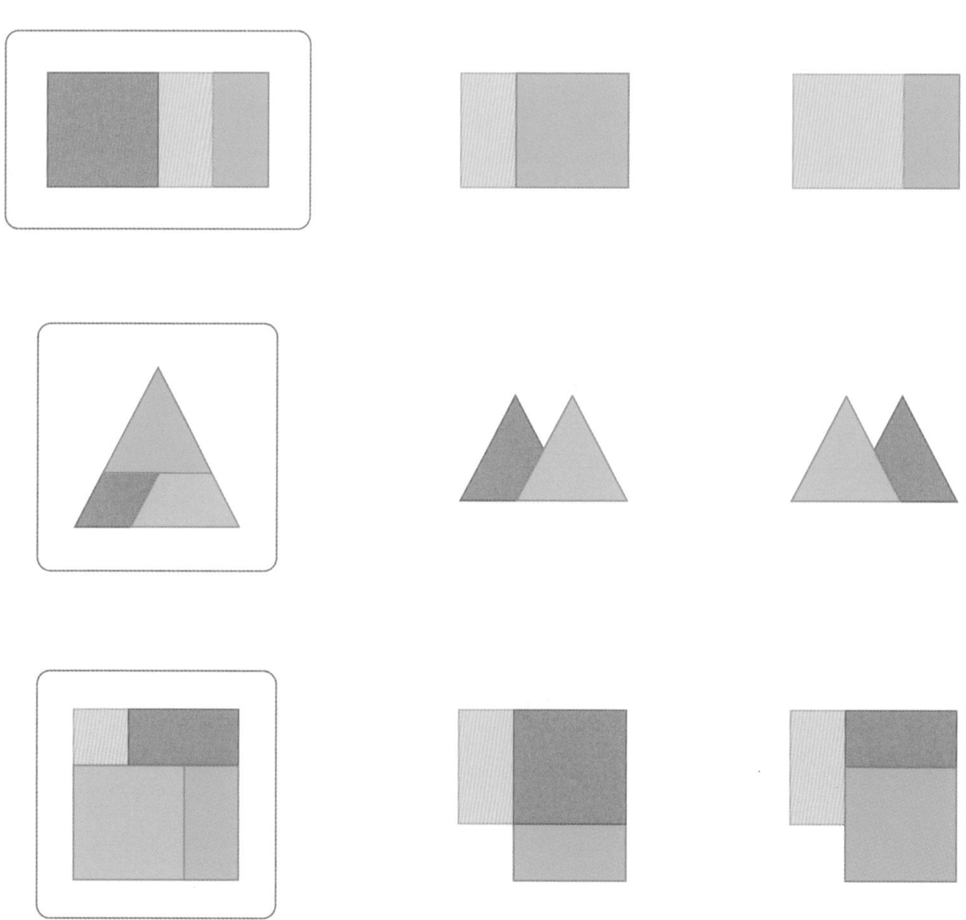

정답과 풀이 25쪽

원리탐구 ② 색종이 자르기

색종이를 반으로 접은 후 검은색으로 칠한 부분을 자른 다음 펼치면 접힌 부분의 양쪽에 같은 모양이 나타납니다.

다음은 잘린 색종이를 펼치는 과정입니다.

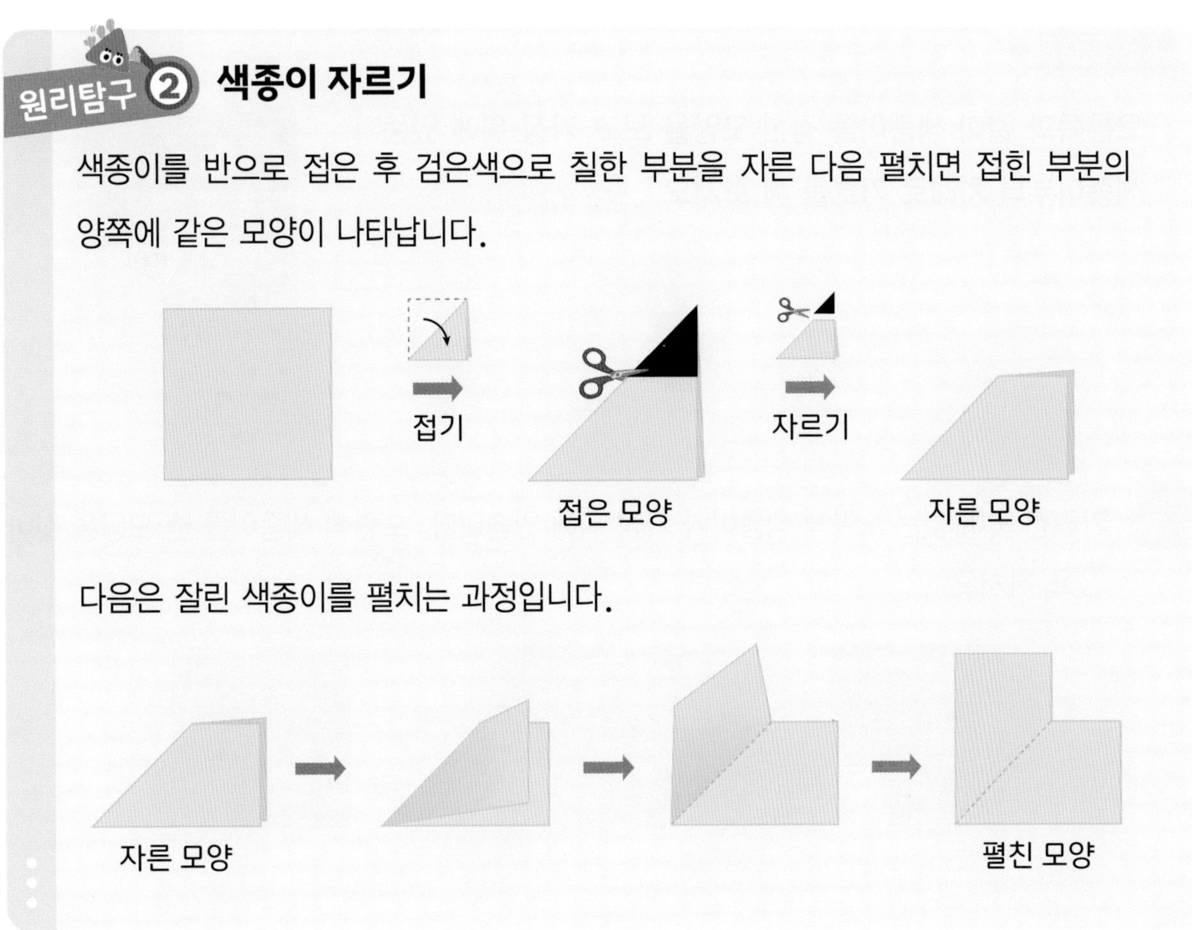

확인 1. 색종이를 반으로 접은 후 검은색으로 칠한 부분을 잘랐습니다. 펼친 모양을 찾아 ○표 하시오. 온라인 활동지

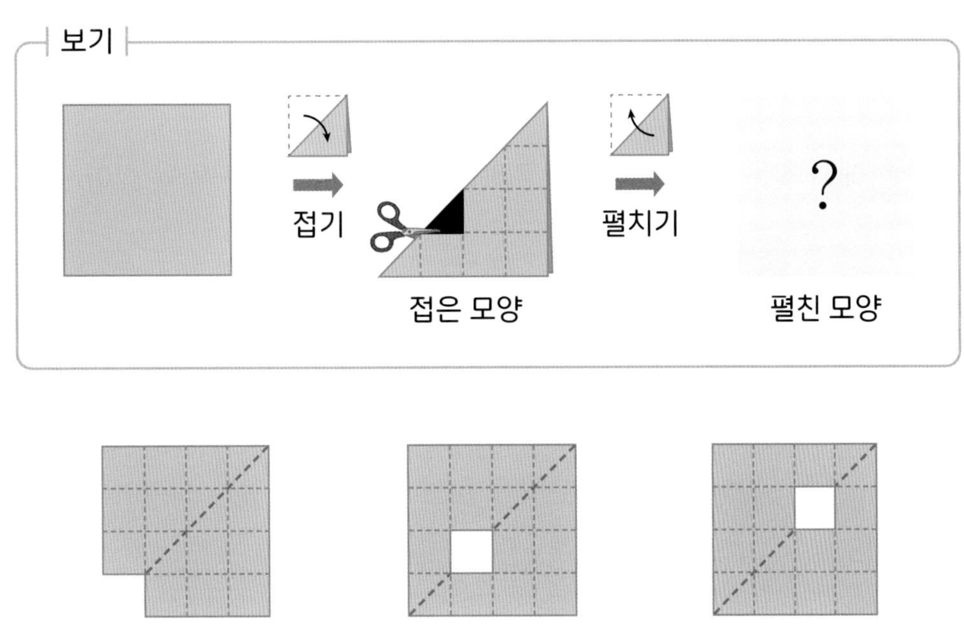

원리탐구 ① 색종이 겹치기

오른쪽과 같이 색종이를 겹친 모양을 보고 가장 위에 있는 색종이부터 차례로 기호를 써 보시오. 온라인 활동지

STEP 01 가려진 곳이 없는 노란색 색종이가 가장 위에 있습니다. 노란색 색종이를 뺀 모양을 찾아 ○표 하시오.

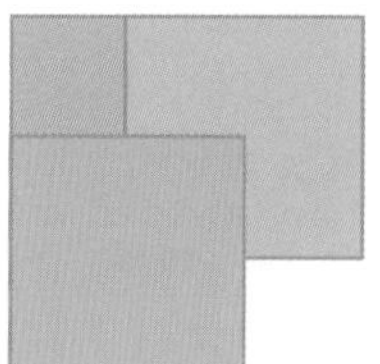
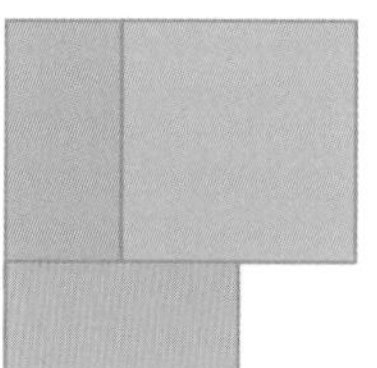

STEP 02 STEP 01 에서 찾은 모양을 보고 가장 위에 있는 색종이를 뺀 모양을 찾아 ○표 하시오.

STEP 03 STEP 02 에서 찾은 모양을 보고 더 위에 있는 색종이를 뺀 모양을 찾아 ○표 하시오.

STEP 04 STEP 01, STEP 02, STEP 03 에서 찾은 모양을 보고 가장 위에 있는 색종이부터 차례로 기호를 써 보시오.

정답과 풀이 26쪽

01 크기가 같은 색종이를 겹친 모양을 보고 가장 위에 있는 색종이부터 차례로 기호를 써 보시오. 온라인 활동지

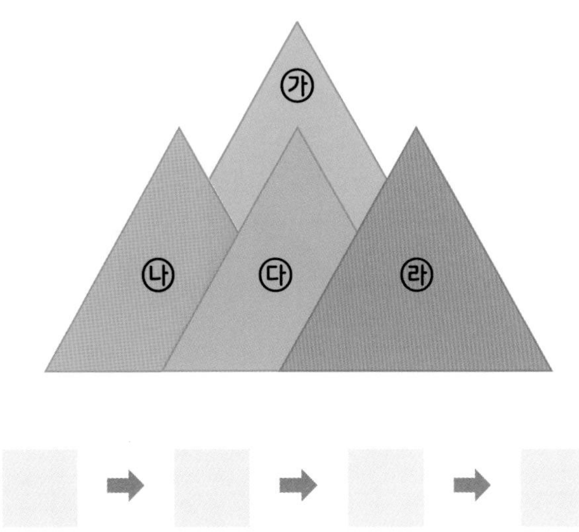

□ ➡ □ ➡ □ ➡ □

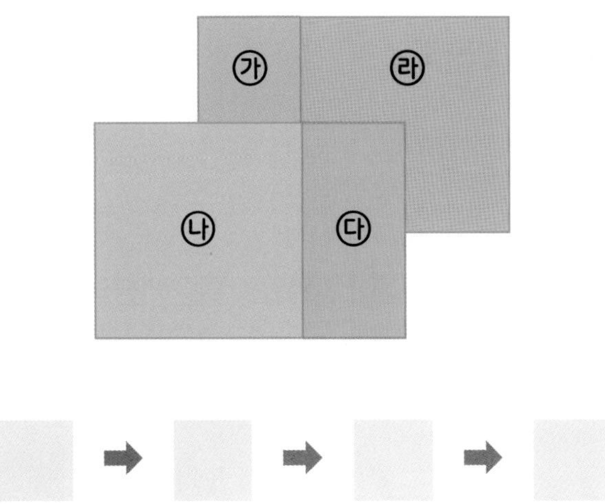

□ ➡ □ ➡ □ ➡ □

원리탐구 ② 색종이 자르기

대표문제

색종이를 반으로 접은 후 검은색으로 칠한 부분을 잘랐습니다. 색종이를 펼쳤을 때, 잘려진 부분에 색칠해 보시오. 온라인 활동지

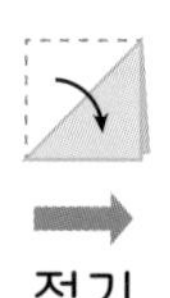

접기

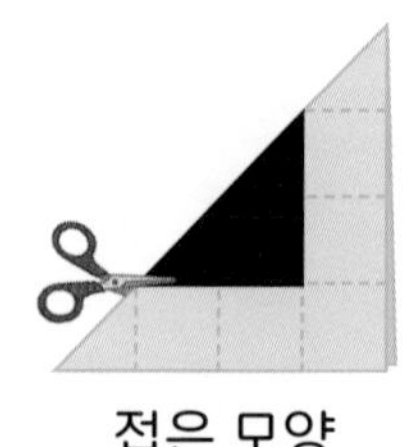

접은 모양

펼치기

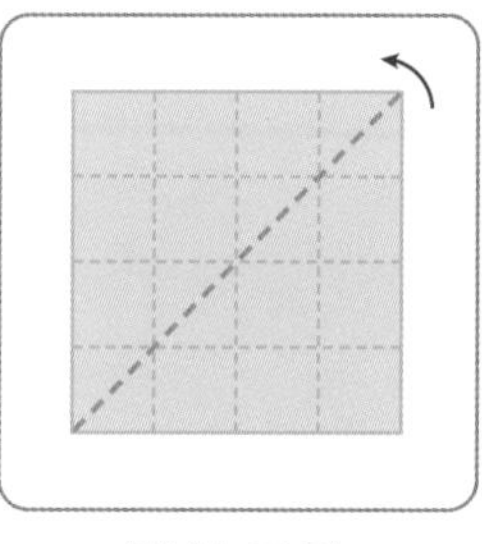

펼친 모양

STEP 01 색종이가 잘려진 부분을 찾아 접은 선 오른쪽에 색칠해 보시오.

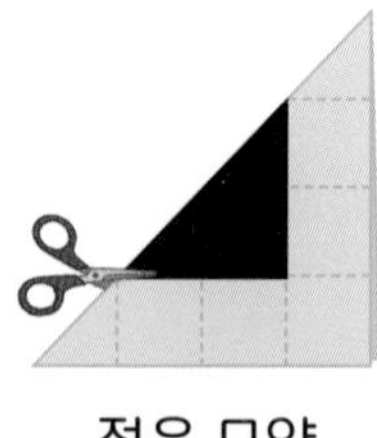

접은 모양

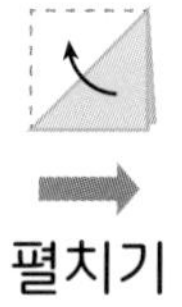

펼치기

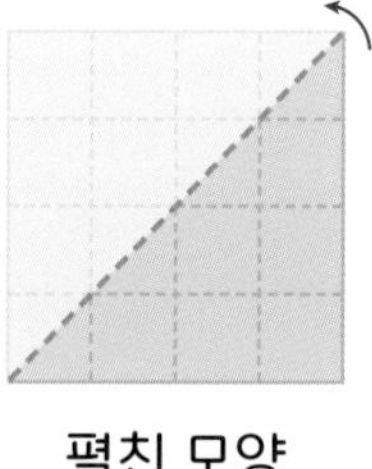

펼친 모양

STEP 02 STEP 01 에서 색칠한 부분을 똑같이 색칠한 후, 색종이가 펼쳐지는 모습을 상상하며 색칠한 모양을 접은 선 왼쪽으로 뒤집어 색칠해 보시오.

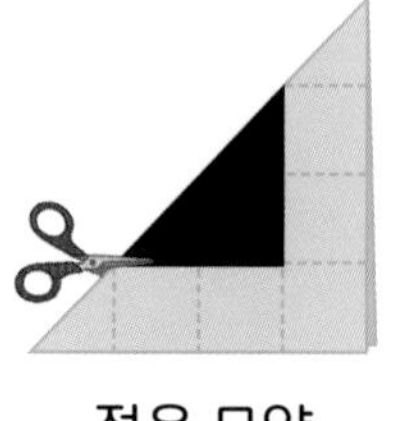

접은 모양

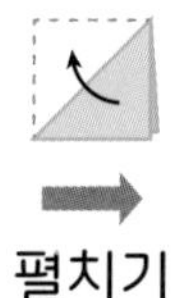

펼치기

펼친 모양

정답과 풀이 27쪽

01 색종이를 반으로 접은 후 검은색 선을 따라 잘랐습니다. 색종이를 펼쳤을 때, 나타나는 모양을 찾아 기호를 써 보시오. 온라인 활동지

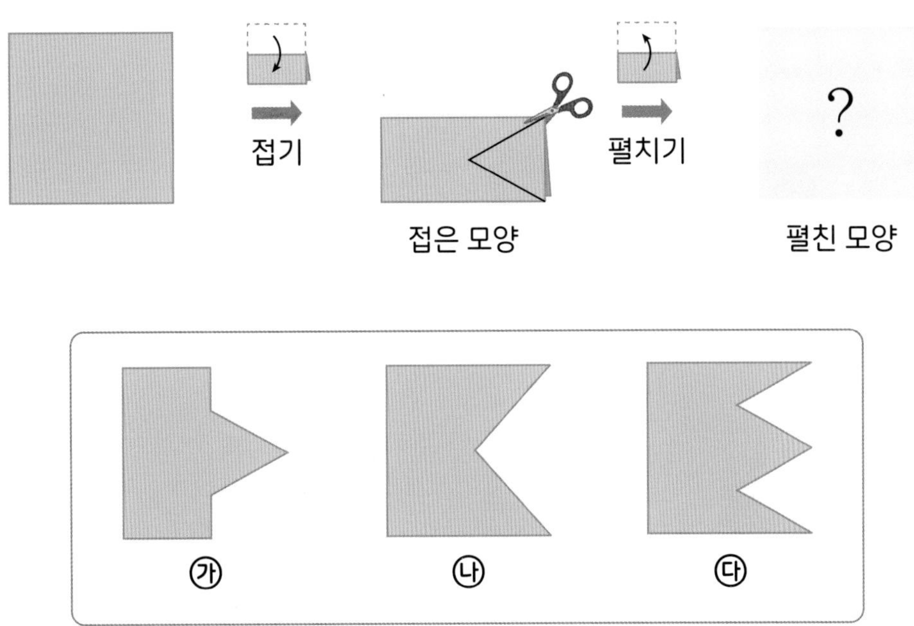

02 색종이를 반으로 접은 후 검은색으로 칠한 부분을 잘랐습니다. 색종이를 펼쳤을 때, 잘려진 부분에 색칠해 보시오. 온라인 활동지

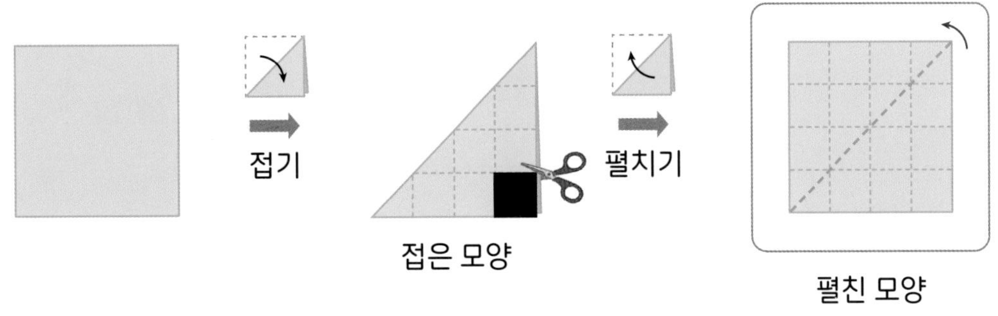

01 규칙에 따라 쌓기나무를 쌓을 때, 넷째 번으로 쌓을 쌓기나무의 개수를 구해 보시오.

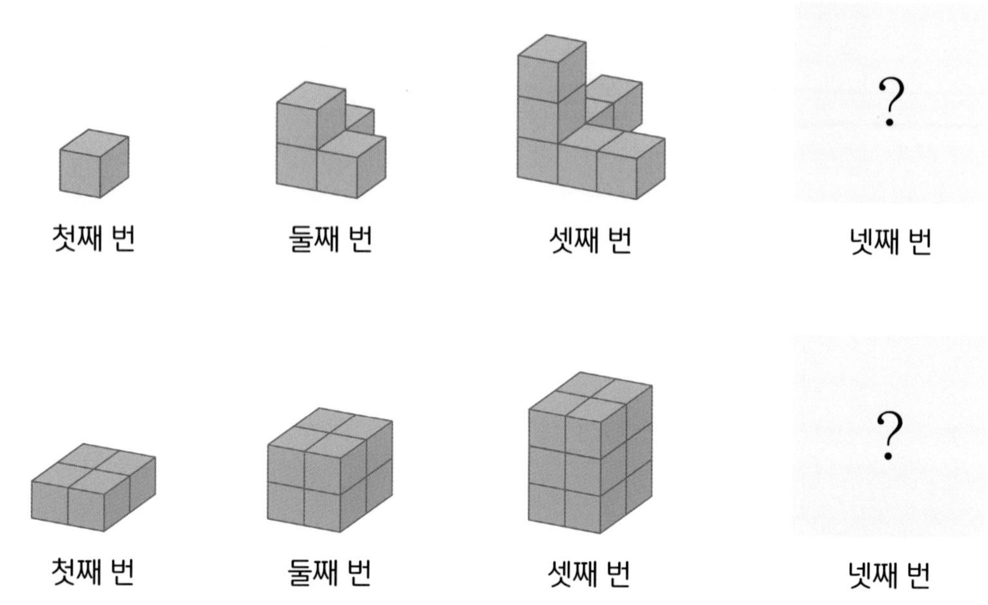

02 다음 모양을 만들기 위해 필요한 블록은 각각 몇 개인지 구해 보시오.

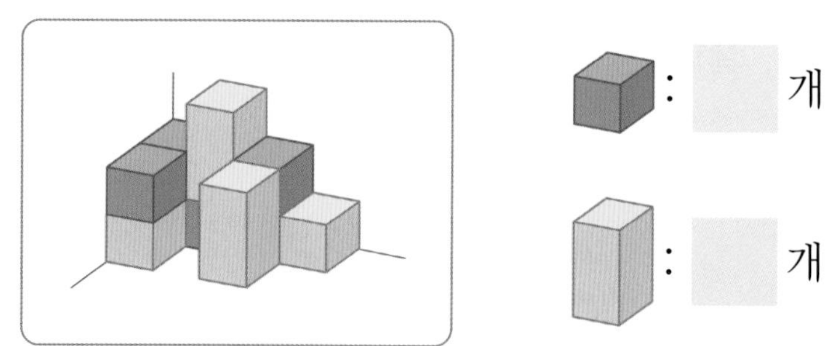

Key Point
빨간색 블록 밑에 있는 블록의 종류를 생각해 봅니다.

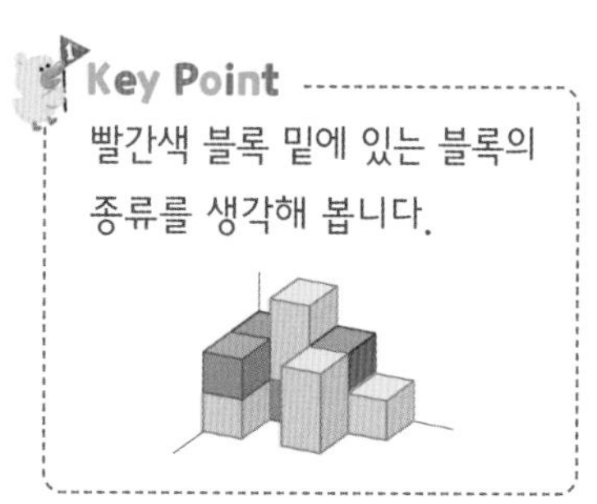

정답과 풀이 28쪽

03 색종이를 접어 검은색 부분을 잘랐습니다. 펼친 모양에서 구멍난 부분을 ●로 표시하고 구멍의 개수를 써 보시오. 온라인 활동지

보기

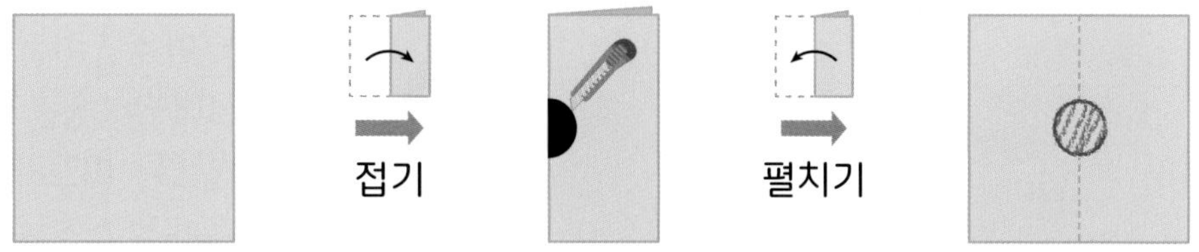

접기 펼치기

구멍의 개수: 1 개

접기 펼치기

구멍의 개수: 개

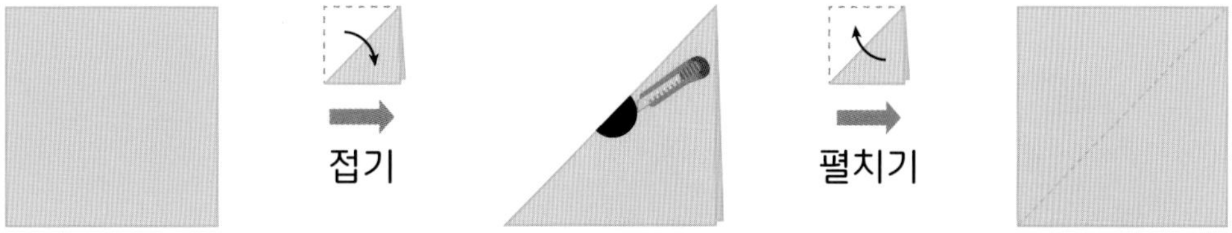

접기 펼치기

구멍의 개수: 개

접기

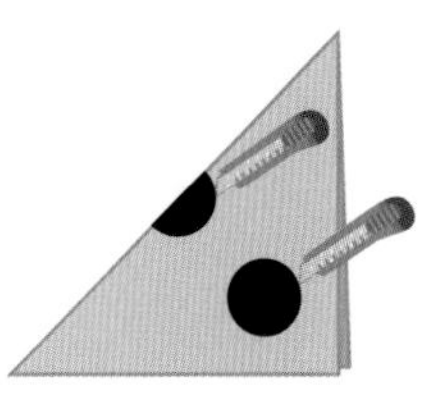

펼치기

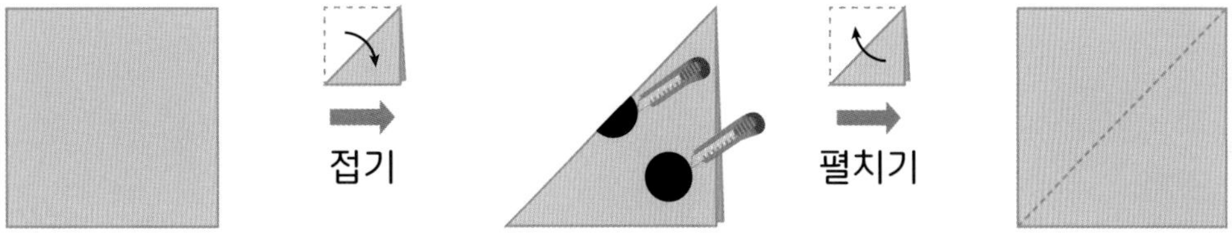

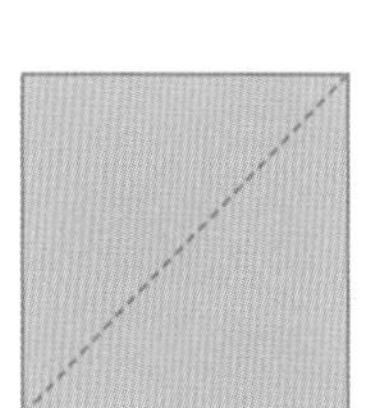

구멍의 개수: 개

01 그림과 같이 모양이 변했을 때 불편한 점을 이야기해 보시오.

정답과 풀이 29쪽

02 다음 모양을 만드는 서로 다른 2가지 방법을 찾아 필요한 조각의 기호를 써 보시오.

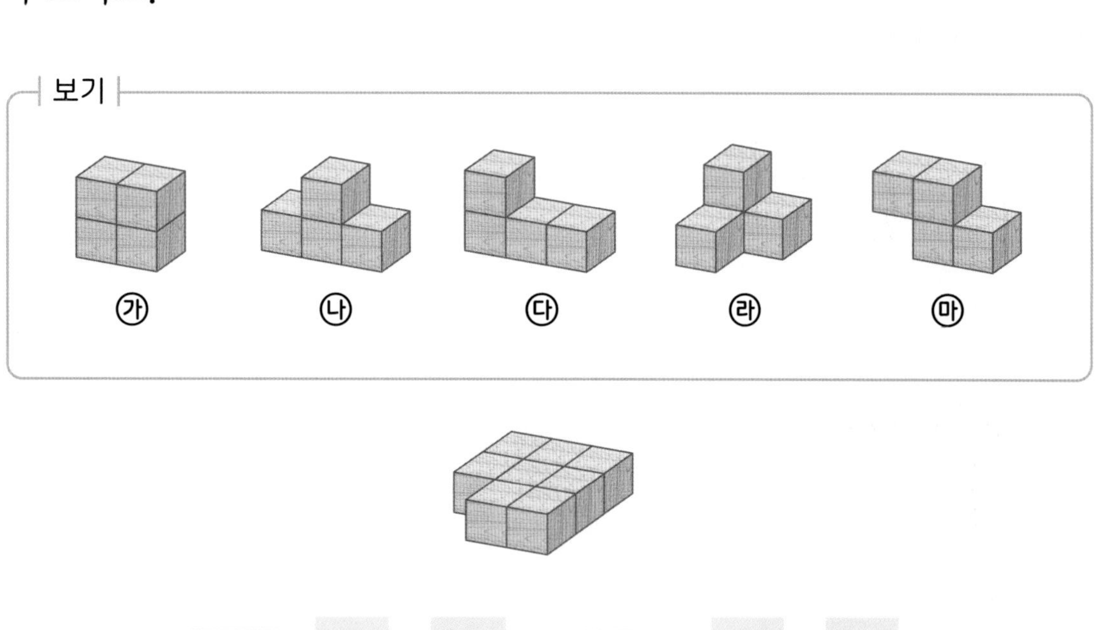

방법 1 : ☐, ☐　　방법 2 : ☐, ☐

방법 1 : ☐, ☐　　방법 2 : ☐, ☐

방법 1 : ☐, ☐　　방법 2 : ☐, ☐

Ⅲ

논리추론

계획한 대로 공부한 날은 😀 에, 공부하지 못한 날은 ☹ 에 ◯표 하세요.

공부할 내용	공부할 날짜	확 인
1 금액 만들기	월 일	😀 ☹
2 배치하기	월 일	😀 ☹
3 진실과 거짓	월 일	😀 ☹
4 연역표	월 일	😀 ☹
Creative 팩토	월 일	😀 ☹
Challenge 영재교육원	월 일	😀 ☹

① 금액 만들기

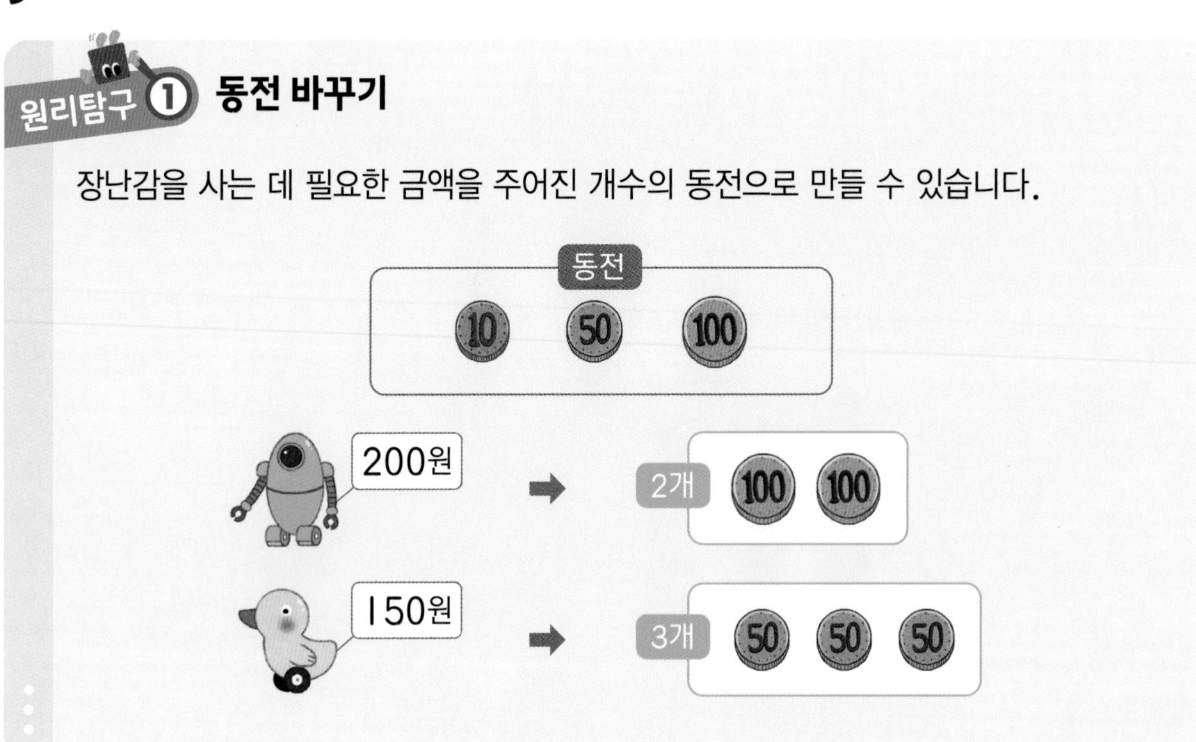

원리탐구 ①
동전 바꾸기
장난감을 사는 데 필요한 금액을 주어진 개수의 동전으로 만들 수 있습니다.
동전
10
50
100
200원
2개
100
100
150원
3개
50
50
50

확인 1. 다음 장난감을 사는 데 필요한 금액을 주어진 개수의 동전으로 만들어 보시오.

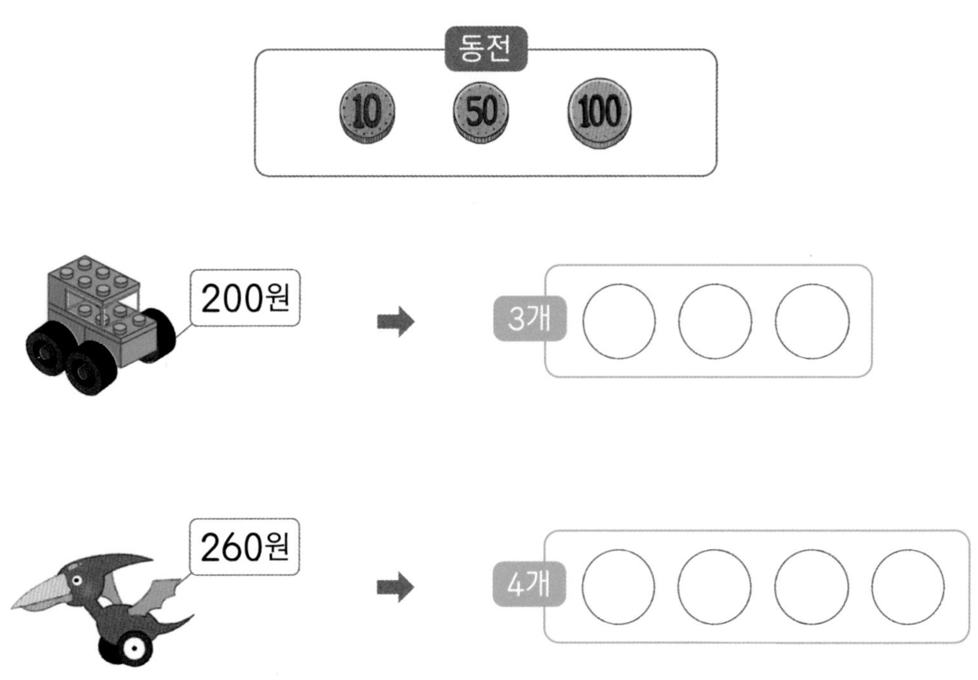

› 정답과 풀이 30쪽

원리탐구 ② 여러 가지 방법으로 금액 만들기

주어진 금액을 여러 가지 방법으로 만들 수 있습니다.

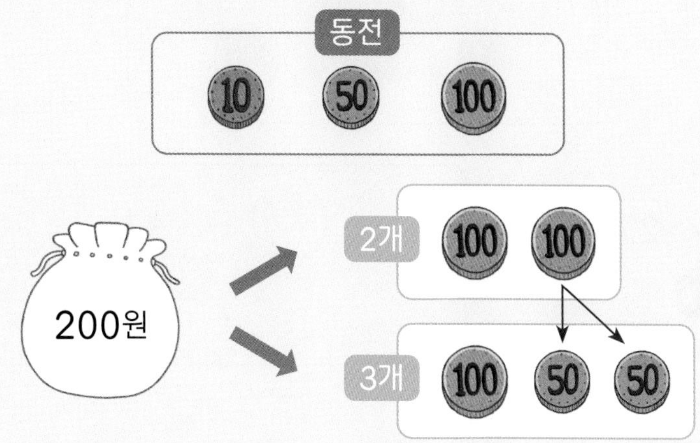

➡ 100원짜리 동전을 50원짜리 동전 2개로 바꾸면 전체 동전의 개수는 1개가 늘어납니다.

확인 1. 빈 곳에 필요한 동전을 써넣어 주어진 금액을 2가지 방법으로 만들어 보시오.

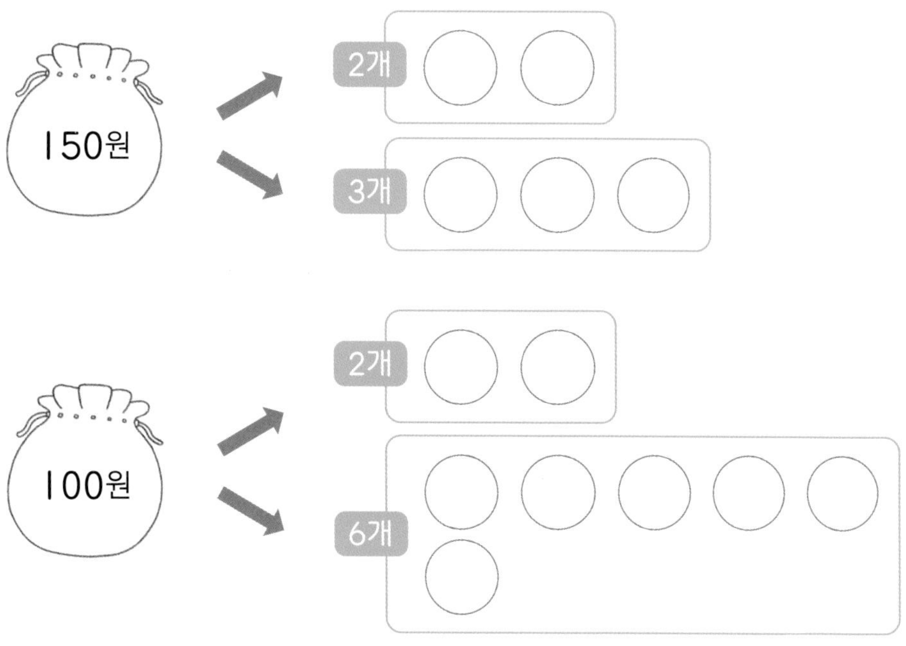

원리탐구 ① 동전 바꾸기

대표문제

장난감을 사는 데 필요한 270원을 동전 6개로 만들어 보시오.

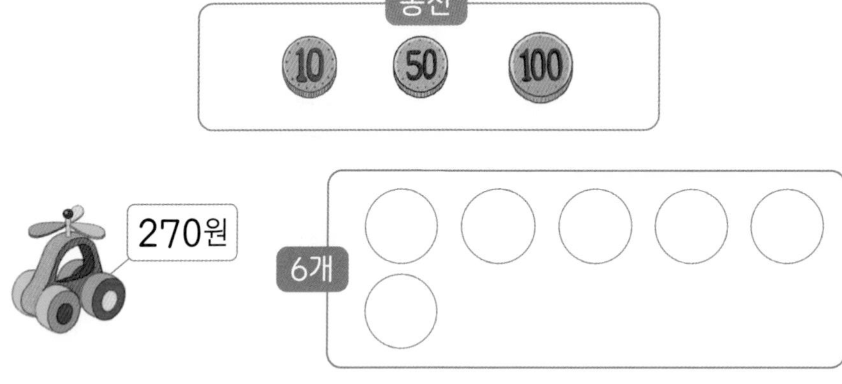

STEP 01 270원을 넘지 않으려면 100원짜리는 최대 몇 개까지 필요합니까?

STEP 02 270원을 넘지 않으려면 STEP 01 의 금액에 50원짜리는 최대 몇 개까지 더 필요합니까?

STEP 03 270원을 넘지 않으려면 STEP 02 의 금액에 10원짜리는 최대 몇 개까지 더 필요합니까?

STEP 04 STEP 03 까지는 동전 5개로 270원을 만들었습니다. 다음을 이용하여 동전 6개로 270원이 되도록 만들어 보시오.

- 100원짜리 1개는 50원짜리 2개로 바꿀 수 있습니다.
- 50원짜리 1개는 10원짜리 5개로 바꿀 수 있습니다.

정답과 풀이 31쪽

01 샌드위치를 사는 데 필요한 710원을 동전 5개로 만들어 보시오.

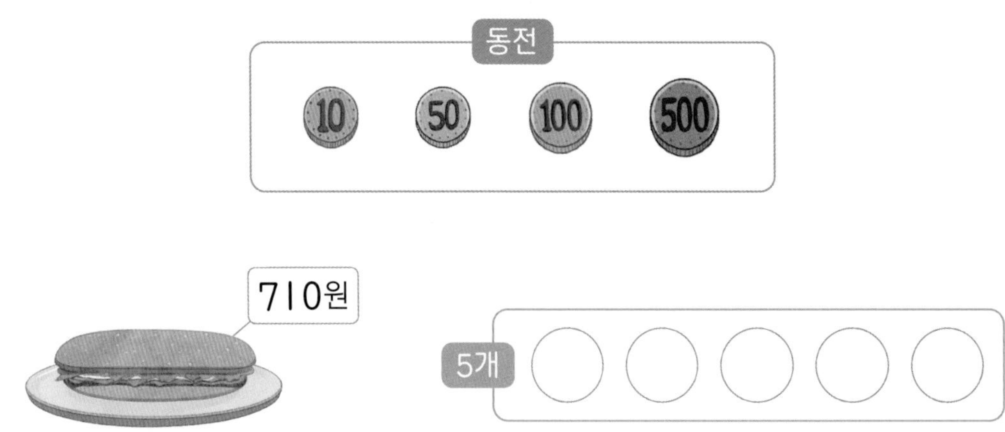

02 동전 6개로 640원짜리 로봇을 사려고 합니다. 필요한 동전의 종류를 모두 써 보시오.

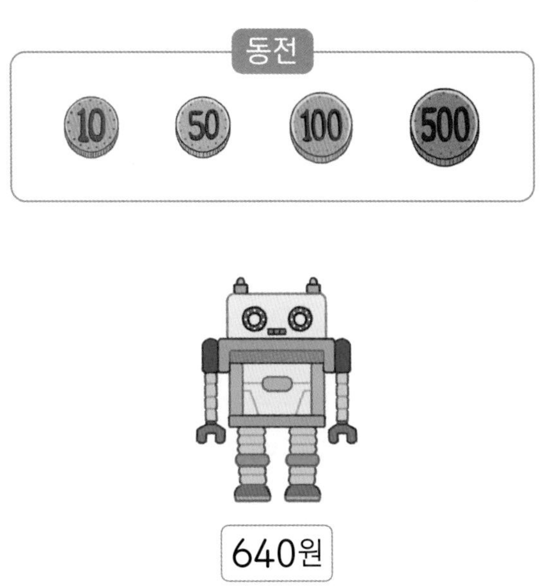

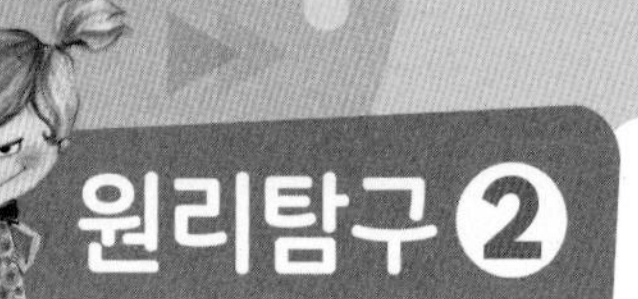

원리탐구 ② 여러 가지 방법으로 금액 만들기

대표문제

빈 곳에 필요한 동전을 써넣어 310원을 3가지 방법으로 만들어 보시오.

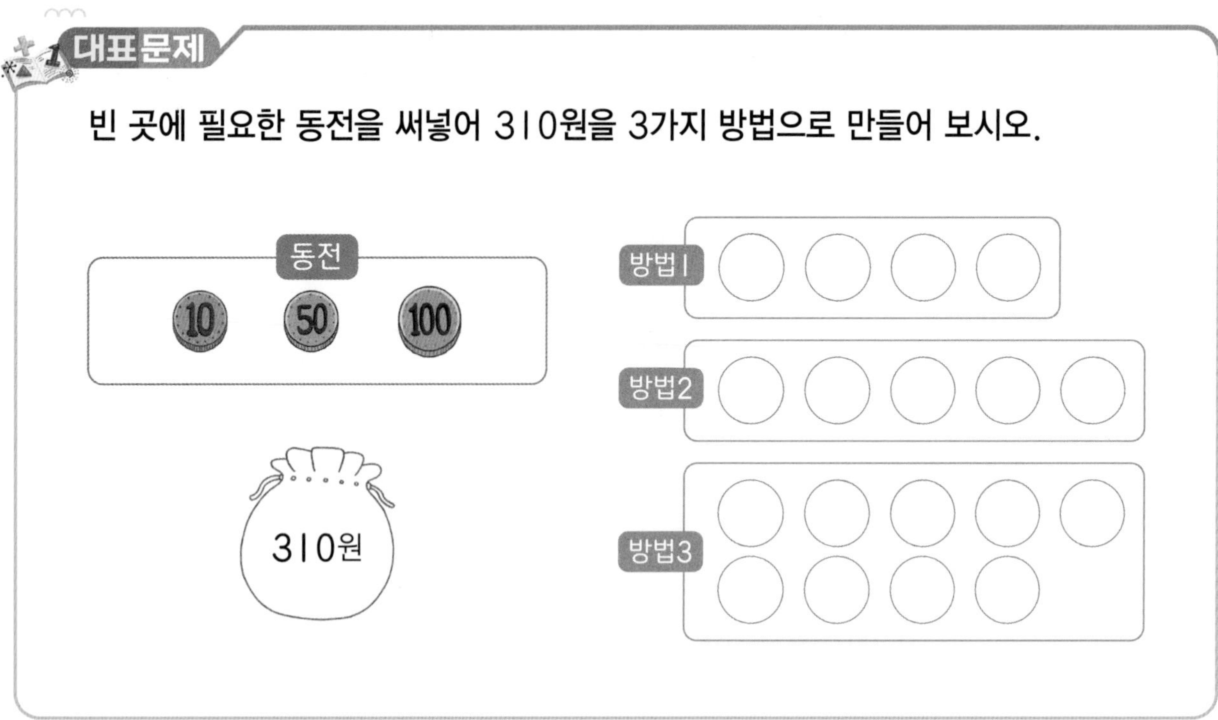

STEP 01 310원이 넘지 않도록 100원짜리를 최대한 넣어 보시오. 그리고 남은 자리에 알맞은 동전을 넣어 310원을 만들어 보시오.

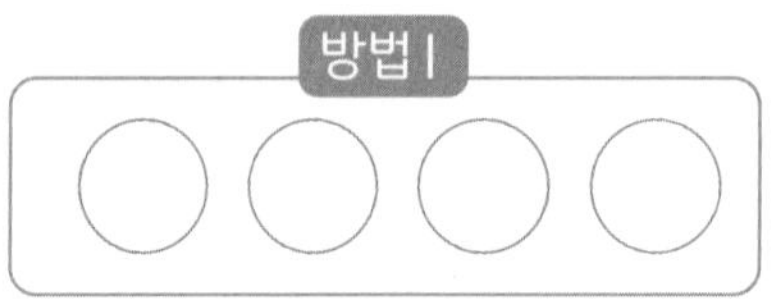

STEP 02 방법1 은 동전 4개로 310원을 만든 것입니다. 다음을 이용하여 동전 5개(방법2), 동전 9개(방법3)로 310원을 만들어 보시오.

- 100원짜리 1개는 50원짜리 2개로 바꿀 수 있습니다.
- 50원짜리 1개는 10원짜리 5개로 바꿀 수 있습니다.

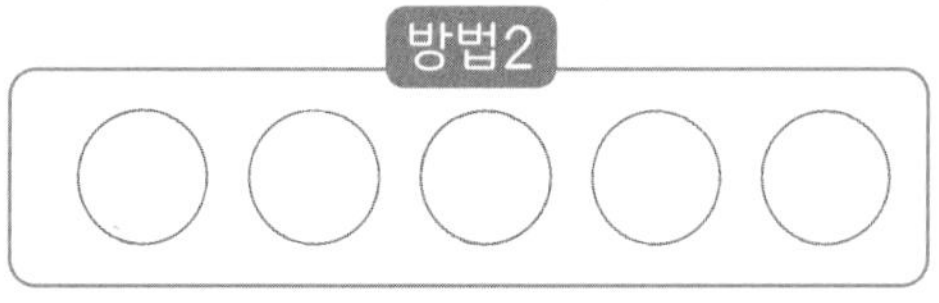

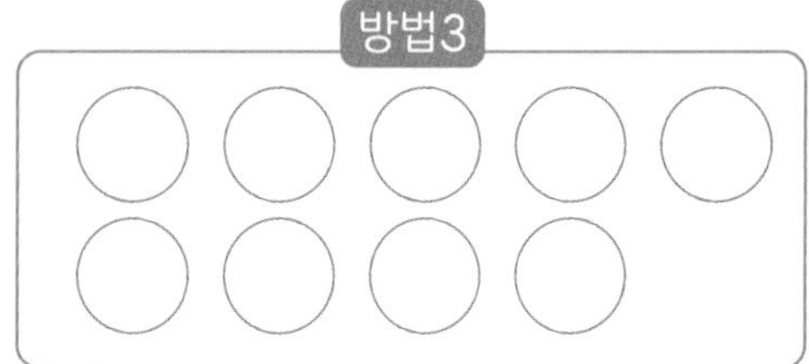

정답과 풀이 32쪽

01 빈 곳에 필요한 동전을 써넣어 사탕을 사는 데 필요한 금액을 여러 가지 방법으로 만들어 보시오.

동전

10 50 100

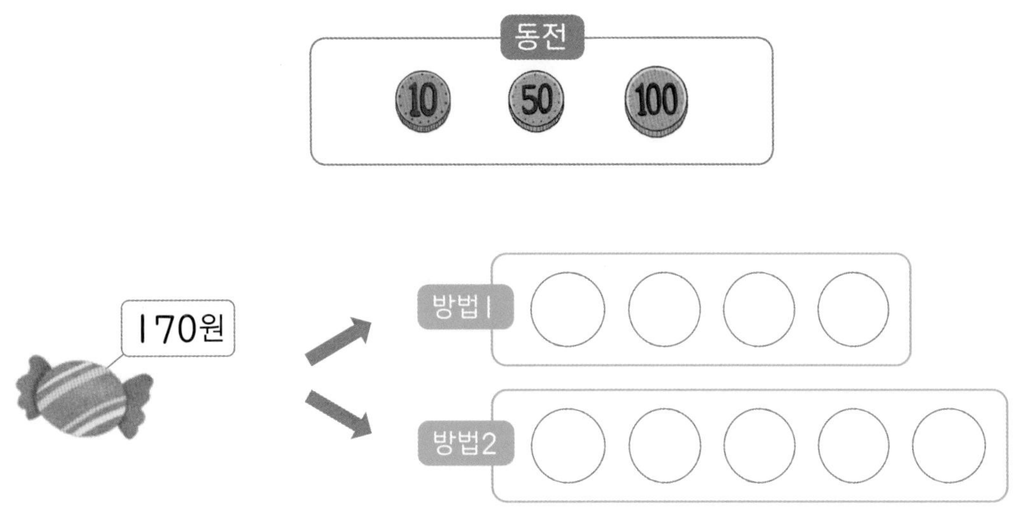

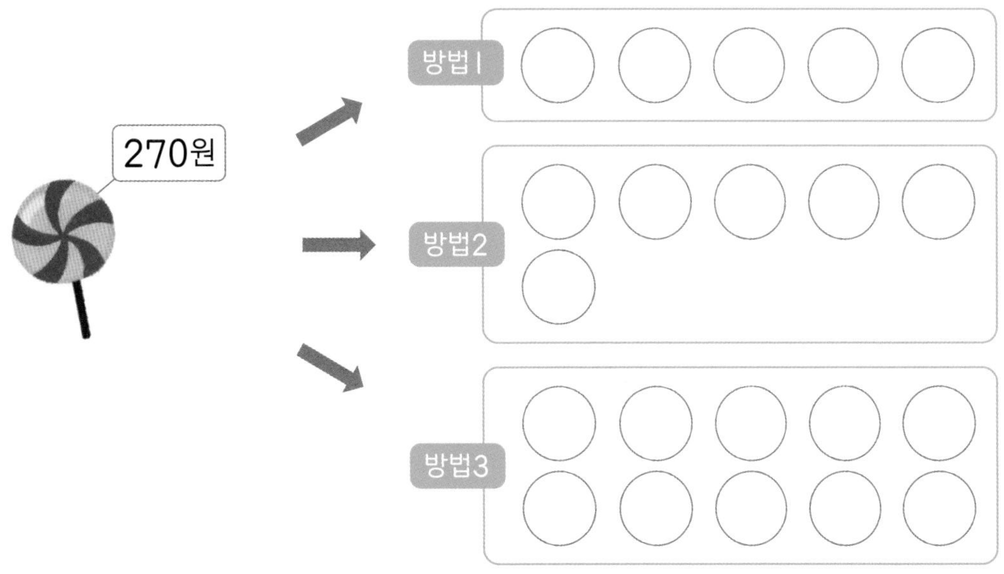

② 배치하기

원리탐구 ① 위치 해석하기

동물들이 달리는 그림을 보고 □ 안에 알맞은 동물을 써넣을 수 있습니다.

…

- 처음에는 3등이었는데 4등으로 달리는 동물은 [돼지] 입니다.
- [원숭이] 는 2등으로 달리다가 결승선에 가장 가까이 있습니다.

확인 1. 원숭이, 강아지, 양, 돼지, 토끼가 달리기를 하고 있습니다. 그림을 보고 알 수 있는 사실을 ▢ 안에 알맞게 써넣으시오.

- 가장 뒤에 달리고 있는 동물은 ▢ 입니다.
- ▢ 은/는 넘어지고 말았습니다.

⋮

결승선

- 결승선에 가장 가까이 있는 동물은 ▢ 입니다.
- 결승선에 둘째로 가까이 있는 동물은 ▢ 입니다.

정답과 풀이 33쪽

원리탐구 ② 달리기 등수 알아보기

문장을 보고, 달리기 등수를 알 수 있습니다.

지후 앞에 달리는 사람은 없습니다. ➡ 지후는 [1] 등으로 달리고 있습니다.

처음에는 3등이었는데 1명을 앞질렀습니다. ➡ [2] 등으로 달리고 있습니다.

확인 1. 주어진 문장을 보고, [ ] 안에 알맞은 수를 써넣으시오.

은서는 준서와 지영이 사이에서 결승선에 들어왔습니다.

➡ 3명이 달리기한 결과, 은서는 [ ] 등입니다.

채아는 가장 마지막에 결승선에 들어왔습니다.

➡ 5명이 달리기한 결과, 채아는 [ ] 등입니다.

민재는 처음에는 4등이었는데 1명을 앞질러 결승선에 들어왔습니다.

➡ 민재는 [ ] 등입니다.

수민이는 달리기 도중 넘어져서 가장 늦게 들어왔습니다.

➡ 4명이 달리기한 결과, 수민이는 [ ] 등입니다.

원리탐구 ① 위치 해석하기

대표문제

토끼, 강아지, 원숭이, 양, 돼지가 달리기를 하고 있습니다. 달리는 그림을 보고 알 수 있는 사실을 완성해 보시오.

…

- 처음에는 5등이었지만 3마리나 앞지른 동물은 ☐ 입니다.
- ☐ 은/는 1등으로 달리다가 결승선에 넷째로 가까이 있습니다.
- 처음과 같은 등수를 유지하고 있는 동물은 ☐ 입니다.

STEP 01 그림을 보고 동물들의 달리는 등수를 알아보시오.

5등	4등	3등	2등	1등

⋮

5등	4등	3등	2등	1등

STEP 02 STEP 01 의 동물들의 등수를 보고 알 수 있는 사실을 ☐ 안에 알맞게 써넣으시오.

01 오후 2시와 2시 30분에 연 날리는 동물들의 사진입니다. 사진을 보고 알 수 있는 사실을 완성해 보시오.

- 연 날리기를 그만둔 동물은 ☐, ☐ 입니다.
- 같은 자리에서 연을 날리고 있는 동물은 ☐ 입니다.
- 오른쪽으로 자리를 이동한 동물은 ☐ 입니다.

02 그림을 보고 알 수 있는 사실을 ☐ 안에 알맞게 써넣으시오.

- 멈춘 엘리베이터 안에는 ☐ 명이 타고 있습니다.
- 3명 중 ☐ 명은 내리고 ☐ 명이 더 타서, 엘리베이터 안에는 ☐ 명이 있습니다.

원리탐구 ② 달리기 등수 알아보기

대표문제

해나, 현준, 주희, 은우는 달리기를 하고 있습니다. 친구들의 달리는 현재 모습을 순서대로 써넣으시오.

- 해나는 셋째로 달리고 있습니다.
- 현준이는 주희 앞에서 달리고 있습니다.
- 은우는 해나 뒤에서 달리고 있습니다.

(앞) ☐ — ☐ — ☐ — ☐ (뒤)

STEP 01 주어진 문장을 보고 해나의 위치를 찾아 ☐ 안에 써넣으시오.

- 해나는 셋째로 달리고 있습니다.

(앞) ☐ — ☐ — ☐ — ☐ (뒤)

STEP 02 주어진 문장을 보고 현준이와 주희의 위치를 찾아 ☐ 안에 써넣으시오.

- 현준이는 주희 앞에서 달리고 있습니다.

(앞) ☐ — ☐ (뒤)

STEP 03 주어진 문장을 보고 친구들이 달리는 현재 모습을 1등부터 순서대로 써넣으시오.

- 은우는 해나 뒤에서 달리고 있습니다.

(앞) ☐ — ☐ — ☐ — ☐ (뒤)

01 서아, 상준, 수현, 민호는 달리기를 했습니다. 친구들의 등수를 1등부터 순서대로 써 보시오.

- 수현이는 상준이보다 먼저 결승선에 들어왔습니다.
- 서아는 가장 늦게 들어왔습니다.
- 민호는 수현이와 상준이보다 먼저 들어왔습니다.

(1등) ☐ — ☐ — ☐ — ☐ (4등)

02 친구들의 대화를 보고 은서, 예주, 윤아, 민정이의 키를 비교할 수 있습니다. 키가 큰 순서대로 이름을 써 보시오.

- **은서**: 나는 민정이보다 키가 커.
- **예주**: 윤아야, 네가 민정이보다 더 작네?
- **윤아**: 그래도 예주보다는 내가 더 커!

3 진실과 거짓

원리탐구 ① O, X 카드

○ 카드는 '예'를 뜻하고, × 카드는 '아니오'를 뜻합니다.

당신은 딸기를 좋아합니까?

예

아니오

➡ 딸기를 좋아합니다.

➡ 딸기를 좋아하지 않습니다.

당신은 축구를 좋아하지 않습니까?

예

아니오

➡ 축구를 좋아하지 않습니다.

➡ 축구를 좋아합니다.

확인 1. 주어진 문장을 보고 카드를 들었을 때, 알맞은 말에 ○표 하시오.

당신은 강아지를 좋아합니까?

아니오

➡ 강아지를 (좋아합니다 , 좋아하지 않습니다).

당신은 사탕을 좋아하지 않습니까?

➡ 사탕을 (좋아합니다 , 좋아하지 않습니다).

당신은 피자를 먹고 있지 않습니까?

➡ 피자를 (먹고 있습니다 , 먹고 있지 않습니다).

정답과 풀이 36쪽

원리탐구 ② 주인 찾기

진실 또는 거짓의 뜻을 알고 알맞은 문장을 찾을 수 있습니다.

진실 — 나는 연필을 갖고 있지 않습니다. (성호)

거짓 — 나는 주스를 먹고 있습니다. (수현)

진실이므로
성호는 연필을 갖고
(있습니다 , 있지 않습니다).

거짓이므로
수현이는 주스를 먹고
(있습니다 , 있지 않습니다).

확인 1. 주어진 문장을 보고 알맞은 말에 ○표 하시오.

진실 — 나는 색연필을 갖고 있습니다. (민준)

민준이는 색연필을 갖고
(있습니다 , 있지 않습니다).

거짓 — 나는 우유를 좋아하지 않습니다. (진아)

진아는 우유를 좋아
(합니다 , 하지 않습니다).

거짓 — 나는 청소를 하고 있습니다. (예서)

예서는 청소를 하고
(있습니다 , 있지 않습니다).

진실 — 나는 신발을 신고 있지 않습니다. (형우)

형우는 신발을 신고
(있습니다 , 있지 않습니다).

원리탐구 ❶ O, X 카드

대표문제

친구들은 서로 다른 색의 구슬을 1개씩 갖고 있습니다. 친구들이 갖고 있는 구슬 색깔을 □ 안에 알맞게 써넣으시오.

➡ 유리: □, 준후: □, 채원: □

STEP 01 주어진 문장을 보고 파란색 구슬을 갖고 있는 친구를 알아보시오.

	유리	준후	채원
당신은 파란색 구슬을 갖고 있습니까?	×	×	○

STEP 02 주어진 문장을 보고 노란색 구슬을 갖고 있는 친구를 알아보시오.

	유리	준후	채원
당신은 노란색 구슬을 갖고 있지 않습니까?	○	×	○

STEP 03 친구들이 갖고 있는 구슬 색깔을 □ 안에 알맞게 써넣으시오.

유리: □, 준후: □, 채원: □

정답과 풀이 37쪽

01 친구들은 서로 다른 색의 팽이를 1개씩 갖고 있습니다. 친구들이 갖고 있는 팽이 색깔을 ▢ 안에 알맞게 써넣으시오.

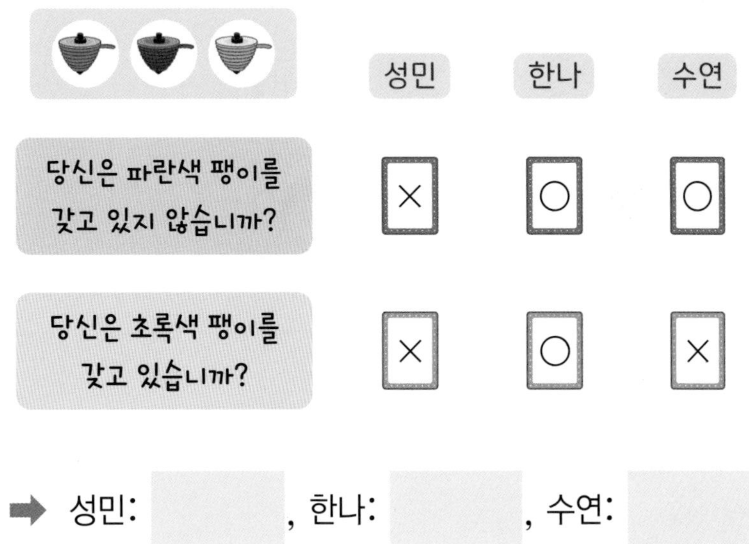

➡ 성민: ▢, 한나: ▢, 수연: ▢

02 지은, 아린, 진희는 이씨, 김씨, 박씨 중 하나의 성을 각각 가지고 있습니다. ▢ 안에 알맞게 성을 써넣으시오.

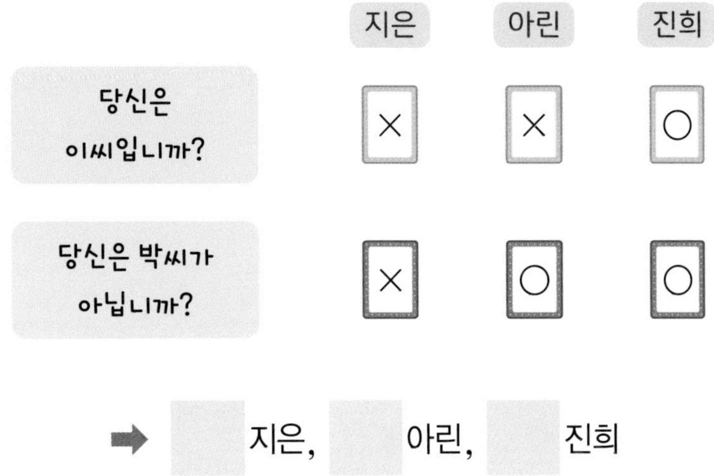

➡ ▢ 지은, ▢ 아린, ▢ 진희

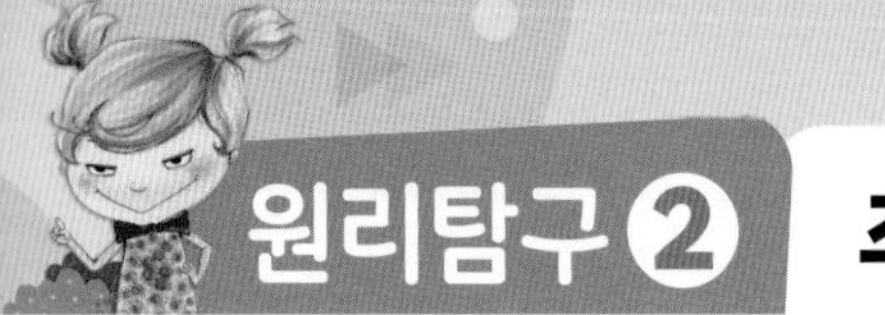

원리탐구 ❷ 주인 찾기

대표문제

친구들의 대화의 진실과 거짓을 보고, 게임기의 주인 1명을 찾아보시오.

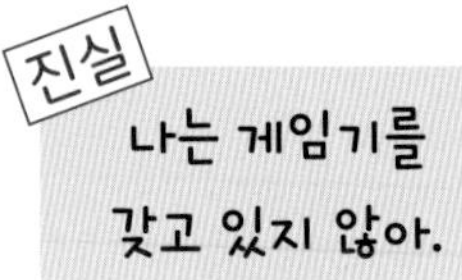

진실: 나는 게임기를 갖고 있지 않아. — 지희

거짓: 나는 게임기를 갖고 있어. — 건우

거짓: 나는 게임기를 갖고 있지 않아. — 성원

STEP 01 주어진 문장을 보고 알맞은 말에 ○표 하시오.

지희는 게임기를 갖고
(있습니다 , 있지 않습니다).

STEP 02 주어진 문장을 보고 알맞은 말에 ○표 하시오.

건우는 게임기를 갖고
(있습니다 , 있지 않습니다).

STEP 03 주어진 문장을 보고 알맞은 말에 ○표 하시오.

성원이는 게임기를 갖고
(있습니다 , 있지 않습니다).

STEP 04 게임기의 주인을 찾아보시오.

정답과 풀이 38쪽

01 친구들의 대화의 진실과 거짓을 보고, 사탕의 주인 1명을 찾아보시오.

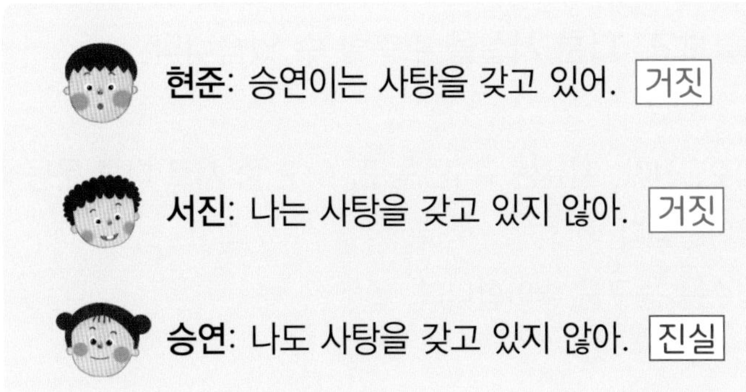

현준: 승연이는 사탕을 갖고 있어. 거짓
서진: 나는 사탕을 갖고 있지 않아. 거짓
승연: 나도 사탕을 갖고 있지 않아. 진실

02 친구들의 대화의 진실과 거짓을 보고, 지우개의 주인 1명을 찾아보시오.

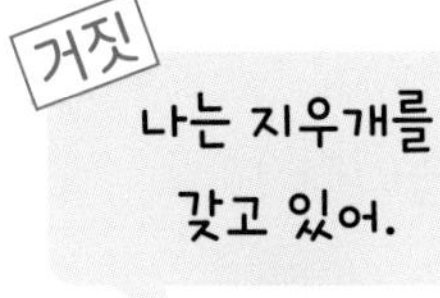

거짓
나는 지우개를 갖고 있어.

수혁

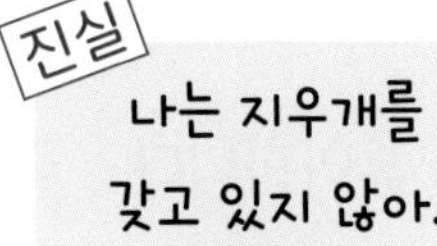

진실
나는 지우개를 갖고 있지 않아.

소율

거짓
나는 누가 지우개를 갖고 있는지 몰라.

준하

4 연역표

원리탐구 ① 사실 추측하기

주어진 사실을 보고, 다른 사실을 추측할 수 있습니다.

사실1 민수, 진아, 지유는 축구, 농구, 야구 중 **서로 다른 운동을 1가지씩** 좋아합니다.
사실2 **민수**는 **농구**를 좋아합니다.

➡ 민수는 (축구 , (농구), 야구)를 좋아합니다. (← 사실2 에서 추측)
➡ 진아와 지유는 (축구 , (농구), 야구)를 좋아하지 않습니다. (← 사실1 에서 추측)

확인 **1.** 문장을 보고, 알맞은 말에 모두 ○표 하시오.

- 연우, 준석, 혜주는 사과, 배, 딸기 중 서로 다른 과일을 1가지씩 좋아합니다.
- **준석이는 사과를 좋아합니다.**

➡ 준석이는 배를 (좋아합니다 , 좋아하지 않습니다).
➡ 연우는 사과를 (좋아합니다 , 좋아하지 않습니다).

- 민서, 연호, 세아는 강아지, 토끼, 병아리 중 서로 다른 동물을 1가지씩 좋아합니다.
- **세아는 병아리를 좋아합니다.**

➡ 세아는 (강아지 , 토끼 , 병아리)를 좋아하지 않습니다.
➡ 민서는 (강아지 , 토끼 , 병아리)를 좋아하지 않습니다.
➡ 연호는 (강아지 , 토끼 , 병아리)를 좋아하지 않습니다.

정답과 풀이 39쪽

연역표

문장을 보고 표 안에 좋아하는 것은 ○, 좋아하지 않는 것은 ×로 표시하여 건호와 지안이가 좋아하는 음료를 찾을 수 있습니다.

- 건호와 지안이는 우유, 주스 중 **서로 다른 음료를 1가지씩** 좋아합니다.
- **건호**는 **우유**를 좋아합니다.

	우유	주스
건호	○	
지안		

건호는 우유를 좋아합니다.

➡

	우유	주스
건호	○	×
지안		

건호는 우유를 좋아하므로 주스를 좋아하지 않습니다.

➡

	우유	주스
건호	○	×
지안		○

건호는 주스를 좋아하지 않으므로 지안이가 주스를 좋아합니다.

확인 **1.** 주어진 문장을 보고 표 안에 좋아하는 것은 ○, 좋아하지 않는 것은 ×표 하시오.

- 승호와 하윤이는 강아지, 고양이 중 서로 다른 동물을 1가지씩 좋아합니다.
- 승호는 강아지를 좋아합니다.

	강아지	고양이
승호	○	
하윤		

- 서영이와 민서는 사과, 배 중 서로 다른 과일을 1가지씩 좋아합니다.
- 민서는 사과를 좋아하지 않습니다.

	사과	배
서영		
민서	×	

원리탐구 ❶ 사실 추측하기

문장을 보고, ▒ 안에 먹은 것은 ○, 먹지 않은 것은 ×표 하시오.

- 경은, 지민, 수지는 피자, 쿠키, 우유 중 서로 다른 간식을 1가지씩 먹었습니다.
- **지민이는 피자를 먹었습니다.**

	피자	쿠키	우유
경은			
지민			
수지			

STEP 01 주어진 조건을 보고 알맞은 말에 ○표 하시오.

지민이는 피자를 먹었습니다.

1 지민이는 피자를 (먹었습니다 , 먹지 않았습니다).
2 지민이는 쿠키와 우유를 (먹었습니다 , 먹지 않았습니다).
3 경은이와 수지는 피자를 (먹었습니다 , 먹지 않았습니다).

STEP 02 1에서 알 수 있는 사실을 이용하여 표 □ 안에 먹은 것은 ○, 먹지 않은 것은 ×표 하시오.

	피자	쿠키	우유
경은			
지민			
수지			

STEP 03 2에서 알 수 있는 사실을 이용하여 표 □ 안에 먹은 것은 ○, 먹지 않은 것은 ×표 하시오.

STEP 04 3에서 알 수 있는 사실을 이용하여 표 □ 안에 먹은 것은 ○, 먹지 않은 것은 ×표 하시오.

01 문장을 보고, ▒ 안에 좋아하는 것은 ○, 좋아하지 않는 것은 ×표 하시오.

- 민정, 재윤, 주하는 빨간색, 파란색, 노란색 중 서로 다른 색깔을 1가지씩 좋아합니다.
- **재윤이는 노란색을 좋아합니다.**

	빨간색	파란색	노란색
민정			
재윤			
주하			

02 문장을 보고, ▒ 안에 가지고 있는 것은 ○, 가지고 있지 않은 것은 ×표 하시오.

- 나희, 재욱, 영재는 연필, 지우개, 공책 중 서로 다른 학용품을 1가지씩 가지고 있습니다.
- **나희는 연필과 공책을 가지고 있지 않습니다.**

	연필	지우개	공책
나희			
재욱			
영재			

원리탐구 ❷ 연역표

대표문제

수영, 규현, 혜수는 피자, 떡볶이, 라면 중 서로 다른 음식을 1가지씩 좋아합니다. 문장을 보고, 친구들이 좋아하는 음식을 알아보시오.

- 수영이는 피자를 좋아합니다.
- 혜수는 떡볶이를 좋아하지 않습니다.

STEP 01 문장을 보고 알 수 있는 사실을 완성하고, 표 안에 좋아하는 것은 ○, 좋아하지 않는 것은 ×표 하시오.

	피자	떡볶이	라면
수영	○		
규현			
혜수			

1 표의 □ 안에 ○ 또는 ×표 하기

수영이는 피자를 좋아합니다.

알 수 있는 사실

수영이는 (피자 , 떡볶이 , 라면)을 좋아하지 않습니다.

2 표의 □ 안에 ○ 또는 ×표 하기

수영이는 피자를 좋아합니다.

알 수 있는 사실

규현이와 혜수는 피자를 (좋아합니다 , 좋아하지 않습니다).

3 표의 □ 안에 ○ 또는 ×표 하기

혜수는 떡볶이를 좋아하지 않습니다.

STEP 02 STEP 01 의 표의 남은 칸을 완성하여 친구들이 좋아하는 음식을 알아보시오.

01 민지, 승호, 소율이는 장미, 백합, 무궁화 중 서로 다른 꽃을 1가지씩 좋아합니다. 문장을 보고, 표를 이용하여 친구들이 좋아하는 꽃을 알아보시오.

- 민지는 무궁화를 좋아합니다.
- 승호는 백합을 좋아하지 않습니다.

	장미	백합	무궁화
민지			
승호			
소율			

02 지아, 도현, 태희는 인형, 팽이, 구슬 중 서로 다른 장난감을 1가지씩 가지고 있습니다. 문장을 보고, 표를 이용하여 친구들이 가지고 있는 장난감을 알아보시오.

- 지아는 팽이를 가지고 있지 않습니다.
- 도현이는 구슬을 가지고 있습니다.

	인형	팽이	구슬
지아			
도현			
태희			

01 100원짜리 동전 3개와 50원짜리 동전 8개로 600원을 만들 수 있는 방법은 모두 몇 가지인지 구해 보시오.

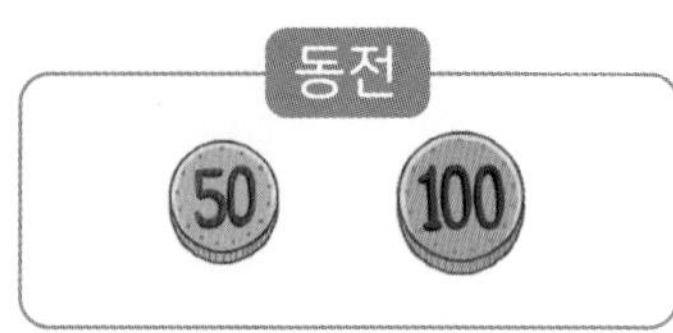

02 재영, 정아, 지원, 유선이의 나이가 다음과 같을 때, 나이가 많은 순서대로 이름을 써 보시오.

- 정아는 지원이보다 나이가 많습니다.
- 재영이는 4명 중에서 가장 어립니다.
- 유선이는 지원이보다 나이가 어립니다.

❯ 정답과 풀이 42쪽

03 지훈, 예린, 영아는 오렌지, 바나나, 사과 중에서 서로 다른 과일을 1개씩 좋아합니다. ○ 카드는 '예'를 뜻하고, × 카드는 '아니오'를 뜻할 때, 각각 좋아하는 과일을 ☐ 안에 알맞게 써넣으시오.

	지훈	예린	영아
당신은 공 모양의 과일을 좋아합니까?	○	×	○
당신은 빨간색 과일을 좋아하지 않습니까?	×	○	○

➡ 지훈: ☐, 예린: ☐, 영아: ☐

04 선우, 정호, 민규는 축구, 농구, 야구 중 서로 다른 운동을 1가지씩 좋아합니다. 문장을 보고, 표를 이용하여 민규가 좋아하는 운동을 알아보시오.

• 선우는 야구를 좋아하지 않습니다.
• 정호는 발로 하는 운동을 좋아합니다.

	축구	농구	야구
선우			
정호			
민규			

01 친구들의 대화에서 ○ 카드는 '예'를 뜻하고, × 카드는 '아니오'를 뜻할 때, 1부터 5까지의 수를 빈칸에 알맞게 써넣으시오.

첫째

2가 첫째 번에 있습니까? ×

4가 첫째 번에 있습니까? ○

5가 마지막에 있습니까? ○

1이 가운데에 있습니까? ×

2가 가운데에 있습니까? ×

1이 둘째 번에 있습니까? ○

02 지우는 상자에 들어 있는 구슬을 꺼내 가지고 논 후 다시 구슬을 상자에 넣었습니다. 그림을 보고 알 수 있는 사실을 완성해 보시오.

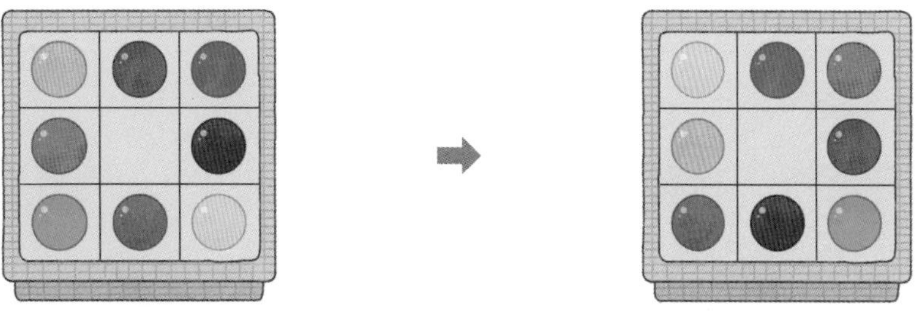

알 수 있는 사실

- 시계 반대 방향으로 2칸 옮겨진 구슬의 색깔은 ______ 입니다.
- 주황색 구슬은 왼쪽으로 ___ 칸 옮겨졌습니다.

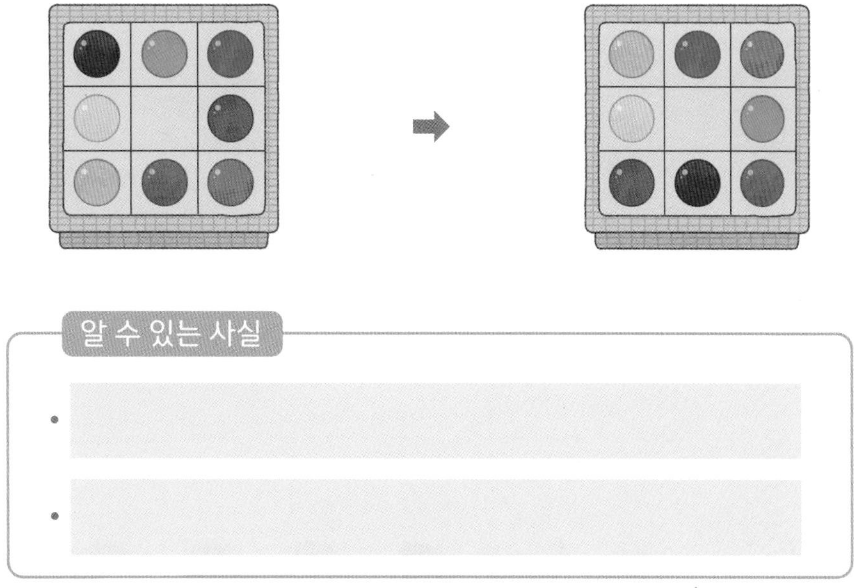

MEMO

영재학급, 영재교육원,
경시대회 준비를 위한

창의사고력
초등수학

팩토

Lv. 1
기본 C

형성 평가
총괄 평가

형성평가

시험일시	년 월 일
이 름	

권장 시험 시간 **30분**

- ✓ 총 문항 수(10문항)를 확인해 주세요.
- ✓ 권장 시험 시간(30분) 안에 문제를 풀어 주세요.
- ✓ 문제를 정확히 읽고 답을 바르게 쓰세요.
- ✓ 잘 풀리지 않는 문제가 있으면 쉬운 문제부터 해결한 후 다시 도전해 보세요.

채점 결과를 매스티안 홈페이지(https://www.mathtian.com)에 방문하여 양식에 맞게 입력해 보세요.
「형성평가 결과지」를 직접 받아보실 수 있습니다.

01 두 수의 차가 4가 되도록 ▭ 또는 ▯으로 모두 묶어 보시오.

두 수의 차: 4

3	7	1	5
4	2	8	7
8	5	6	2
3	9	4	1

02 다음 조각으로 덮은 세 수의 합이 12가 되도록 ▭ 또는 └으로 모두 묶어 보시오.

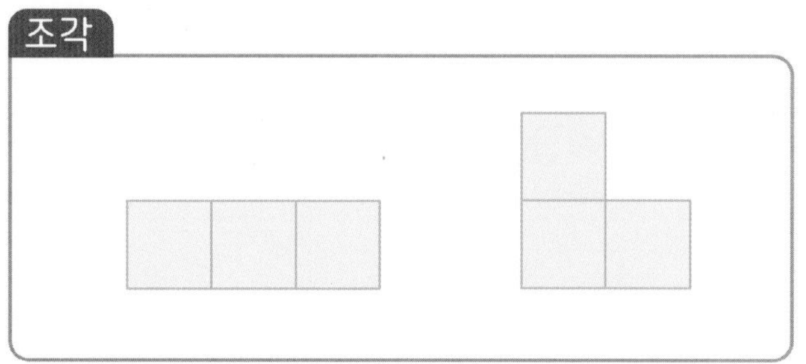

세 수의 합: 12

5	1	3	4
7	9	3	5
2	2	8	1
3	6	5	7

03 수 카드를 한 번씩만 사용하여 퍼즐을 완성해 보시오.

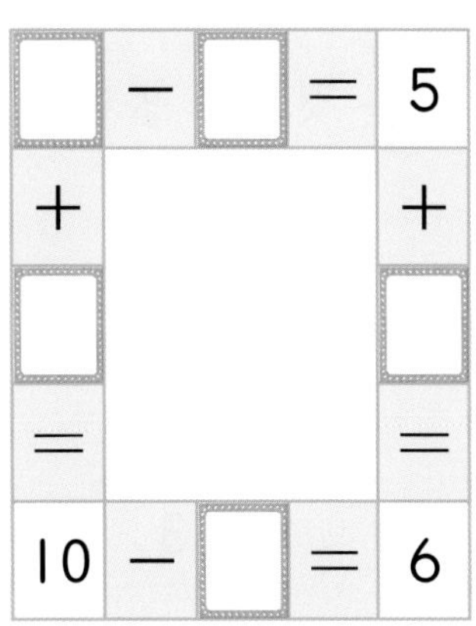

04 사다리타기를 하면서 계산하여 빈 곳에 알맞은 수를 써넣으시오.

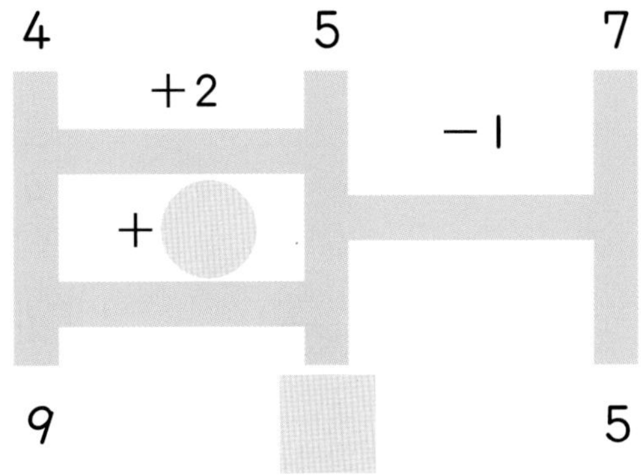

05 주어진 수를 한 번씩만 사용하여 계산한 값이 목표수가 되도록 여러 가지 식을 만들어 보시오. (단, 1+2=3, 2+1=3과 같이 같은 수로 만든 식은 같은 것으로 봅니다.)

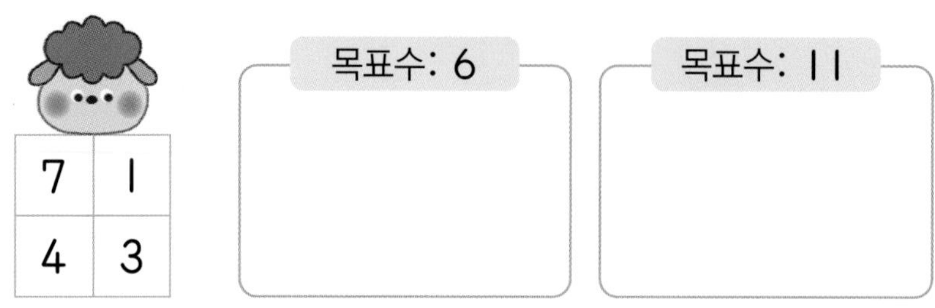

06 빈 곳에 알맞은 수를 써넣어 퍼즐을 완성해 보시오.

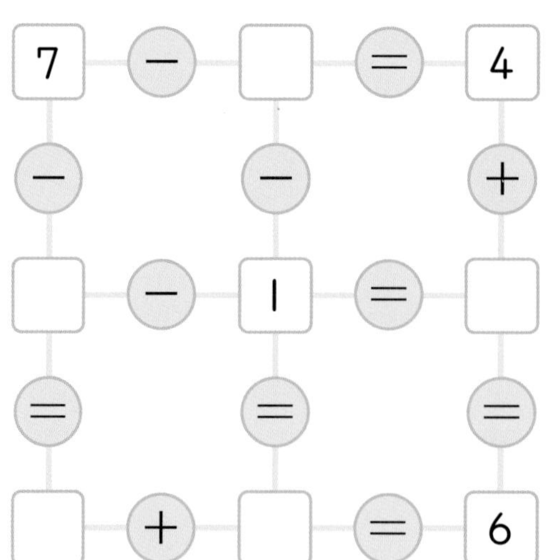

07 주어진 수 카드를 모두 사용하여 올바른 식을 만들어 보시오.
(단, 1+2=3, 2+1=3과 같이 같은 수로 만든 식은 같은 것으로 봅니다.)

(1)

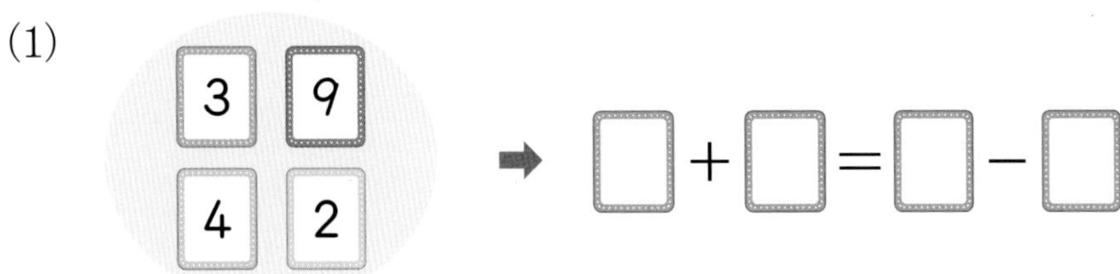

(2)

1 3 5 9 ➡ □−□=□+□

08 주어진 수를 사용하여 가로줄과 세로줄에 놓인 세 수의 합이 모두 같아지도록 만들어 보시오.

4 6 8

3		
1	9	7

09 1부터 9까지의 수를 한 번씩만 사용하여 각 줄에 있는 네 수의 합이 20이 되도록 만들어 보시오.

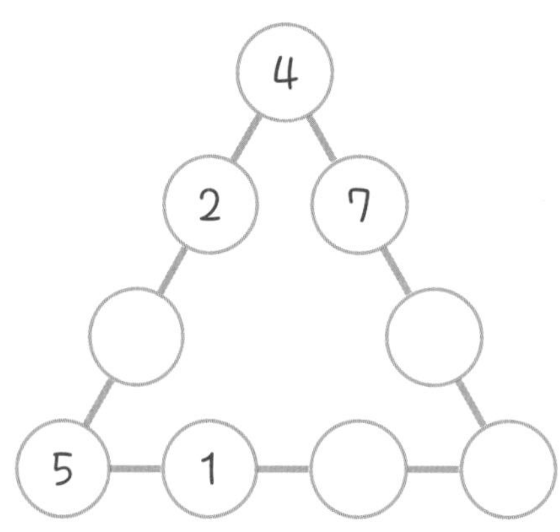

10 올바른 식이 되도록 ○ 안에 +, −, = 기호를 알맞게 써넣으시오.

(1) 8 ○ 7 ○ 2 ○ 3

(2) 6 ○ 2 ○ 9 ○ 1

정답과 풀이 44쪽

형성평가

시험일시	년 월 일
이 름	

권장 시험 시간	30분

- ✓ 총 문항 수(10문항)를 확인해 주세요.
- ✓ 권장 시험 시간(30분) 안에 문제를 풀어 주세요.
- ✓ 문제를 정확히 읽고 답을 바르게 쓰세요.
- ✓ 잘 풀리지 않는 문제가 있으면 쉬운 문제부터 해결한 후 다시 도전해 보세요.

채점 결과를 매스티안 홈페이지(https://www.mathtian.com)에 방문하여 양식에 맞게 입력해 보세요.
「형성평가 결과지」를 직접 받아보실 수 있습니다.

01 다음 |조건|을 모두 만족하는 모양을 찾아 기호를 써 보시오.

|조건|

- 한 방향으로만 잘 굴러가는 모양이 2개 있습니다.
- 쌓을 수 없는 모양이 3개 있습니다.
- 모든 부분이 평평하고, 둥근 부분이 없는 모양이 2개 있습니다.

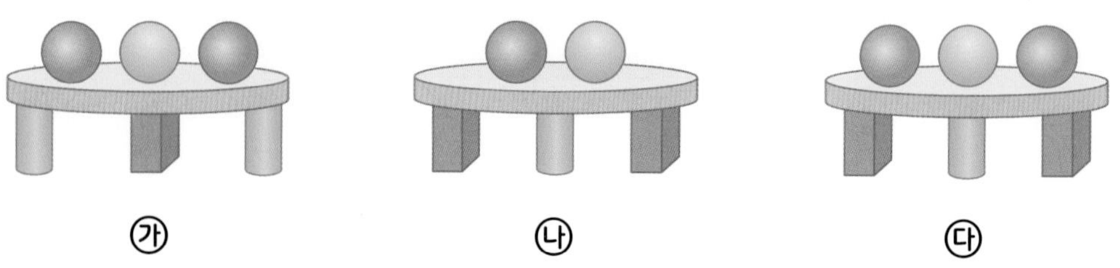

㉮ ㉯ ㉰

02 다음 모양을 보고 설명한 내용이 맞으면 ○표, 틀리면 ×표 하시오.

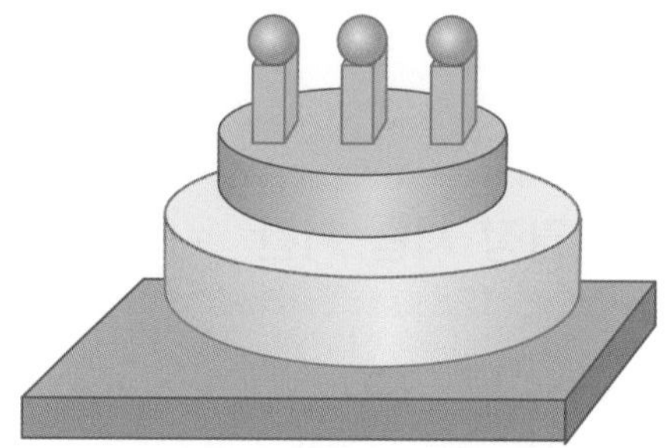

- 가장 아래에 있는 모양은 어느 방향으로도 잘 굴러갑니다. ······ (   )
- 가장 위에 있는 모양은 둥근 기둥 모양입니다. ··················· (   )
- 쌓을 수 없는 모양은 3개 있습니다. ································ (   )

03 다음 모양과 같이 쌓기 위해 필요한 쌓기나무는 몇 개인지 구해 보시오.

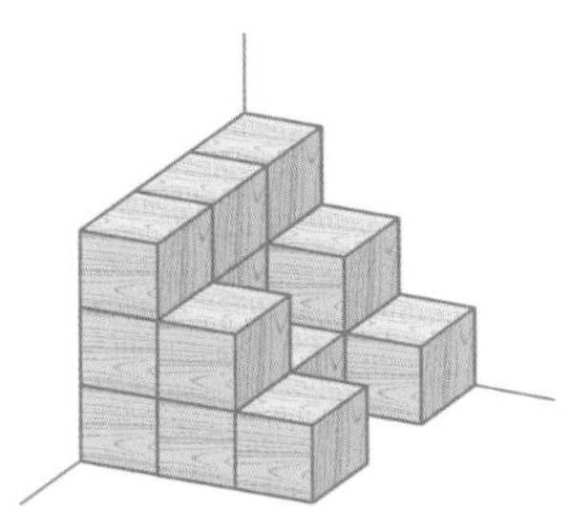

04 다음 모양을 만들기 위해 필요한 블록은 몇 개인지 구해 보시오.

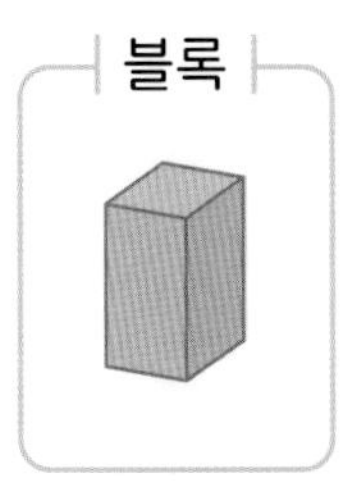

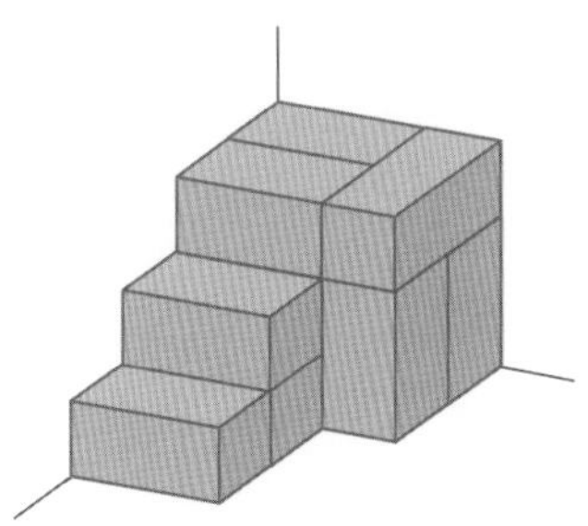

05 쌓기나무 1개를 옮겨서 모양 1 , 모양 2 를 전부 만들 수 있는 것을 찾아 기호를 써 보시오. (단, 주어진 모양과 만든 모양은 방향도 같아야 합니다.)

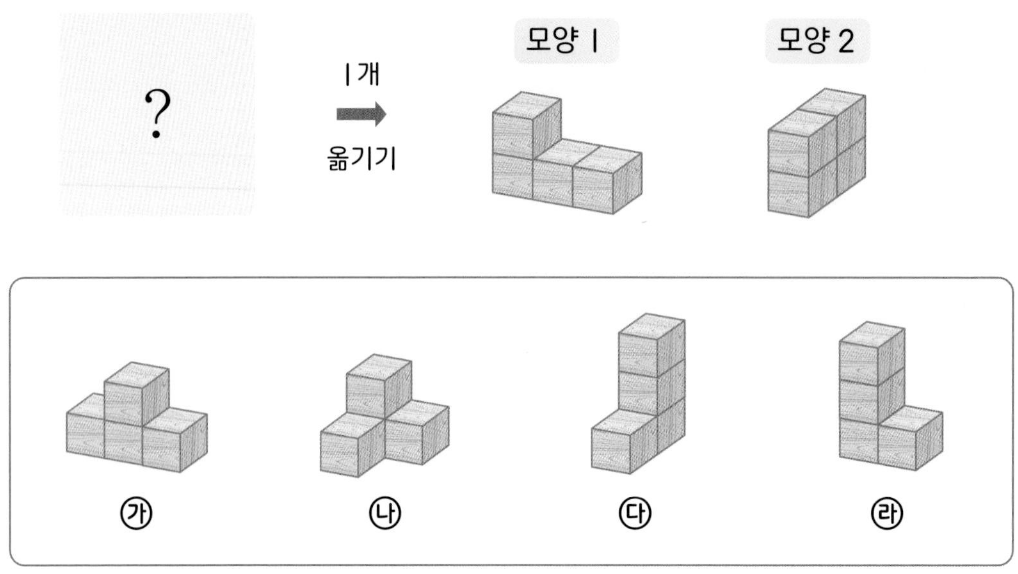

06 크기가 같은 색종이를 겹친 모양을 보고 가장 위에 있는 색종이부터 차례로 기호를 써 보시오.

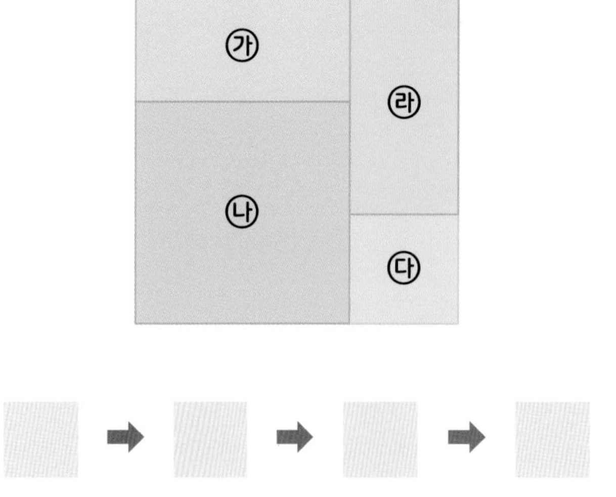

07 오른쪽 2개의 모양 블록을 이용하여 만들 수 있는 모양을 모두 찾아 기호를 써 보시오.

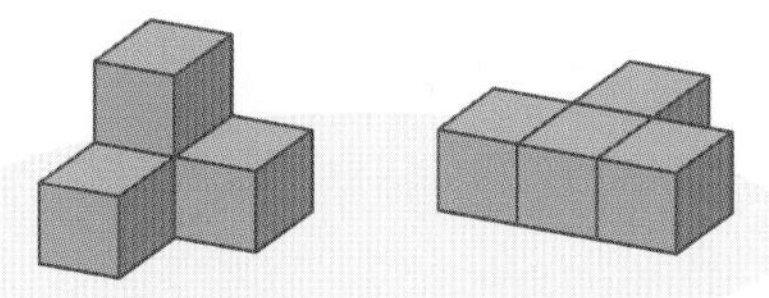

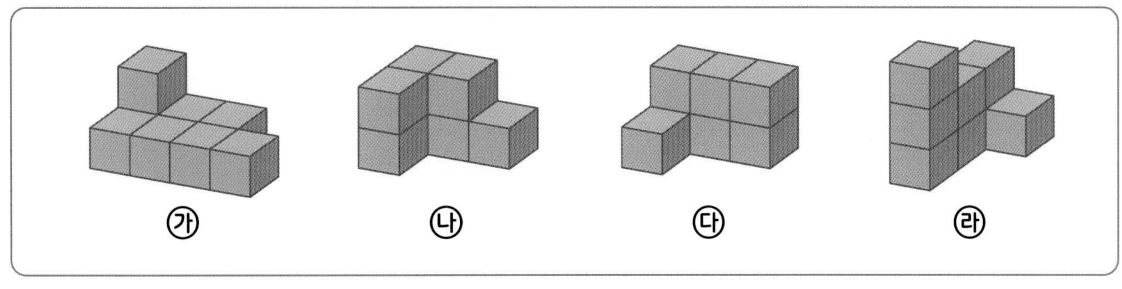

08 색종이를 반으로 접은 후 검은색으로 칠한 부분을 잘랐습니다. 색종이를 펼쳤을 때, 잘려진 부분에 색칠해 보시오.

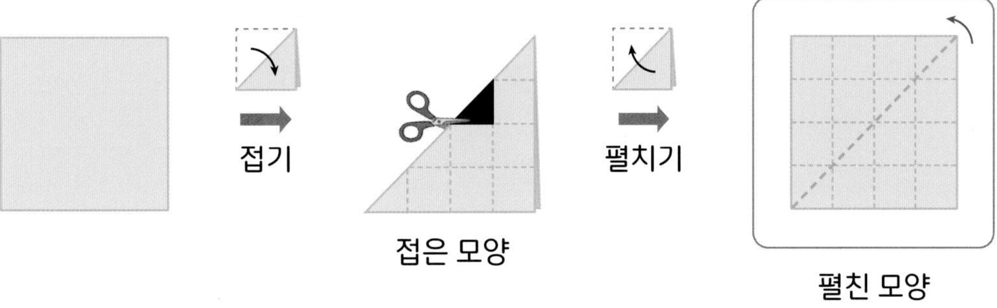

09 크기가 같은 색종이를 겹친 모양을 보고 가장 위에 있는 색종이부터 차례로 기호를 써 보시오.

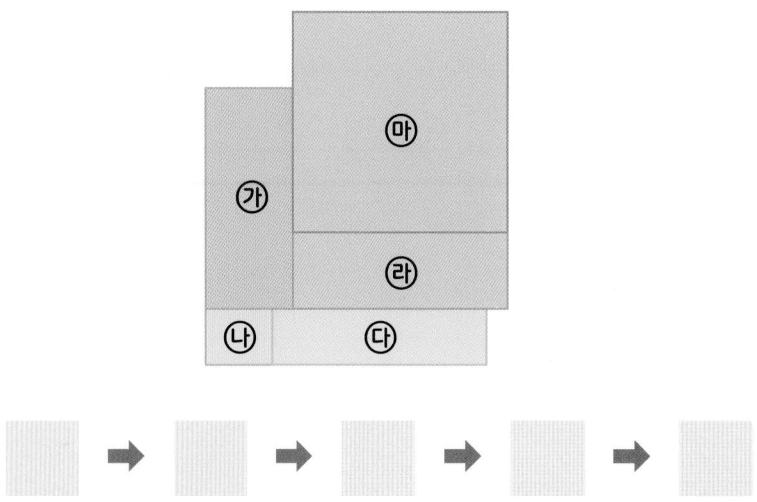

□ ➡ □ ➡ □ ➡ □ ➡ □

10 다음 모양을 만들기 위해 필요한 블록은 각각 몇 개인지 구해 보시오.

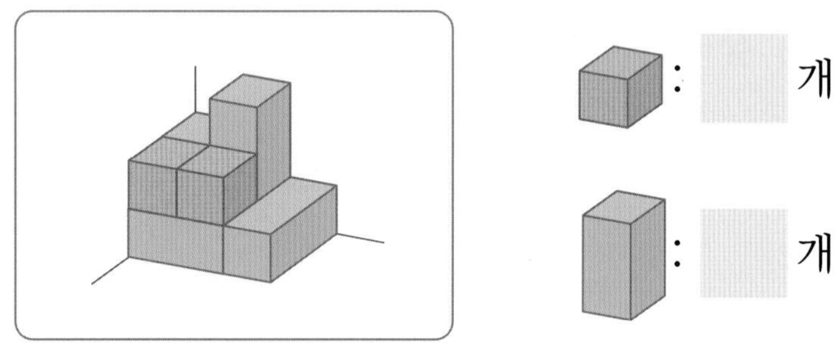

정답과 풀이 47쪽

형성평가

논리추론 영역

시험일시	년 월 일
이 름	

권장 시험 시간 30분

- 총 문항 수(10문항)를 확인해 주세요.
- 권장 시험 시간(30분) 안에 문제를 풀어 주세요.
- 문제를 정확히 읽고 답을 바르게 쓰세요.
- 잘 풀리지 않는 문제가 있으면 쉬운 문제부터 해결한 후 다시 도전해 보세요.

채점 결과를 매스티안 홈페이지(https://www.mathtian.com)에 방문하여 양식에 맞게 입력해 보세요.
「형성평가 결과지」를 직접 받아보실 수 있습니다.

01 장난감을 사는 데 필요한 320원을 동전 6개로 만들어 보시오.

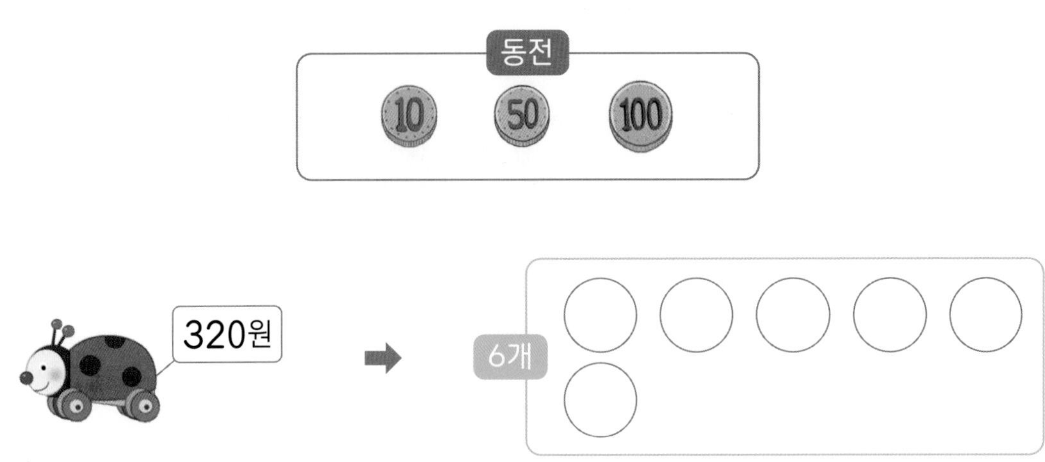

02 원숭이, 돼지, 강아지, 양이 달리기를 하고 있습니다. 그림을 보고 알 수 있는 사실을 완성해 보시오.

- 처음과 같은 등수를 유지하고 있는 동물은 ______ 입니다.
- 처음에는 3등이었지만 2마리나 앞지른 동물은 ______ 입니다.

03 친구들은 서로 다른 색의 블록을 1개씩 갖고 있습니다. 친구들이 갖고 있는 블록 색깔을 ▒ 안에 알맞게 써넣으시오.

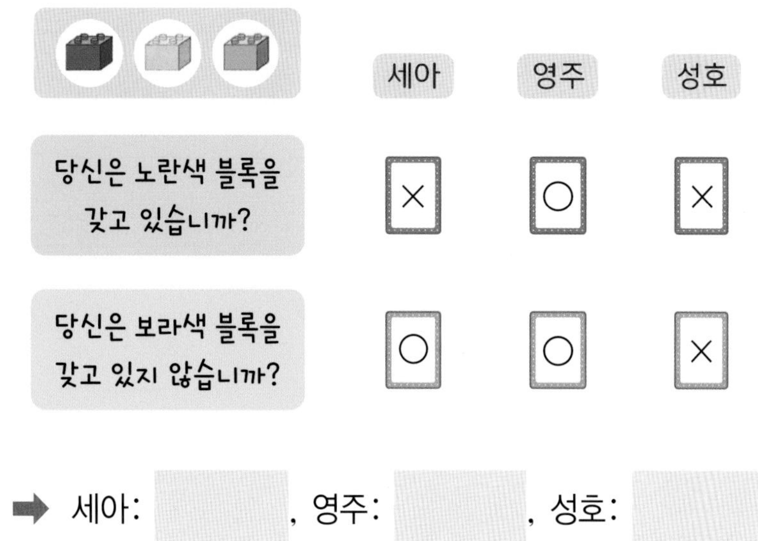

세아
영주
성호
당신은 노란색 블록을 갖고 있습니까?
×
○
×
당신은 보라색 블록을 갖고 있지 않습니까?
○
○
×

➡ 세아: ▒, 영주: ▒, 성호: ▒

04 문장을 보고, ▒ 안에 좋아하는 것은 ○, 좋아하지 않는 것은 ×표 하시오.

- 주연, 혜수, 은우는 개나리, 장미, 튤립 중 서로 다른 꽃을 1가지씩 좋아합니다.
- 혜수는 개나리를 좋아합니다.

	개나리	장미	튤립
주연			
혜수			
은우			

05 빈 곳에 필요한 동전을 써넣어 팽이를 사는 데 필요한 금액을 여러 가지 방법으로 만들어 보시오.

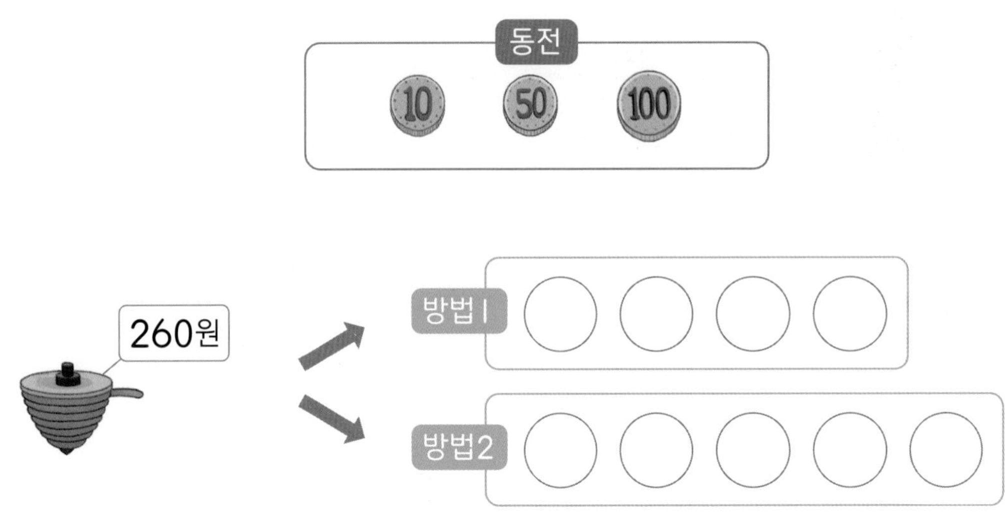

06 승혜, 은서, 정수, 인영이는 달리기를 했습니다. 친구들의 등수를 1등부터 순서대로 써 보시오.

- 은서는 승혜와 정수보다 늦게 들어왔습니다.
- 인영이는 가장 늦게 들어왔습니다.
- 승혜는 정수보다 먼저 결승선에 들어왔습니다.

(1등)  (4등)

07 수진, 정우, 연아는 문씨, 최씨, 박씨 중 하나의 성을 각각 가지고 있습니다. ▒ 안에 알맞게 성을 써넣으시오.

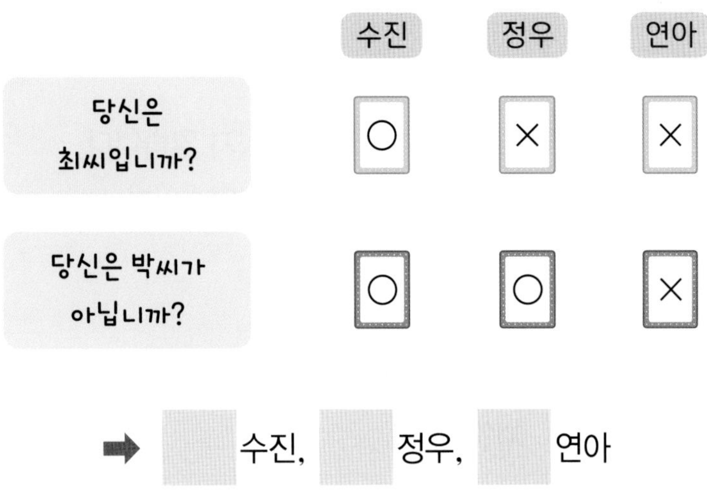

➡ ▒ 수진, ▒ 정우, ▒ 연아

08 친구들의 대화의 진실과 거짓을 보고, 구슬의 주인을 찾아보시오.

09 지원, 우정, 태호는 필통, 가위, 연필 중 서로 다른 물건을 1가지씩 가지고 있습니다. 문장을 보고, 표를 이용하여 친구들이 가지고 있는 물건을 알아보시오.

- 태호는 가위를 가지고 있지 않습니다.
- 지원이는 연필을 가지고 있습니다.

	필통	가위	연필
지원			
우정			
태호			

10 선호, 혜윤, 재희, 민수의 나이가 다음과 같을 때, 나이가 적은 순서대로 이름을 써 보시오.

- 민수는 4명 중에서 나이가 가장 많습니다.
- 혜윤이는 선호보다 나이가 어립니다.
- 재희는 선호보다 나이가 많습니다.

수고하셨습니다!

정답과 풀이 50쪽

총괄평가

권장 시험 시간	30분

시험일시	년 월 일
이 름	

- 총 문항 수(10문항)를 확인해 주세요.
- 권장 시험 시간(30분) 안에 문제를 풀어 주세요.
- 문제를 정확히 읽고 답을 바르게 쓰세요.
- 잘 풀리지 않는 문제가 있으면 쉬운 문제부터 해결한 후 다시 도전해 보세요.

채점 결과를 매스티안 홈페이지(https://www.mathtian.com)에 방문하여 양식에 맞게 입력해 보세요.
「총괄평가 결과지」를 직접 받아보실 수 있습니다.

01 두 수의 차가 5가 되도록 ▭ 또는 ▯으로 모두 묶어 보시오.

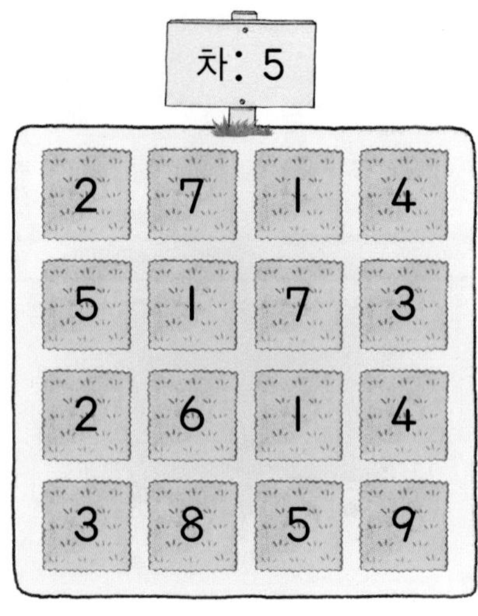

02 사다리타기를 하면서 계산하여 빈 곳에 알맞은 수를 써넣으시오.

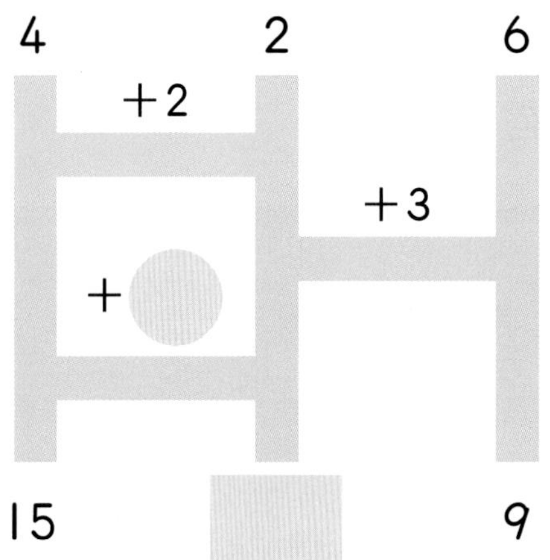

03 주어진 수 카드를 모두 사용하여 올바른 식을 만들어 보시오. (단, 1+2=3, 2+1=3과 같이 같은 수로 만든 식은 같은 것으로 봅니다.)

(1)

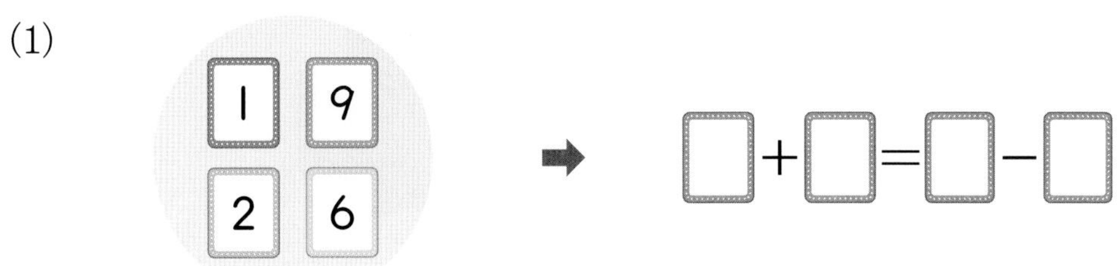

(2)

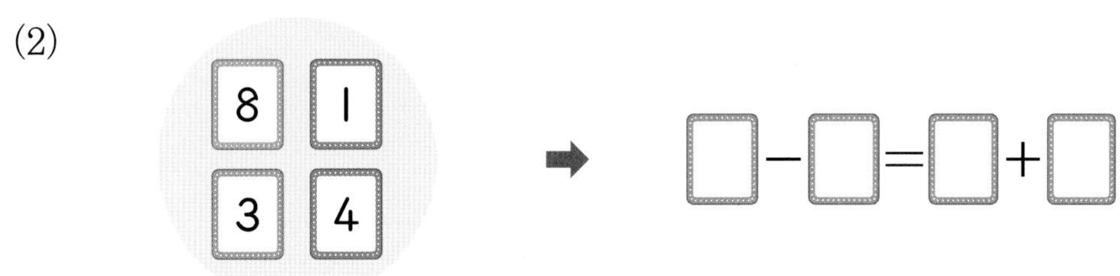

04 1부터 6까지의 수를 한 번씩만 사용하여 가로줄과 세로줄에 있는 세 수의 합이 같도록 만들어 보시오.

(1) 

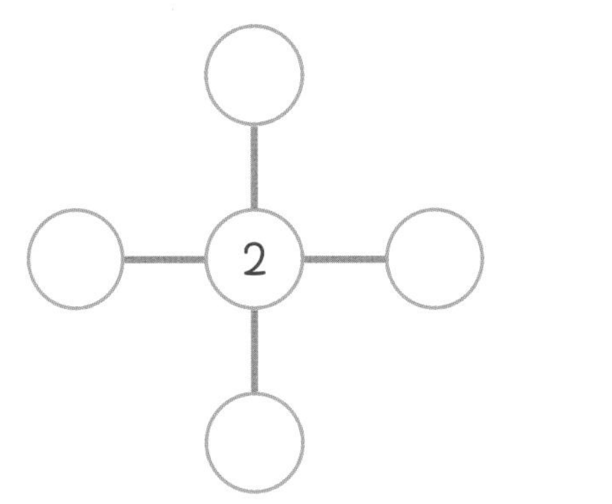

(2) 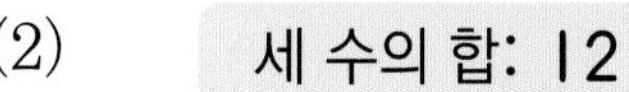

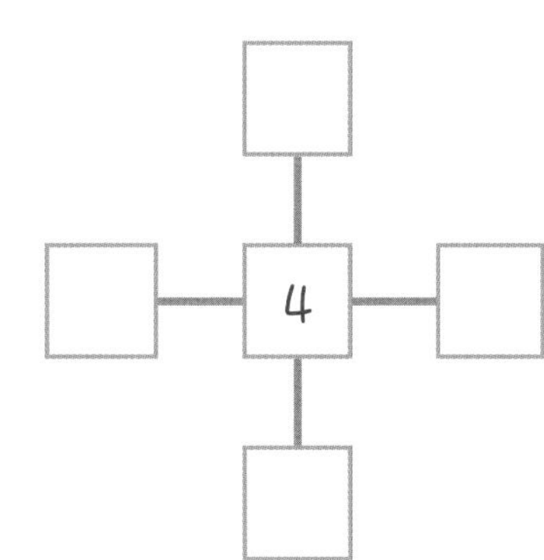

05 다음 모양을 만들기 위해 필요한 블록은 몇 개인지 구해 보시오.

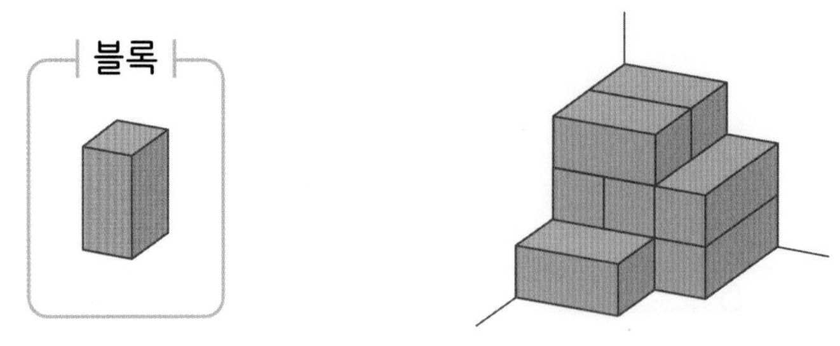

06 쌓기나무 1개를 옮겨서 모양 1, 모양 2를 전부 만들 수 있는 것을 모두 찾아 기호를 써 보시오. (단, 주어진 모양과 만든 모양은 방향도 같아야 합니다.)

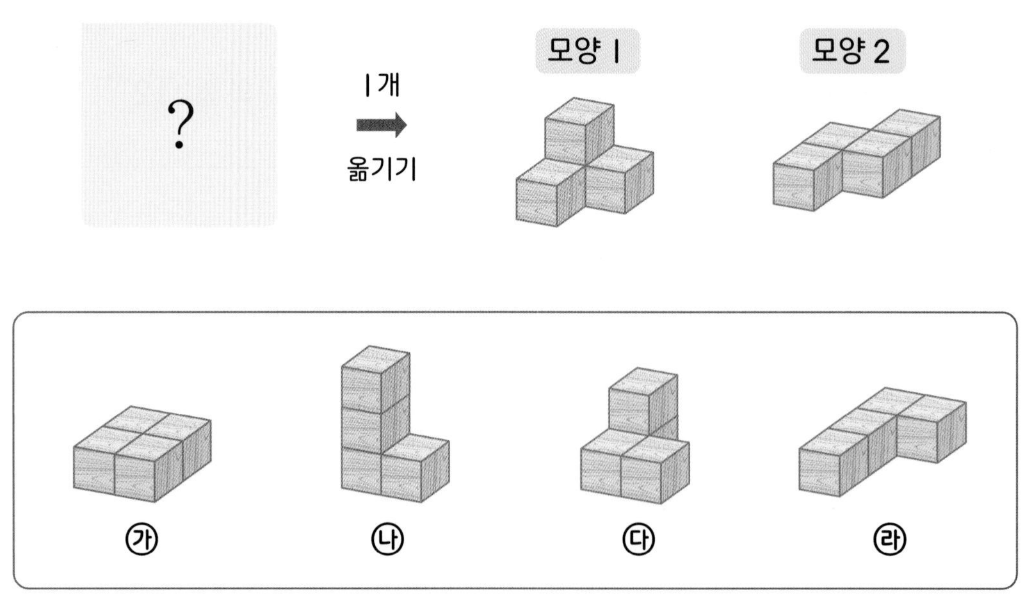

07 크기가 같은 색종이를 겹친 모양을 보고 가장 위에 있는 색종이부터 차례로 기호를 써 보시오.

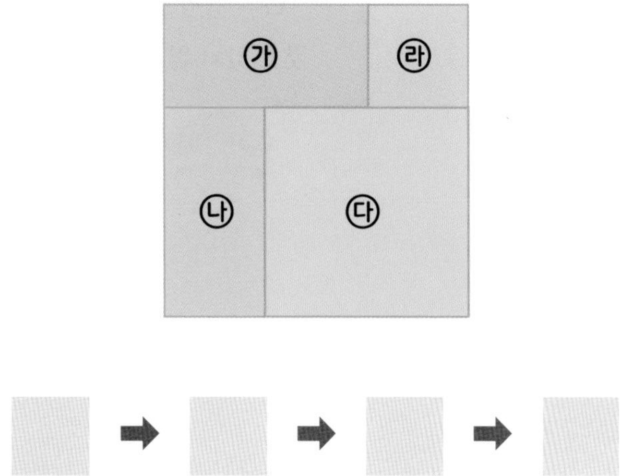

□ ➡ □ ➡ □ ➡ □

08 도넛을 사는 데 필요한 370원을 동전 8개로 만들어 보시오.

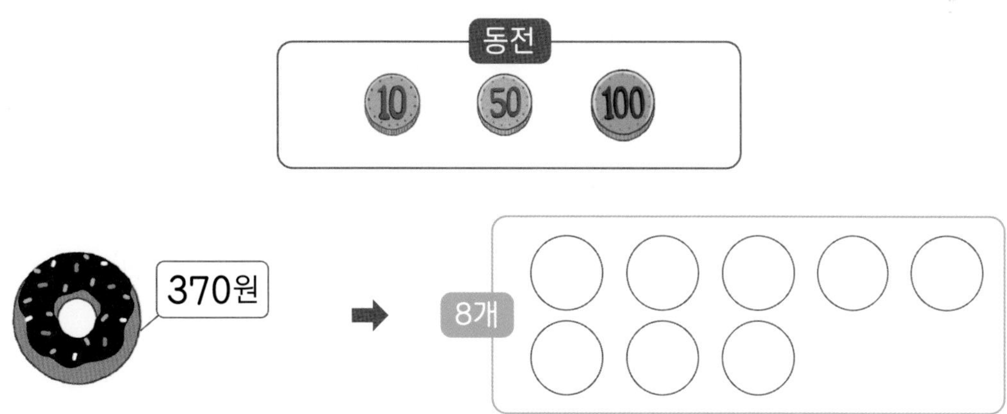

09 친구들의 대화의 진실과 거짓을 보고, 연필을 가지고 있는 사람을 찾아보시오.

10 찬영, 소연, 재원, 은서는 달리기를 하고 있습니다. 친구들의 달리는 현재 모습을 순서대로 써넣으시오.

- 재원이는 은서 뒤에서 달리고 있습니다.
- 소연이는 은서 앞에서 달리고 있습니다.
- 찬영이는 가장 뒤에서 달리고 있습니다.

(앞)  (뒤)

정답과 풀이 53쪽

창의사고력
초등수학

팩토

팩토는 자유롭게 자신감있게 창의적으로
생각하는 주·니·어·수·학·자입니다.

Free **A**ctive **C**reative **T**hinking **O**. Junior mathtian

영재학급, 영재교육원, 경시대회 준비를 위한

창의사고력 초등수학

팩

명확한 답
친절한 풀이

영재학급, 영재교육원,
경시대회 준비를 위한

창의사고력
초등수학

팩토

명확한 답
친절한 풀이

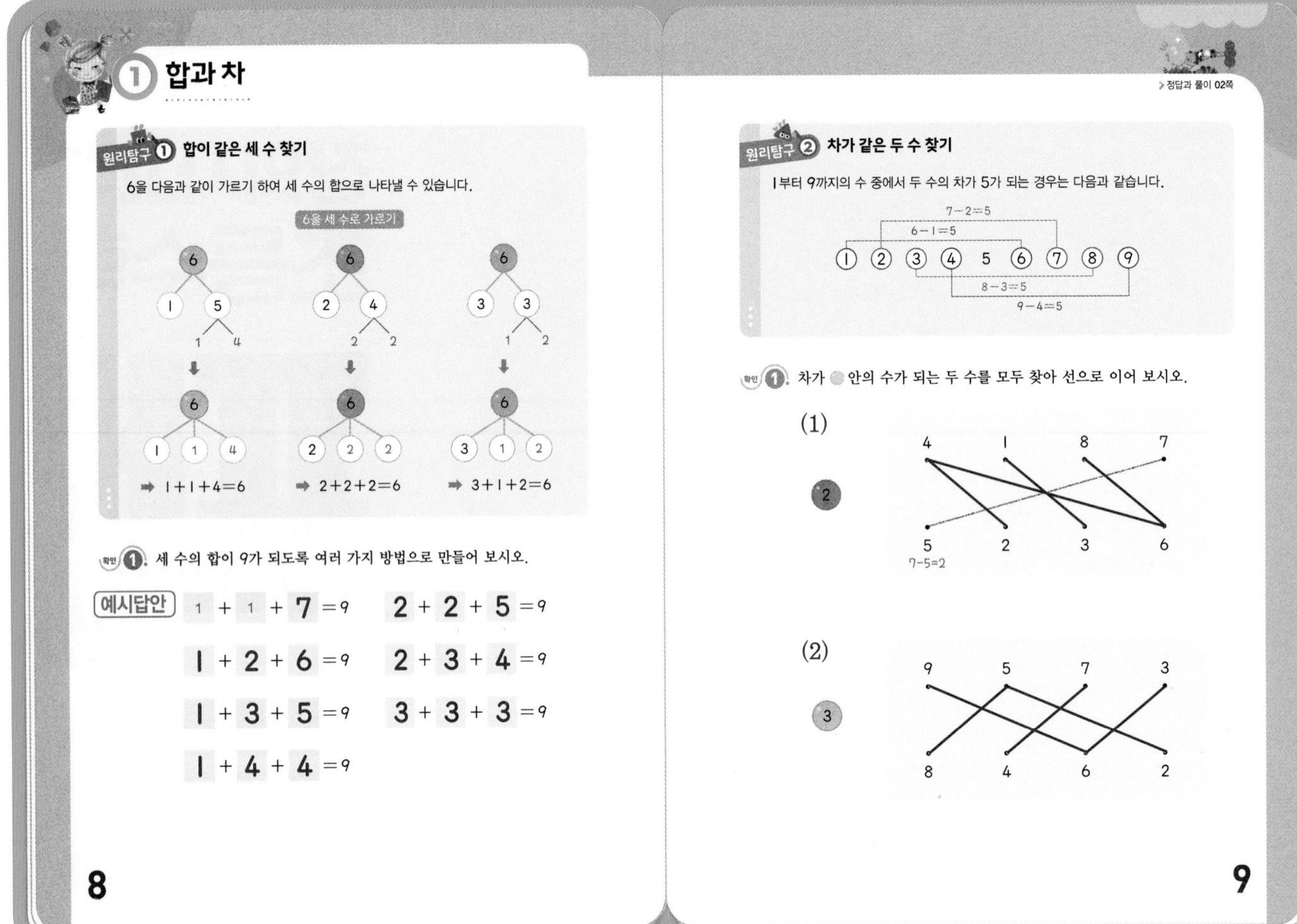

1 합과 차
원리탐구 1 합이 같은 세 수 찾기
6을 다음과 같이 가르기 하여 세 수의 합으로 나타낼 수 있습니다.
6을 세 수로 가르기
➡ 1+1+4=6
➡ 2+2+2=6
➡ 3+1+2=6
확인 1. 세 수의 합이 9가 되도록 여러 가지 방법으로 만들어 보시오.
예시답안
1 + 1 + 7 =9
2 + 2 + 5 =9
1 + 2 + 6 =9
2 + 3 + 4 =9
1 + 3 + 5 =9
3 + 3 + 3 =9
1 + 4 + 4 =9
8
정답과 풀이 02쪽
원리탐구 2 차가 같은 두 수 찾기
1부터 9까지의 수 중에서 두 수의 차가 5가 되는 경우는 다음과 같습니다.
7−2=5
6−1=5
8−3=5
9−4=5
확인 1. 차가 ● 안의 수가 되는 두 수를 모두 찾아 선으로 이어 보시오.
(1)
(2)
7−5=2
9

1. 덧셈식에서 세 수의 위치가 주어진 답과 다르더라도 세 수의 합이 '9'이면 같은 답으로 봅니다.

1. (1) 차가 2인 두 수를 찾습니다.

9−7=2　8−6=2
7−5=2　6−4=2
5−3=2　4−2=2
3−1=2

(2) 차가 3인 두 수를 찾습니다.

9−6=3　8−5=3
7−4=3　6−3=3
5−2=3　4−1=3

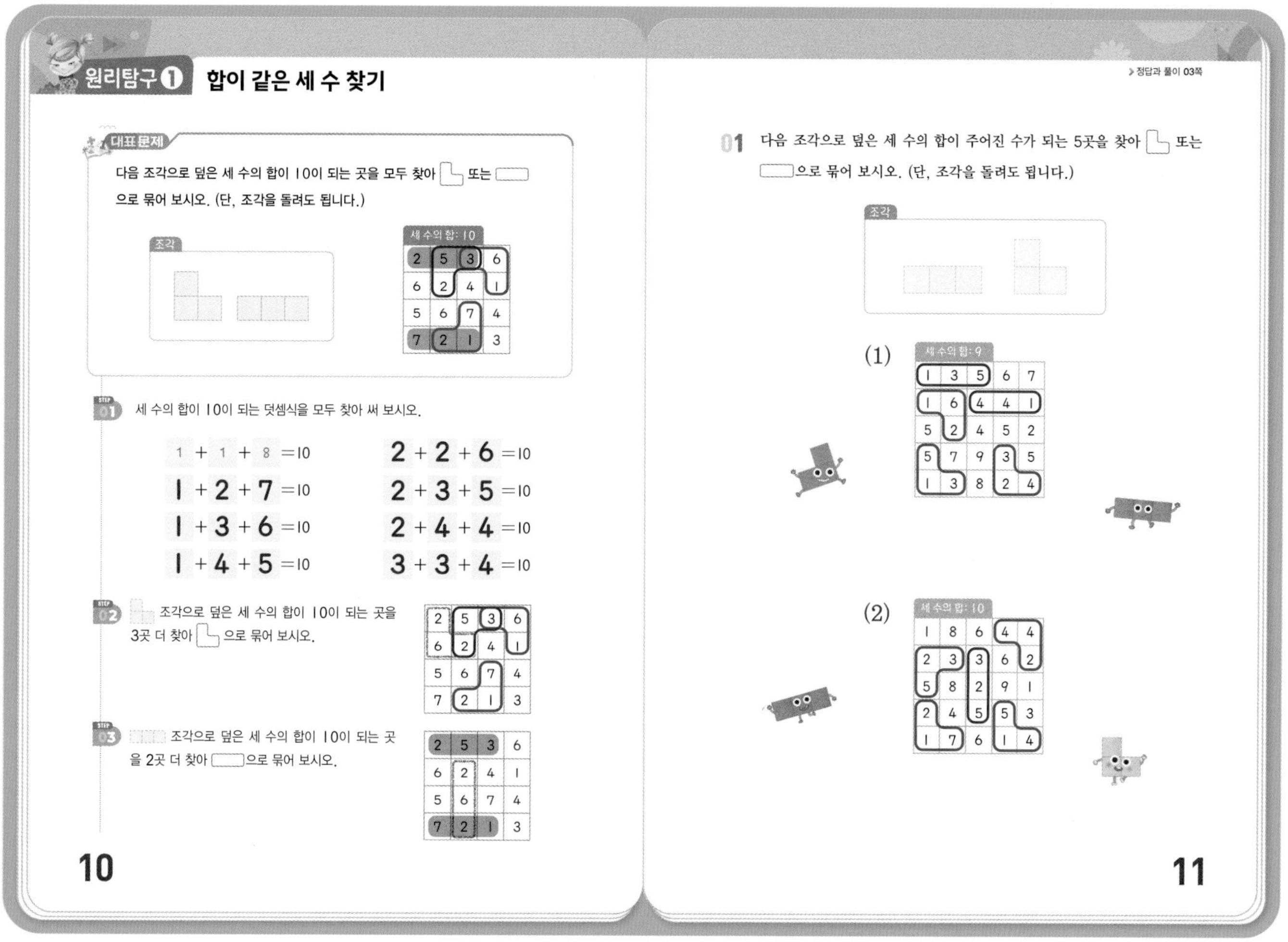

원리탐구 ❶ 합이 같은 세 수 찾기

대표문제

다음 조각으로 덮은 세 수의 합이 10이 되는 곳을 모두 찾아 ㄴ 또는 ▭ 으로 묶어 보시오. (단, 조각을 돌려도 됩니다.)

조각

세 수의 합: 10

2	5	3	6
6	2	4	1
5	6	7	4
7	2	1	3

STEP 01 세 수의 합이 10이 되는 덧셈식을 모두 찾아 써 보시오.

1 + 1 + 8 = 10　2 + 2 + 6 = 10
1 + 2 + 7 = 10　2 + 3 + 5 = 10
1 + 3 + 6 = 10　2 + 4 + 4 = 10
1 + 4 + 5 = 10　3 + 3 + 4 = 10

STEP 02 ㄴ 조각으로 덮은 세 수의 합이 10이 되는 곳을 3곳 더 찾아 ㄴ 으로 묶어 보시오.

2	5	3	6
6	2	4	1
5	6	7	4
7	2	1	3

STEP 03 ▭ 조각으로 덮은 세 수의 합이 10이 되는 곳을 2곳 더 찾아 ▭ 으로 묶어 보시오.

2	5	3	6
6	2	4	1
5	6	7	4
7	2	1	3

10

정답과 풀이 03쪽

01 다음 조각으로 덮은 세 수의 합이 주어진 수가 되는 5곳을 찾아 ㄴ 또는 ▭ 으로 묶어 보시오. (단, 조각을 돌려도 됩니다.)

조각

(1) 세 수의 합: 9

1	3	5	6	7
1	6	4	4	1
5	2	4	5	2
5	7	9	3	5
1	3	8	2	4

(2) 세 수의 합: 10

1	8	6	4	4
2	3	3	6	2
5	8	2	9	1
2	4	5	5	3
1	7	6	1	4

11

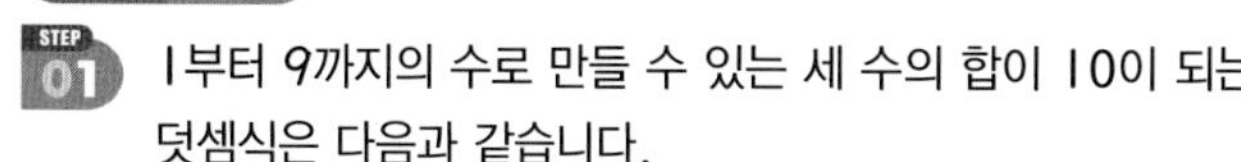

대표문제

STEP 01 1부터 9까지의 수로 만들 수 있는 세 수의 합이 10이 되는 덧셈식은 다음과 같습니다.

1+1+8=10　2+2+6=10
1+2+7=10　2+3+5=10
1+3+6=10　2+4+4=10
1+4+5=10　3+3+4=10

STEP 02 ㄴ 조각으로 덮은 세 수의 합이 10이 되는 식은 다음과 같습니다.

5+3+2=10　3+6+1=10
7+2+1=10

STEP 03 ▭ 조각으로 덮은 세 수의 합이 10이 되는 식은 다음과 같습니다.

2+5+3=10　7+2+1=10

01 (1) 1부터 9까지의 수로 만들 수 있는 세 수의 합이 9가 되는 덧셈식은 다음과 같습니다.

1+1+7=9　2+2+5=9
1+2+6=9　2+3+4=9
1+3+5=9　3+3+3=9
1+4+4=9

(2) 1부터 9까지의 수로 만들 수 있는 세 수의 합이 10이 되는 덧셈식은 다음과 같습니다.

1+1+8=10　2+2+6=10
1+2+7=10　2+3+5=10
1+3+6=10　2+4+4=10
1+4+5=10　3+3+4=10

원리탐구 ❷ 차가 같은 두 수 찾기

대표문제

두 수의 차가 3이 되는 4곳을 찾아 ▭ 또는 ▯으로 묶어 보시오.

2	1	7	3
8	5	4	2
4	9	6	8
2	3	4	1

STEP 01 수직선을 이용하여 두 수의 차가 3이 되는 경우를 모두 찾아보시오.

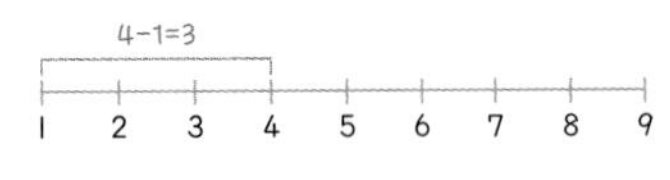

4 − 1 = 3　5 − 2 = 3　6 − 3 = 3
7 − 4 = 3　8 − 5 = 3　9 − 6 = 3

STEP 02 두 수의 차가 3이 되는 4곳을 찾아 ▭ 또는 ▯으로 묶어 보시오.

12

정답과 풀이 04쪽

01 두 수의 차가 3이 되는 4곳을 찾아 ▭ 또는 ▯으로 묶어 보시오.

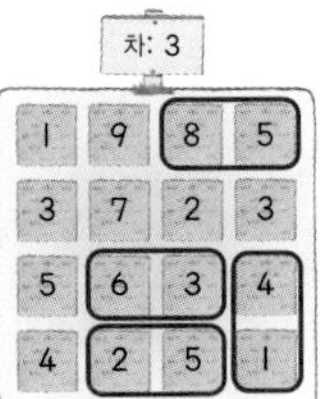

02 두 수의 차가 4가 되는 5곳을 찾아 ▱ 또는 ◇으로 묶어 보시오.

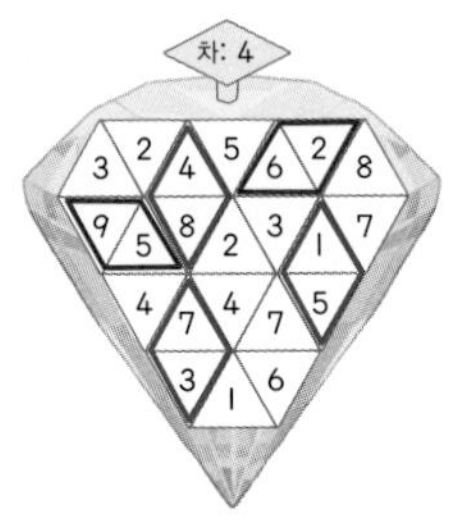

13

대표문제

STEP 01 두 수의 차가 3이 되는 경우를 수직선으로 표현해 보면 다음과 같습니다.

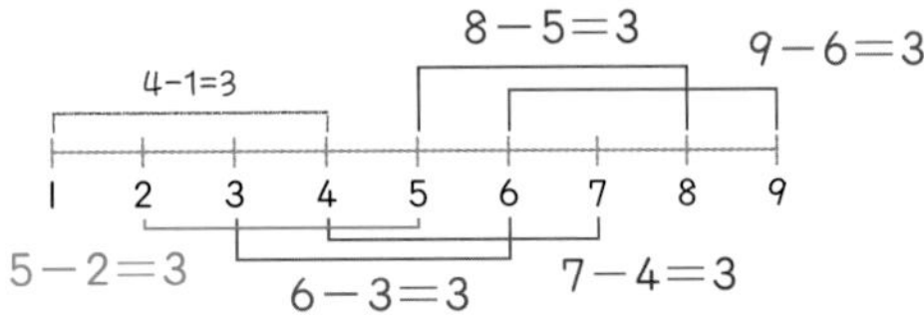

01 1부터 9까지의 수로 만들 수 있는 두 수의 차가 3인 뺄셈식은 다음과 같습니다.

4−1=3　5−2=3　6−3=3
7−4=3　8−5=3　9−6=3

02 1부터 9까지의 수로 만들 수 있는 두 수의 차가 4인 뺄셈식은 다음과 같습니다.

5−1=4　6−2=4　7−3=4
8−4=4　9−5=4

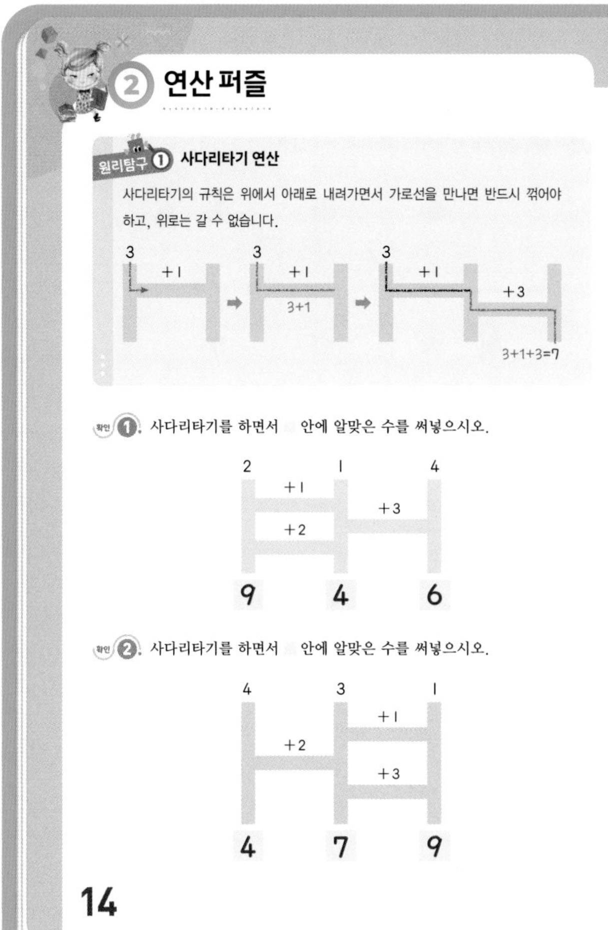
2 연산 퍼즐

원리탐구 ① 사다리타기 연산

사다리타기의 규칙은 위에서 아래로 내려가면서 가로선을 만나면 반드시 꺾어야 하고, 위로는 갈 수 없습니다.

확인 1. 사다리타기를 하면서 □ 안에 알맞은 수를 써넣으시오.

확인 2. 사다리타기를 하면서 □ 안에 알맞은 수를 써넣으시오.

14

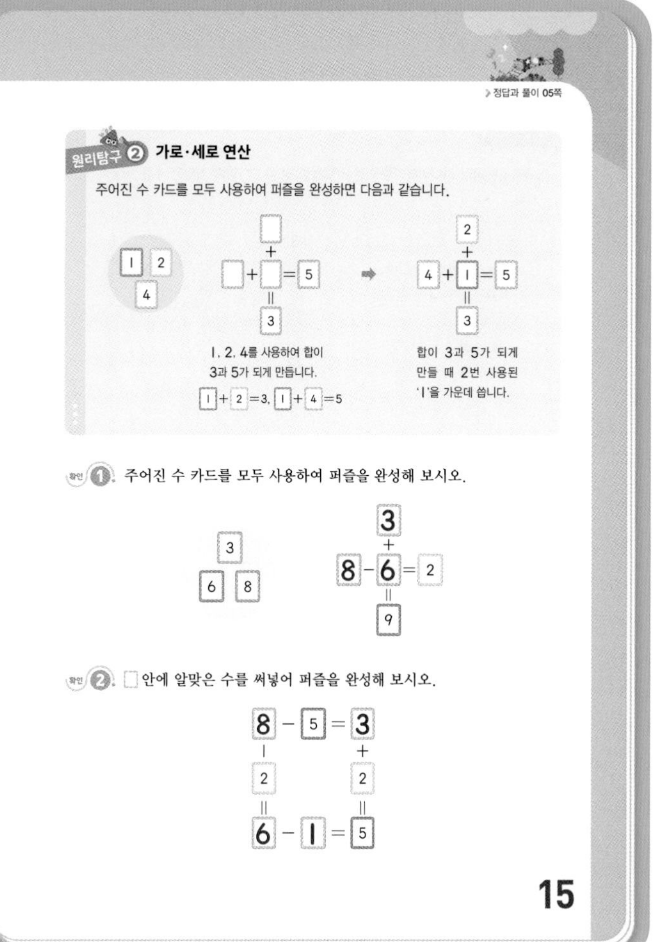
정답과 풀이 05쪽

원리탐구 ② 가로·세로 연산

주어진 수 카드를 모두 사용하여 퍼즐을 완성하면 다음과 같습니다.

1, 2, 4를 사용하여 합이 3과 5가 되게 만듭니다. 1+2=3, 1+4=5

합이 3과 5가 되게 만들 때 2번 사용된 '1'을 가운데 씁니다.

확인 1. 주어진 수 카드를 모두 사용하여 퍼즐을 완성해 보시오.

확인 2. □ 안에 알맞은 수를 써넣어 퍼즐을 완성해 보시오.

15

1.

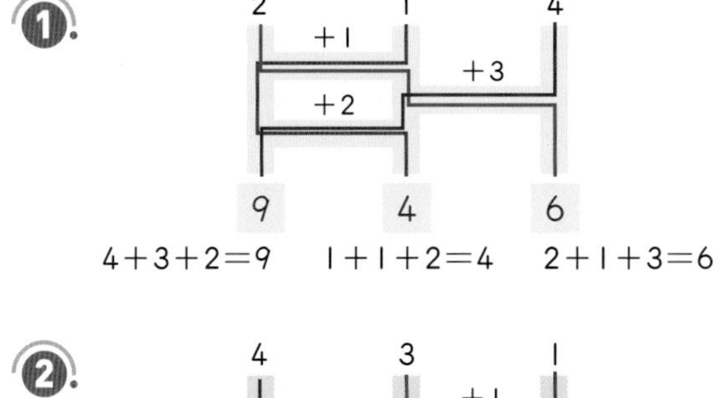

$4+3+2=9$ $1+1+2=4$ $2+1+3=6$

2.

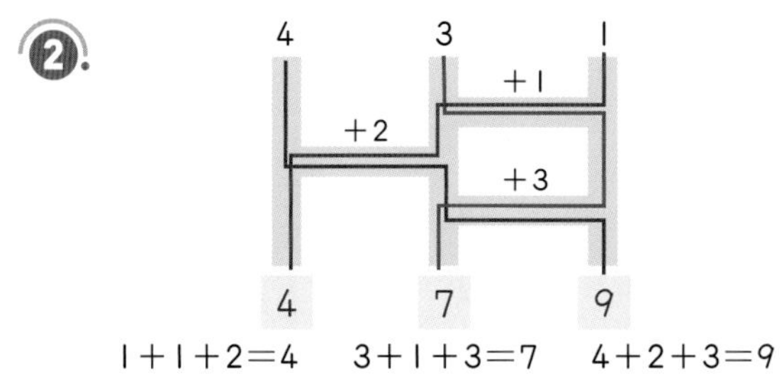

$1+1+2=4$ $3+1+3=7$ $4+2+3=9$

1. 3, 6, 8을 사용하여 합이 9, 차가 2가 되는 식은 다음과 같습니다.

$3+6=9$, $8-6=2$

이때 2번 사용된 6을 가운데 씁니다.

2. □ − 5 = 3, □ − 2 = □, 3 + 2 = 5, □ − □ = 5 → 8 − 5 = 3, 8 − 2 = □ → 8 − 2 = 6, 6 − □ = 5 → 6 − 1 = 5

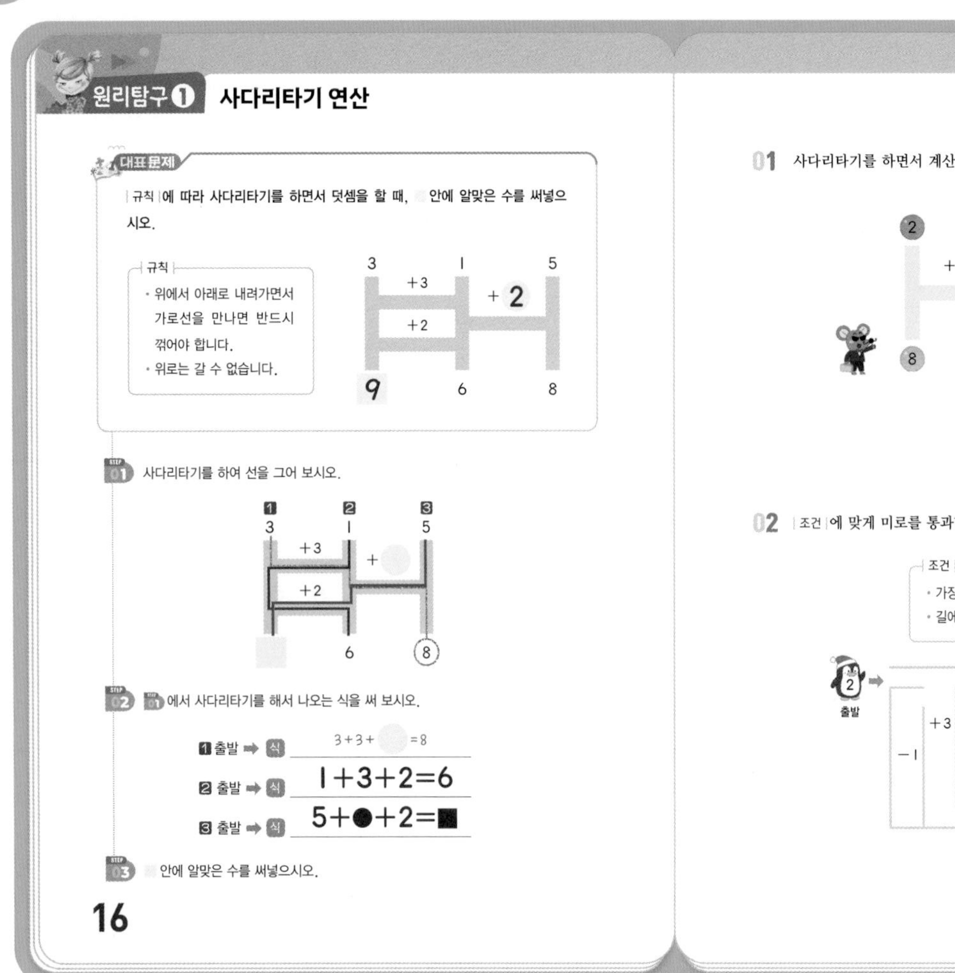

원리탐구 ① 사다리타기 연산

대표문제

규칙 에 따라 사다리타기를 하면서 덧셈을 할 때, ▢ 안에 알맞은 수를 써넣으시오.

규칙
- 위에서 아래로 내려가면서 가로선을 만나면 반드시 꺾어야 합니다.
- 위로는 갈 수 없습니다.

STEP 01 사다리타기를 하여 선을 그어 보시오.

STEP 02 STEP 01 에서 사다리타기를 해서 나오는 식을 써 보시오.

1 출발 ➡ 식 3+3+ =8

2 출발 ➡ 식 1+3+2=6

3 출발 ➡ 식 5+●+2=■

STEP 03 ▢ 안에 알맞은 수를 써넣으시오.

16

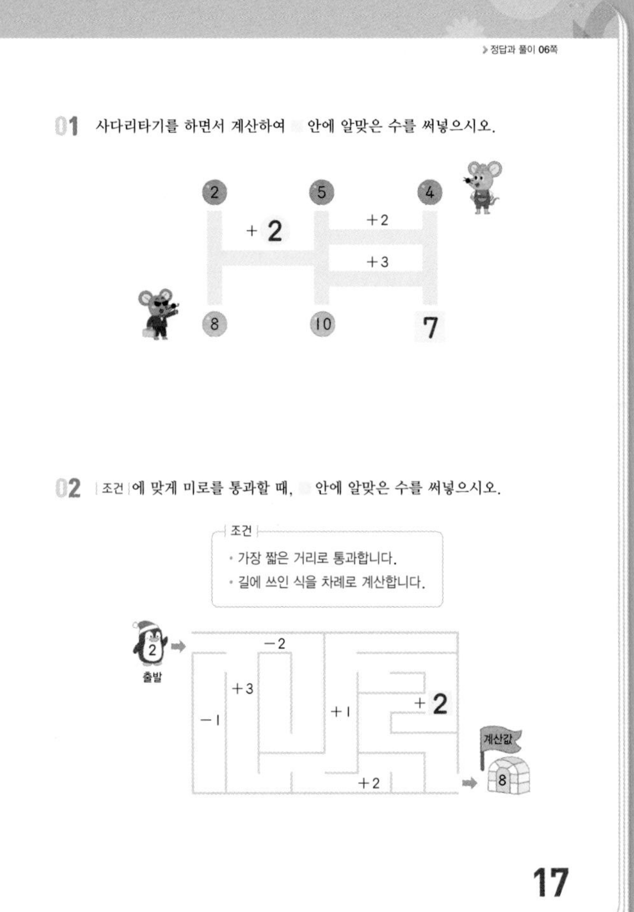

▶ 정답과 풀이 06쪽

01 사다리타기를 하면서 계산하여 ▢ 안에 알맞은 수를 써넣으시오.

02 조건 에 맞게 미로를 통과할 때, ▢ 안에 알맞은 수를 써넣으시오.

조건
- 가장 짧은 거리로 통과합니다.
- 길에 쓰인 식을 차례로 계산합니다.

17

대표문제

STEP 02

1 출발

3+3+○=8

6+○=8 ➡ ○=2

3 출발

5+○+2=□

5+2+2=□ ➡ □=9

01

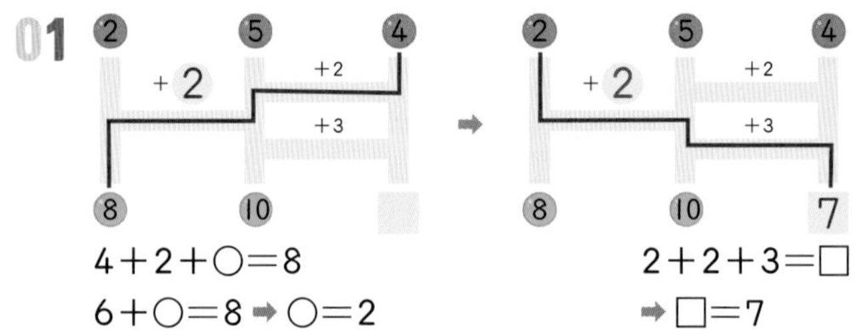

4+2+○=8

6+○=8 ➡ ○=2

2+2+3=□

➡ □=7

02

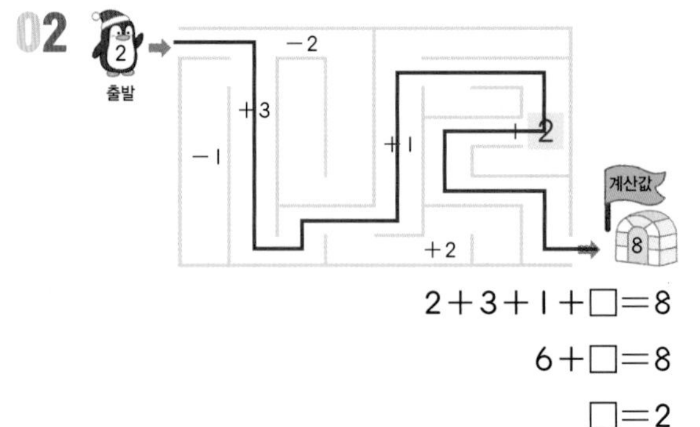

2+3+1+□=8

6+□=8

□=2

원리탐구 ② 가로·세로 연산

대표문제

주어진 수 카드를 모두 사용하여 퍼즐을 완성해 보시오.

1 2 3 6 7

1	+	7	=	8
+				+
3				2
=				=
4	+	6	=	10

STEP 01 □칸에 놓을 알맞은 수 카드를 찾아 써넣으시오.

STEP 02 01에서 사용하고 남은 수 카드를 빈칸에 알맞게 써넣으시오.

18

정답과 풀이 07쪽

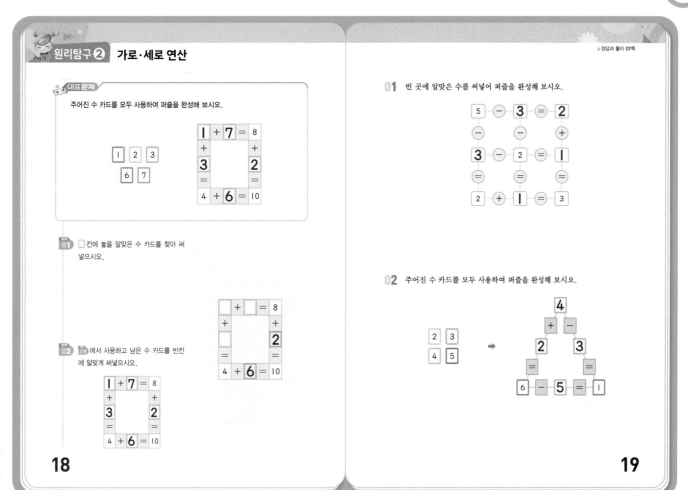

01 빈 곳에 알맞은 수를 써넣어 퍼즐을 완성해 보시오.

02 주어진 수 카드를 모두 사용하여 퍼즐을 완성해 보시오.

2 3 4 5

19

대표문제

STEP 01

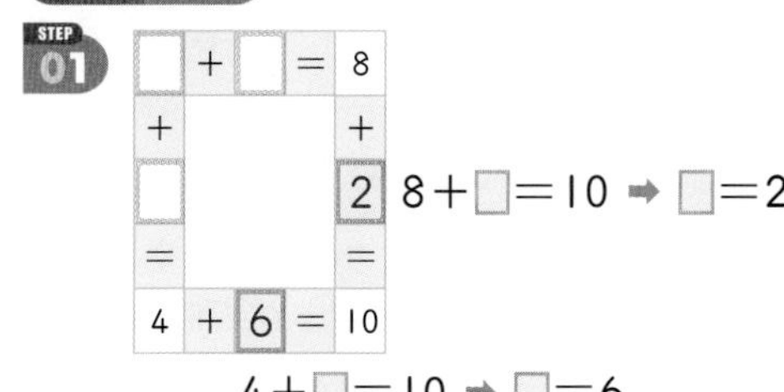

4+□=10 ➡ □=6

STEP 02 남은 수 카드 1, 3, 7을 사용하여 합이 4와 8이 되는 식을 만들어 봅니다. ➡ 1+3=4, 1+7=8

이때 두 번 사용된 1을 왼쪽 제일 위에 써넣습니다.

01

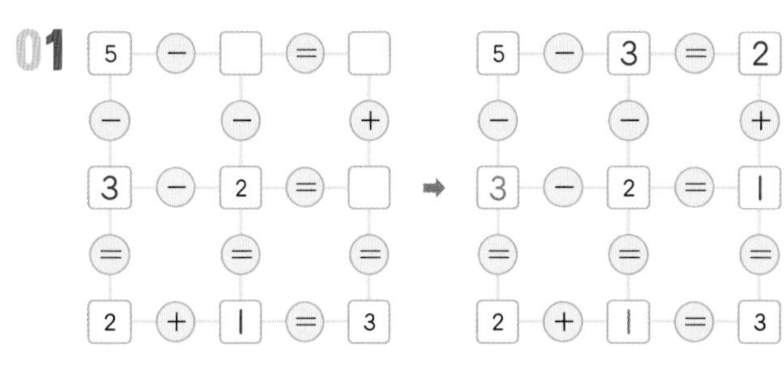

02

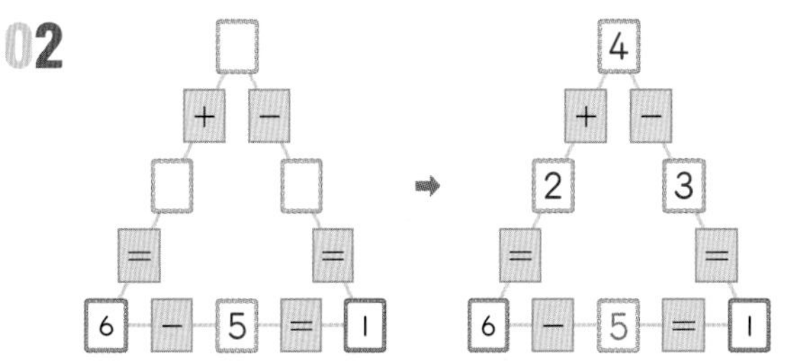

남은 수 카드 2, 3, 4를 사용하여 계산값이 1과 6이 되는 식을 만들어 봅니다.

➡ 4−3=1, 3−2=1, 4+2=6

이때 두 번 사용된 2, 4 중 4를 제일 위에 써넣습니다.

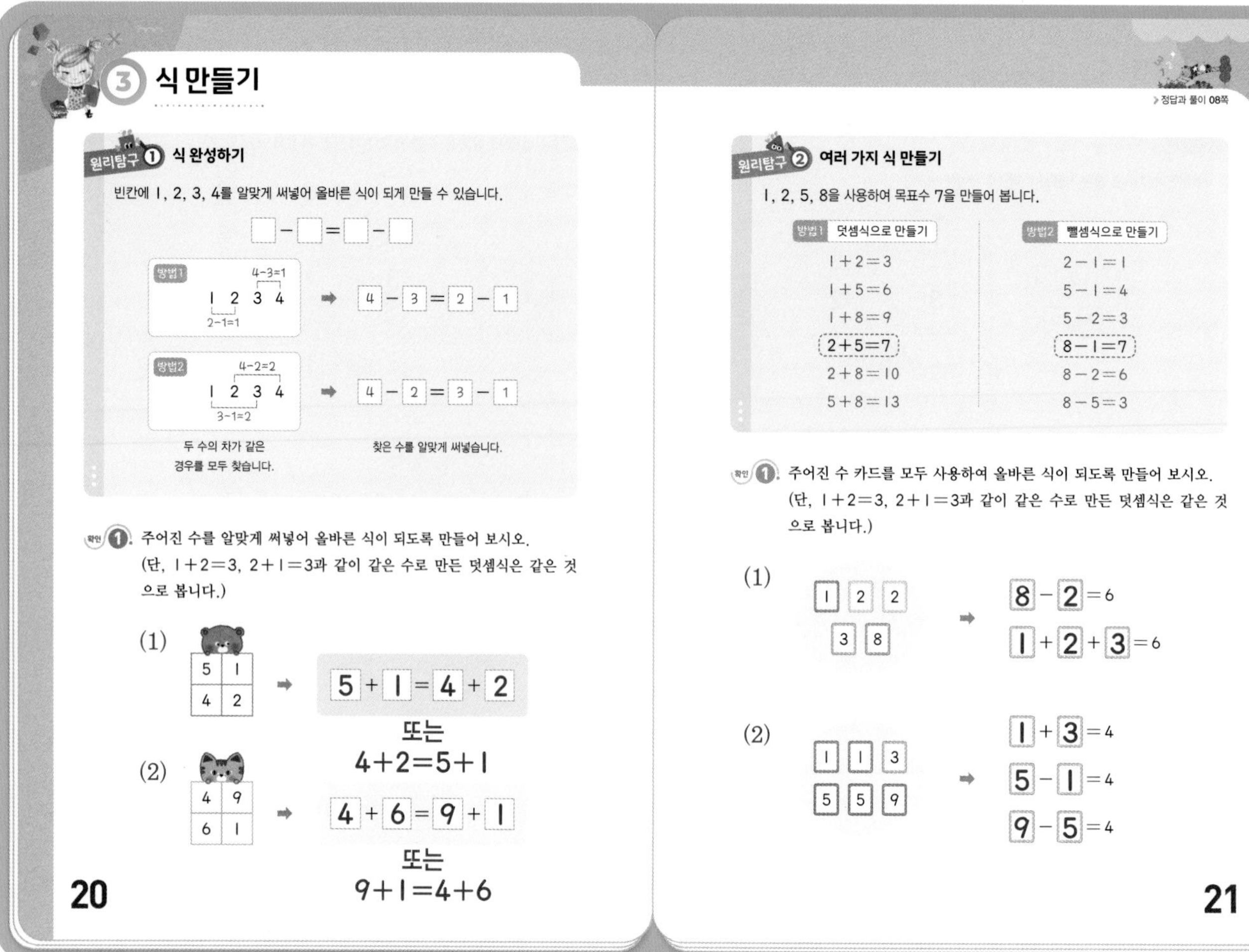

3 식 만들기
원리탐구 1 식 완성하기
빈칸에 1, 2, 3, 4를 알맞게 써넣어 올바른 식이 되게 만들 수 있습니다.
방법1
방법2
두 수의 차가 같은 경우를 모두 찾습니다.
찾은 수를 알맞게 써넣습니다.
확인 1. 주어진 수를 알맞게 써넣어 올바른 식이 되도록 만들어 보시오.
(단, 1+2=3, 2+1=3과 같이 같은 수로 만든 덧셈식은 같은 것으로 봅니다.)
또는
4+2=5+1
또는
9+1=4+6
20
정답과 풀이 08쪽
원리탐구 2 여러 가지 식 만들기
1, 2, 5, 8을 사용하여 목표수 7을 만들어 봅니다.
방법1 덧셈식으로 만들기
방법2 뺄셈식으로 만들기
확인 1. 주어진 수 카드를 모두 사용하여 올바른 식이 되도록 만들어 보시오.
(단, 1+2=3, 2+1=3과 같이 같은 수로 만든 덧셈식은 같은 것으로 봅니다.)
21

1. 주어진 수를 작은 수부터 큰 수까지 순서대로 나열하여 두 수의 합이 같은 경우를 찾아봅니다.

(1) 2+4=6

1 2 4 5

1+5=6

TIP 5와 1, 4와 2의 위치를 바꾸어도 정답입니다.

(2) 4+6=10

1 4 6 9

1+9=10

TIP 4와 6, 9와 1의 위치를 바꾸어도 정답입니다.

1. (1) 주어진 수 카드 중에서 □−□=6이 되는 수 카드를 찾은 후 나머지 수 카드로 □+□+□=6인 식을 만들어 봅니다.

TIP 1과 2, 3의 위치를 바꾸어도 정답입니다.

(2) 주어진 수 카드 중에서 □+□=4가 되는 수 카드를 찾은 후 나머지 수 카드로 주어진 식을 알맞게 만들어 봅니다.

TIP 1과 3의 위치를 바꾸어도 정답입니다.

원리탐구 ❶ 식 완성하기

> 정답과 풀이 09쪽

대표문제

1부터 5까지의 수 중 서로 다른 4개의 수를 써넣어 올바른 식이 되도록 3가지 방법으로 만들어 보시오. (단, 1+2=3, 2+1=3과 같이 같은 수로 만든 덧셈식은 같은 것으로 봅니다.)

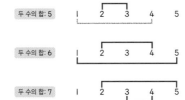

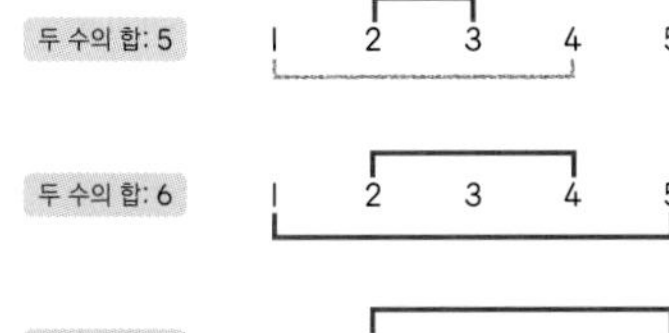

방법1 1 + 4 = 2 + 3

방법2 1 + 5 = 2 + 4

방법3 3 + 4 = 2 + 5

STEP 01 두 수의 합이 같은 경우를 2가지씩 찾아 선으로 이어 보시오.

두 수의 합: 5 1 2 3 4 5

두 수의 합: 6 1 2 3 4 5

두 수의 합: 7 1 2 3 4 5

STEP 02 01을 이용하여 방법1, 방법2, 방법3을 완성해 보시오.

22

01 주어진 수 카드를 모두 사용하여 올바른 식이 되도록 만들어 보시오. (단, 1+2=3, 2+1=3과 같이 같은 수로 만든 덧셈식은 같은 것으로 봅니다.)

(1) 1 7 4 2 →

방법1 7 - 1 = 2 + 4

방법2 7 - 2 = 1 + 4

방법3 7 - 4 = 1 + 2

(2) 3 5 8 6 →

방법1 5 - 3 = 8 - 6

방법2 6 - 3 = 8 - 5

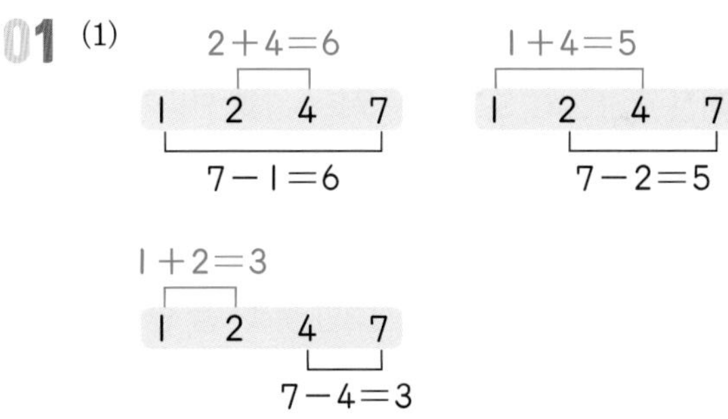

02 1부터 6까지의 수를 빈칸에 모두 써넣어 올바른 식이 되도록 만들어 보시오.

1 + 6 = 2 + 5 = 3 + 4

23

대표문제

STEP 01

두 수의 합: 5 — 1 2 3 4 5: 2+3=5, 1+4=5

두 수의 합: 6 — 1 2 3 4 5: 2+4=6, 1+5=6

두 수의 합: 7 — 1 2 3 4 5: 2+5=7, 3+4=7

STEP 02 TIP 각 덧셈식에 쓰인 수 위치를 바꾸어도 정답입니다.

01 (1)

1 2 4 7: 2+4=6, 7−1=6

1 2 4 7: 1+4=5, 7−2=5

1 2 4 7: 1+2=3, 7−4=3

TIP 각 덧셈식에 쓰인 수 위치를 바꾸어도 정답입니다.

(2)

3 5 6 8: 5−3=2, 8−6=2

3 5 6 8: 6−3=3, 8−5=3

02

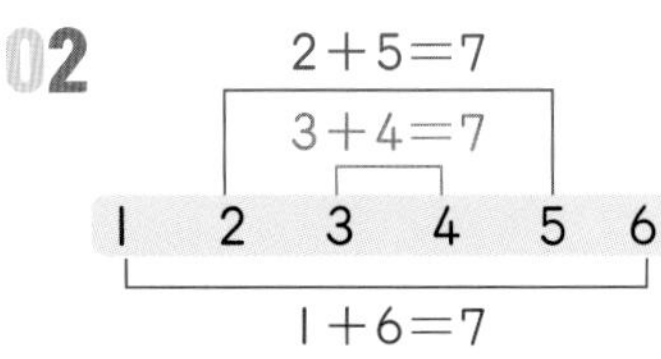

1 2 3 4 5 6: 2+5=7, 3+4=7, 1+6=7

TIP 1과 6, 2와 5, 3과 4의 위치를 바꾸어도 정답입니다.

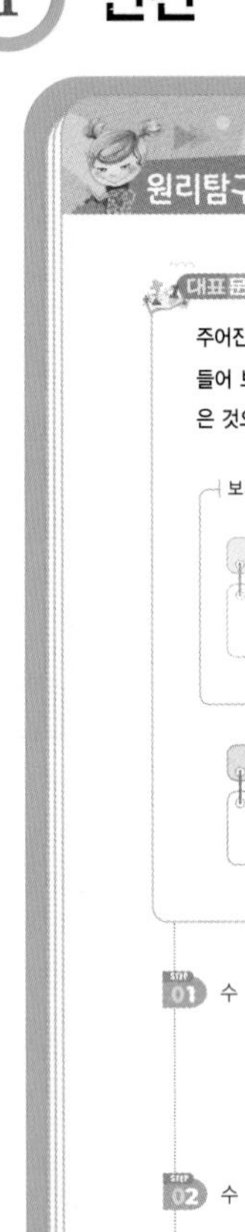

원리탐구 ❷ 여러 가지 식 만들기

대표문제

주어진 수를 한 번씩만 사용하여 계산한 값이 목표수가 되도록 여러 가지 식을 만들어 보시오. (단, $1+2=3$, $2+1=3$과 같이 같은 수로 만든 덧셈식은 같은 것으로 봅니다.)

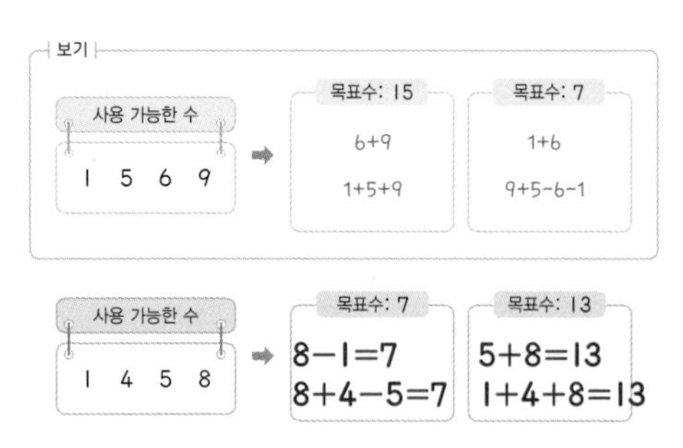

보기
사용 가능한 수
1 5 6 9
목표수: 15
6+9
1+5+9
목표수: 7
1+6
9+5-6-1

사용 가능한 수: 1 4 5 8 → 목표수: 7 — 8−1=7, 8+4−5=7 / 목표수: 13 — 5+8=13, 1+4+8=13

STEP 01 수 1, 4, 5, 8을 사용하여 목표수 7을 만들어 보시오.

8 − 1 = 7　　8 + 4 − 5 = 7

STEP 02 수 1, 4, 5, 8을 사용하여 목표수 13을 만들어 보시오.

5 + 8 = 13　　1 + 4 + 8 = 13

24

▷ 정답과 풀이 10쪽

01 주어진 구슬 중 3개를 골라 여러 가지 덧셈식 또는 뺄셈식을 만들어 보시오. (단, $1+2=3$, $2+1=3$과 같이 같은 수로 만든 덧셈식은 같은 것으로 봅니다.)

보기
덧셈식 만들기
방법1 1 + 3 = 4
방법2 1 + 4 = 5
방법3 4 + 5 = 9

(1)

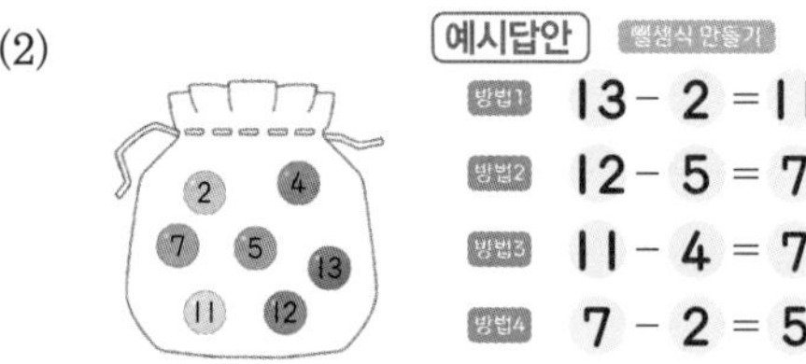

예시답안 덧셈식 만들기

방법1 5 + 7 = 12

방법2 5 + 12 = 17

방법3 7 + 9 = 16

방법4 7 + 12 = 19

(2)

예시답안 뺄셈식 만들기

방법1 13 − 2 = 11

방법2 12 − 5 = 7

방법3 11 − 4 = 7

방법4 7 − 2 = 5

25

대표문제

STEP 01 주어진 수 1, 4, 5, 8로는 목표수 7를 만들기 위해서는 $8-1=7$과 $8+4-5=7$인 식을 만들 수 있습니다.

STEP 02 주어진 수 1, 4, 5, 8로는 목표수 13을 만들기 위해서는 $5+8=13$, $1+4+8=13$인 덧셈식을 만들 수 있습니다.

TIP 덧셈식의 5와 8, 1과 4, 8의 위치를 바꾸어도 정답입니다.

01 (1) 예시답안 덧셈식 만들기

방법1 7 + 5 = 12

방법2 12 + 5 = 17

방법3 9 + 7 = 16

방법4 12 + 7 = 19

TIP 각 덧셈식에 쓰인 수 위치를 바꿔도 정답입니다.
또 빼는 수와 뺄셈의 결과의 위치를 바꿔도 정답입니다.

(2) 예시답안 뺄셈식 만들기

방법1 13 − 11 = 2

방법2 12 − 7 = 5

방법3 11 − 7 = 4

방법4 7 − 5 = 2

4 마방진

원리탐구 1 십자 마방진

1부터 5까지의 수를 넣어 가로줄과 세로줄에 놓인 세 수의 합을 같게 만들 수 있습니다.

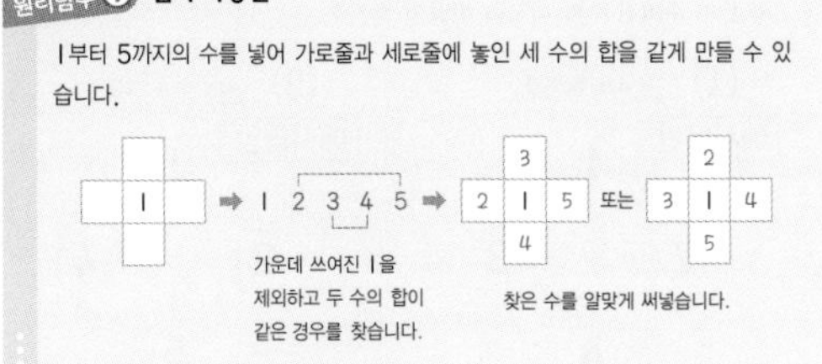

가운데 쓰여진 1을 제외하고 두 수의 합이 같은 경우를 찾습니다.
찾은 수를 알맞게 써넣습니다.
또는

확인 1. 가로줄과 세로줄에 있는 세 수의 합이 주어진 수가 되도록 만들어 보시오.

(1) 세 수의 합: 11

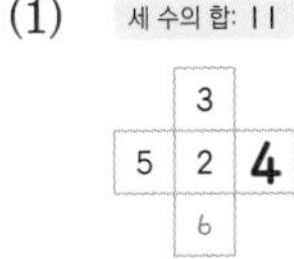

(2) 세 수의 합: 12

(3) 세 수의 합: 12

(4) 세 수의 합: 10

26

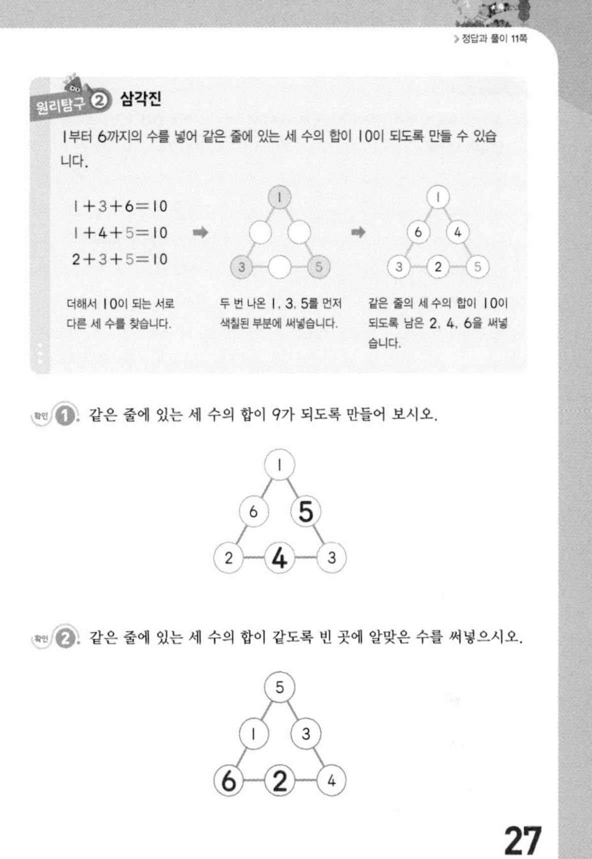

정답과 풀이 11쪽

원리탐구 2 삼각진

1부터 6까지의 수를 넣어 같은 줄에 있는 세 수의 합이 10이 되도록 만들 수 있습니다.

1+3+6=10
1+4+5=10
2+3+5=10

더해서 10이 되는 서로 다른 세 수를 찾습니다.

두 번 나온 1, 3, 5를 먼저 색칠된 부분에 써넣습니다.

같은 줄의 세 수의 합이 10이 되도록 남은 2, 4, 6을 써넣습니다.

확인 1. 같은 줄에 있는 세 수의 합이 9가 되도록 만들어 보시오.

확인 2. 같은 줄에 있는 세 수의 합이 같도록 빈 곳에 알맞은 수를 써넣으시오.

27

---

1. (1) $\rightarrow 5+2+\square=11 \Rightarrow \square=4$

(2) $\rightarrow 3+4+\square=12 \Rightarrow \square=5$

$2+4+\square=12 \Rightarrow \square=6$

(3) $\rightarrow 3+\bigcirc+4=12 \Rightarrow \bigcirc=5$

$2+\bigcirc+6=12 \Rightarrow \bigcirc=4$

(4) $\rightarrow \bigcirc+2+1=10 \Rightarrow \bigcirc=7$

$5+\bigcirc+4=10 \Rightarrow \bigcirc=1$

1. 같은 줄에 있는 세 수의 합은 9이므로 각 ○에 알맞은 수는 다음과 같습니다.

$\rightarrow 1+\bigcirc+3=9 \Rightarrow \bigcirc=5$

$2+\bigcirc+3=9 \Rightarrow \bigcirc=4$

2. 5+3+4=12이므로 같은 줄에 있는 세 수의 합이 12가 되도록 만들어 봅니다.

$5+1+\bigcirc=12 \Rightarrow \bigcirc=6$

$6+\bigcirc+4=12 \Rightarrow \bigcirc=2$

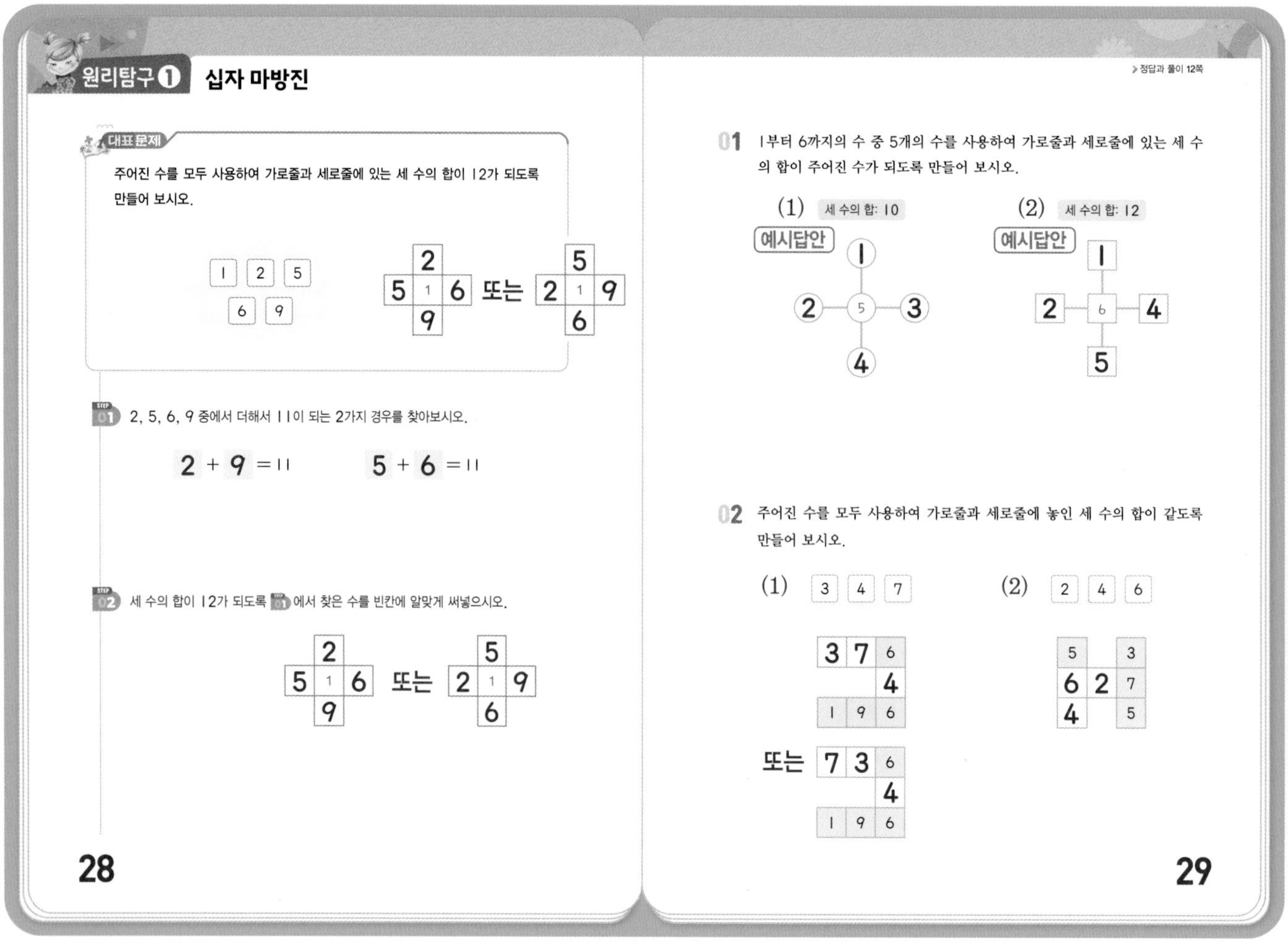

원리탐구 ❶ 십자 마방진

> 정답과 풀이 12쪽

대표문제

주어진 수를 모두 사용하여 가로줄과 세로줄에 있는 세 수의 합이 12가 되도록 만들어 보시오.

1 2 5 6 9

2 / 5 1 6 / 9 또는 5 / 2 1 9 / 6

STEP 01 2, 5, 6, 9 중에서 더해서 11이 되는 2가지 경우를 찾아보시오.

2 + 9 = 11　　5 + 6 = 11

STEP 02 세 수의 합이 12가 되도록 STEP 01 에서 찾은 수를 빈칸에 알맞게 써넣으시오.

2 / 5 1 6 / 9 또는 5 / 2 1 9 / 6

01 1부터 6까지의 수 중 5개의 수를 사용하여 가로줄과 세로줄에 있는 세 수의 합이 주어진 수가 되도록 만들어 보시오.

(1) 세 수의 합: 10　예시답안 1 / 2 5 3 / 4

(2) 세 수의 합: 12　예시답안 1 / 2 6 4 / 5

02 주어진 수를 모두 사용하여 가로줄과 세로줄에 놓인 세 수의 합이 같도록 만들어 보시오.

(1) 3 4 7　3 7 6 / 4 / 1 9 6 또는 7 3 6 / 4 / 1 9 6

(2) 2 4 6　5 3 / 6 2 7 / 4 5

28　29

대표문제

STEP 02 TIP 2와 9, 5와 6의 위치를 바꾸어도 정답입니다.

01 (1)

$2+3=5$

1　2　3　4　5　6

$1+4=5$

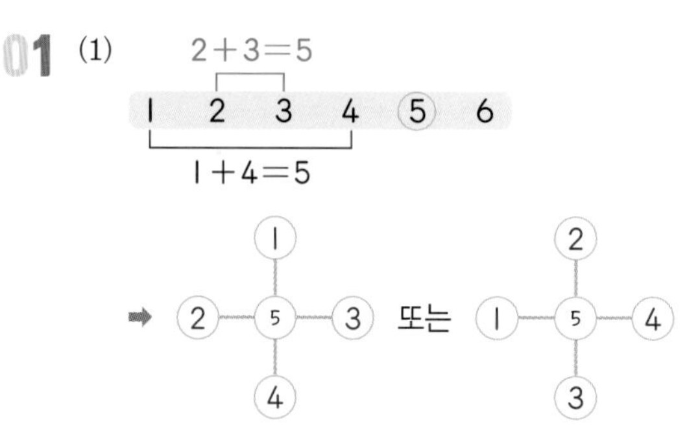

TIP 1과 4, 2와 3의 위치를 바꾸어도 정답입니다.

(2)

$2+4=6$

1　2　3　4　5　6

$1+5=6$

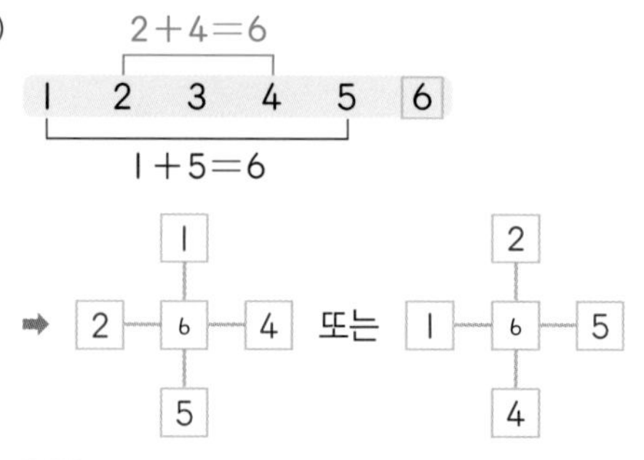

TIP 2와 4, 1과 5의 위치를 바꾸어도 정답입니다.

02 (1) $1+9+6=16$이므로 같은 줄에 있는 세 수의 합이 16이 되도록 만들어 봅니다.

(2) $3+7+5=15$이므로 같은 줄에 있는 세 수의 합이 15가 되도록 만들어 봅니다.

원리탐구 ❷ 삼각진

대표문제

1부터 9까지의 수를 모두 사용하여 각 줄에 있는 네 수의 합이 17이 되도록 만들어 보시오.

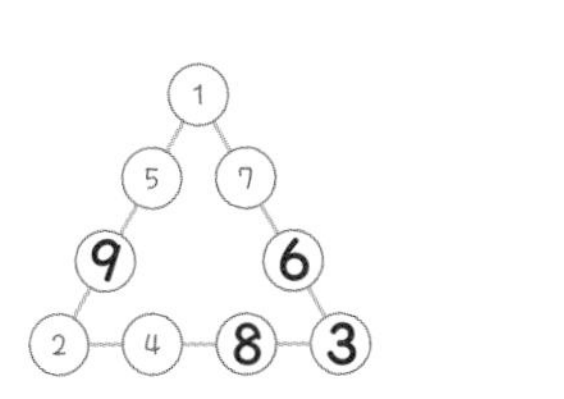

STEP 01 각 줄에 있는 네 수의 합이 17이 되도록 ○안에 알맞은 수를 써넣으시오.

STEP 02 STEP 01에서 사용하고 남은 수를 빈 곳에 알맞게 써넣으시오.

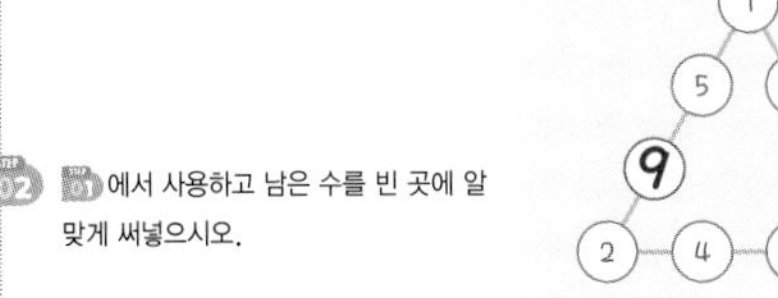

30

정답과 풀이 13쪽

01 1부터 6까지의 수를 모두 사용하여 각 줄에 있는 세 수의 합이 주어진 수가 되도록 만들어 보시오.

(1) 세 수의 합: 11

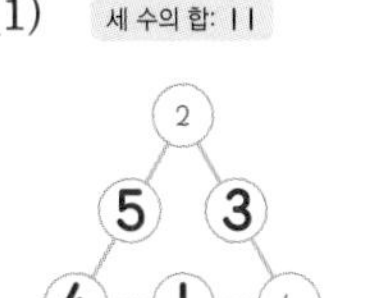

(2) 세 수의 합: 12

예시답안

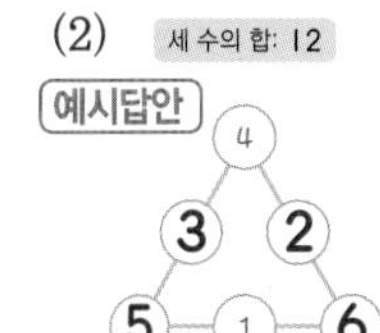

02 1부터 8까지의 수를 모두 사용하여 각 줄에 있는 세 수의 합이 12가 되도록 만들어 보시오.

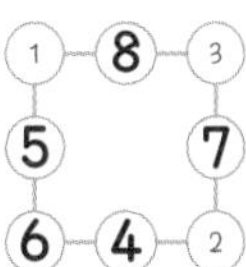

31

대표문제

STEP 01

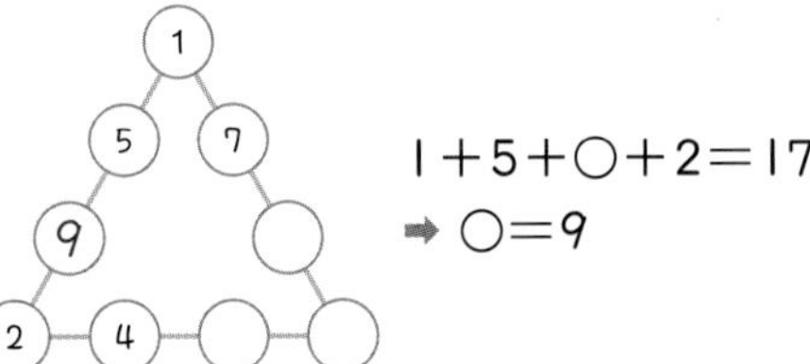

$1+5+○+2=17$
➡ $○=9$

STEP 02 남은 수 3, 6, 8을 사용하여 빈칸의 두 수의 합이 각각 $17-1-7=9$, $17-2-4=11$이 되게 만들어 봅니다.

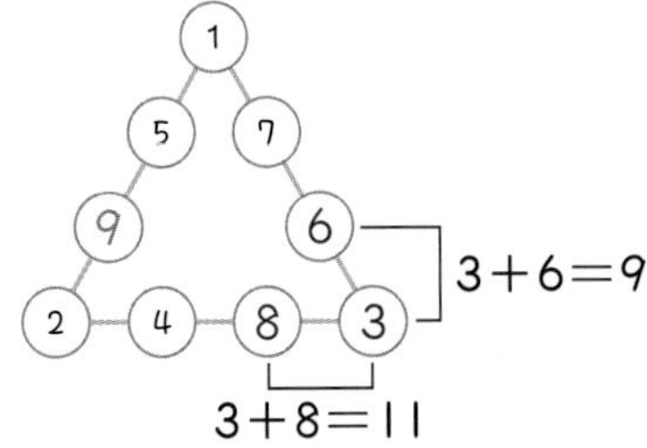

01 (1)

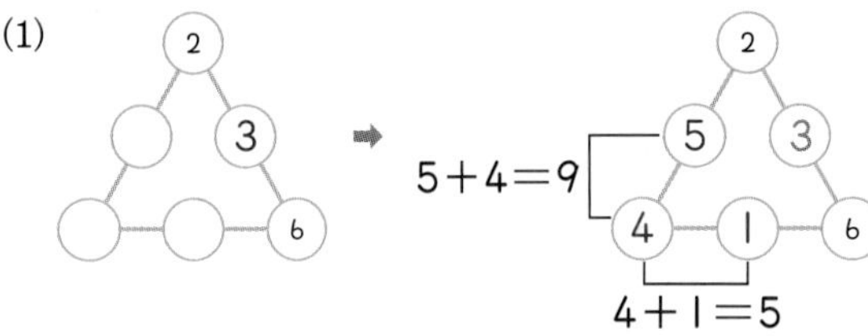

(2)

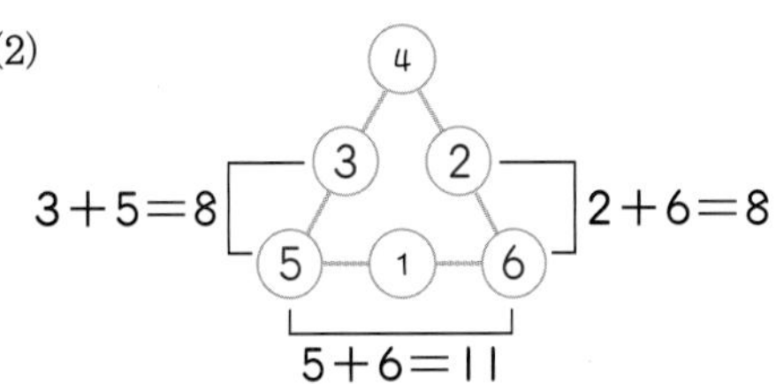

02

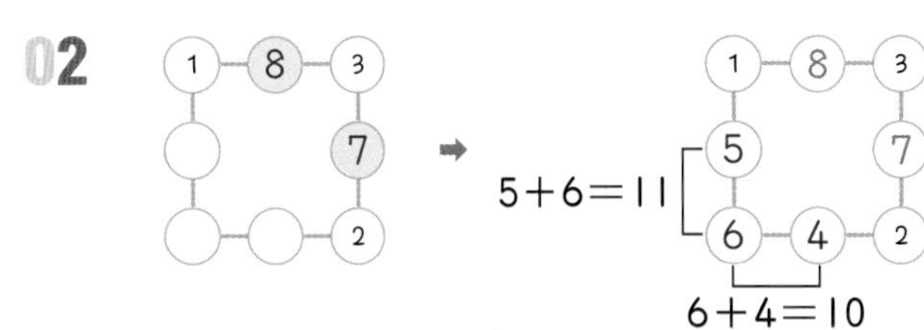

정답과 풀이 14쪽

01 출발에서 도착까지 올바른 식이 되도록 선을 그어 보시오.

보기

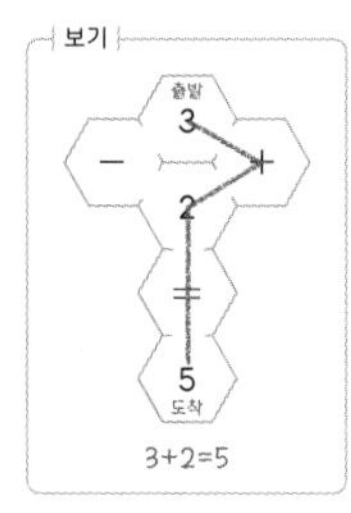

3+2=5

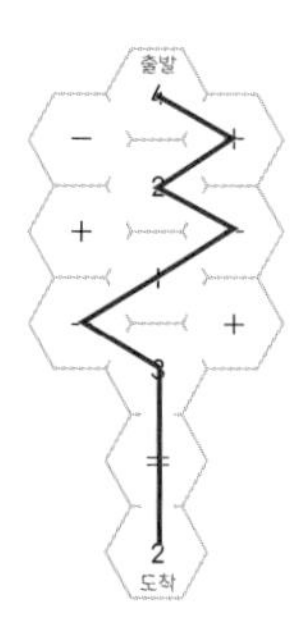

02 올바른 식이 되도록 ○ 안에 +, −, = 기호를 알맞게 써넣으시오.

보기

2 + 3 = 7 − 2

4 + 2 = 9 − 3

7 − 3 + 2 = 6

또는 7=3−2+6

9 − 4 + 1 = 6

또는 9=4−1+6

03 1부터 7까지의 수를 모두 사용하여 각 줄에 있는 세 수의 합이 11이 되도록 만들어 보시오.

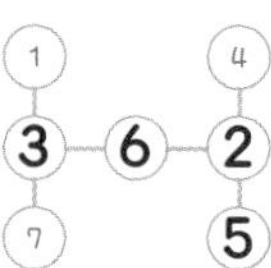

04 주어진 수 카드에서 2장을 사용하여 만들 수 있는 덧셈식과 뺄셈식의 계산 값을 모두 찾아 ○표 하시오.

1 2 6

보기

2 − 1 = 1

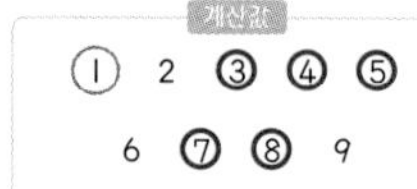

01

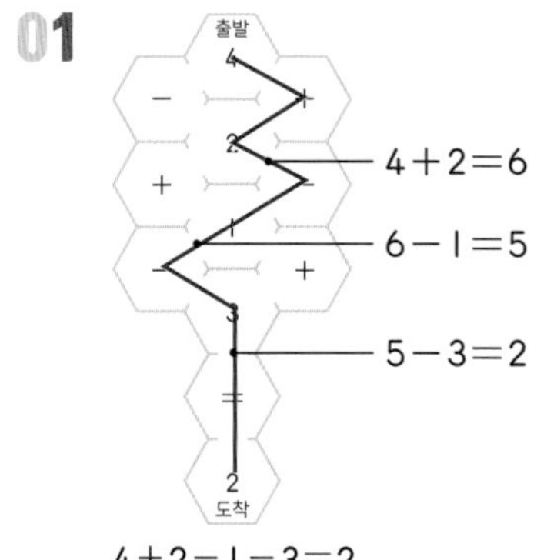

4+2−1−3=2

03

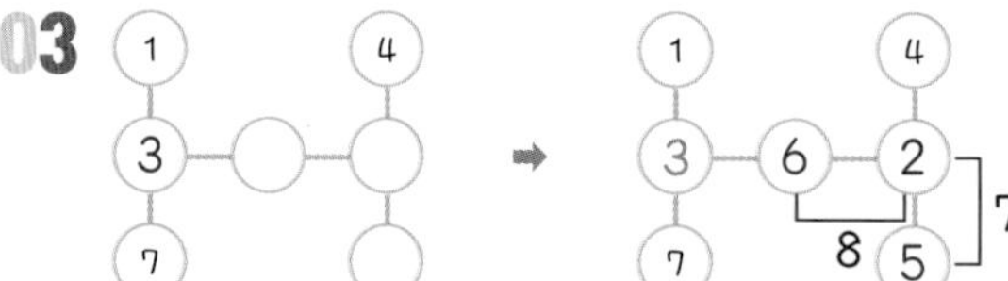

1+○+7=11

➡ ○=3

남은 수 2, 5, 6을 사용하여 빈칸의 두 수의 합이 11−4=7, 11−3=8이 되게 만들어 봅니다.

04 주어진 숫자 카드로 만들 수 있는 덧셈식과 뺄셈식은 다음과 같습니다.

덧셈식 1 + 2 = 3 1 + 6 = 7 2 + 6 = 8

뺄셈식 2 − 1 = 1 6 − 1 = 5 6 − 2 = 4

01 이웃한 수 카드끼리 차례로 더해서 4부터 11까지의 수를 만들고 덧셈식으로 나타내어 보시오.

보기

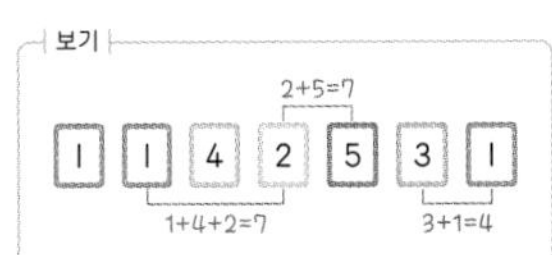

1 1 4 2 5 3 1

수	덧셈식
4	3+1=4
5	1+4=5
6	1+1+4=6 또는 4+2=6
7	1+4+2=7 (또는 2+5=7)
8	1+1+4+2=8 또는 3+5=8
9	5+3+1=9
10	2+5+3=10
11	4+2+5=11 또는 2+5+3+1=11

34

정답과 풀이 15쪽

02 보기와 같이 두 부분으로 나눈 수들의 합이 같도록 선을 그어 나누어 보시오.

보기

1+7+6=14

2+3+4+5=14

(예시답안)

35

01 TIP 덧셈식에 쓰인 수 위치를 바꾸어도 정답입니다.

02 (예시답안) 다음과 같이 두 부분으로 나눌 수도 있습니다.

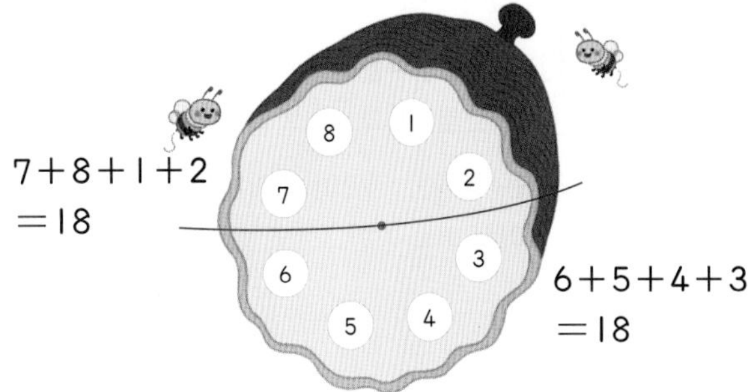

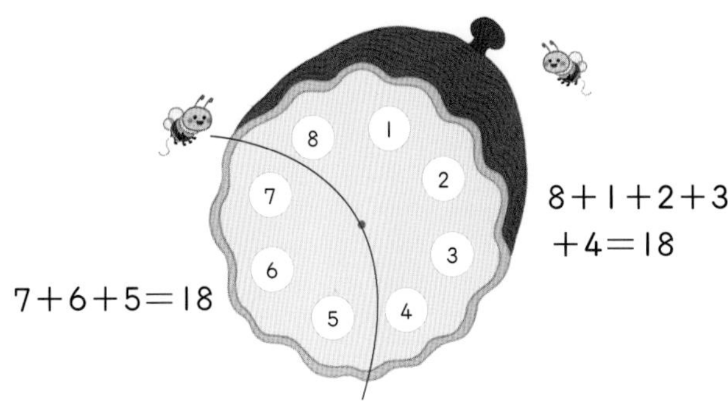

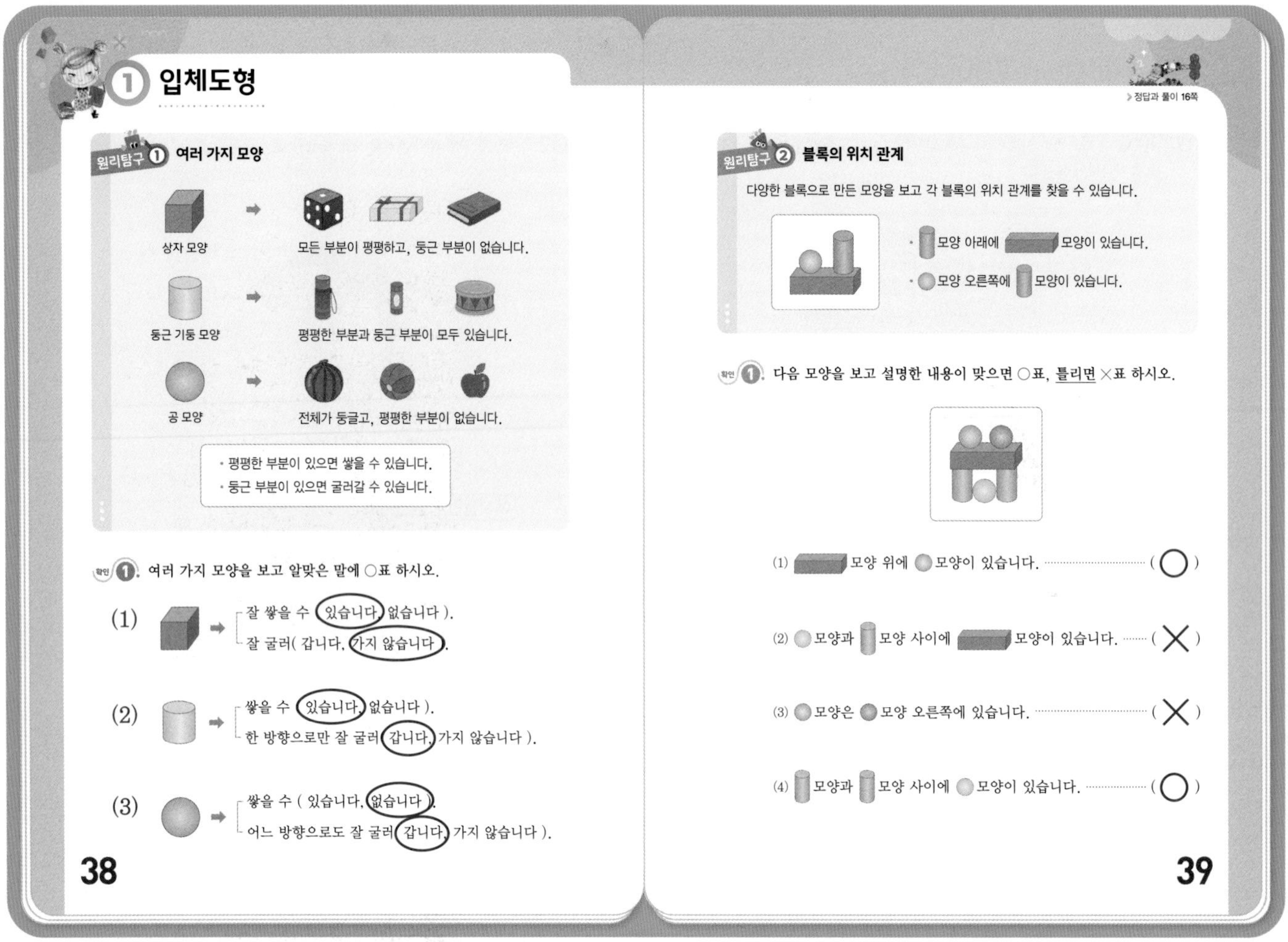

① 입체도형

원리탐구 ① 여러 가지 모양

상자 모양 → 모든 부분이 평평하고, 둥근 부분이 없습니다.

둥근 기둥 모양 → 평평한 부분과 둥근 부분이 모두 있습니다.

공 모양 → 전체가 둥글고, 평평한 부분이 없습니다.

- 평평한 부분이 있으면 쌓을 수 있습니다.
- 둥근 부분이 있으면 굴러갈 수 있습니다.

확인 ①. 여러 가지 모양을 보고 알맞은 말에 ○표 하시오.

(1) → 잘 쌓을 수 (있습니다, 없습니다).
잘 굴러(갑니다, 가지 않습니다).

(2) → 쌓을 수 (있습니다, 없습니다).
한 방향으로만 잘 굴러(갑니다, 가지 않습니다).

(3) → 쌓을 수 (있습니다, 없습니다).
어느 방향으로도 잘 굴러(갑니다, 가지 않습니다).

38

> 정답과 풀이 16쪽

원리탐구 ② 블록의 위치 관계

다양한 블록으로 만든 모양을 보고 각 블록의 위치 관계를 찾을 수 있습니다.

- 모양 아래에 모양이 있습니다.
- 모양 오른쪽에 모양이 있습니다.

확인 ①. 다음 모양을 보고 설명한 내용이 맞으면 ○표, 틀리면 ×표 하시오.

(1) 모양 위에 모양이 있습니다. (○)

(2) 모양과 모양 사이에 모양이 있습니다. (×)

(3) 모양은 모양 오른쪽에 있습니다. (×)

(4) 모양과 모양 사이에 모양이 있습니다. (○)

39

①. (1) 모양은 평평한 부분이 있어서 잘 쌓을 수 있고, 둥근 부분이 없어서 잘 굴러가지 않습니다.

(2) 모양은 평평한 부분이 있어서 쌓을 수 있고, 둥근 부분이 한 방향으로 있어서 한 방향으로만 잘 굴러갑니다.

(3) 모양은 평평한 부분이 없어서 쌓을 수 없고, 둥근 부분만 있어서 어느 방향으로도 잘 굴러갑니다.

①. (2) 모양과 모양 사이에 모양이 있습니다.

모양과 모양 사이에 모양이 있습니다.

(3) 모양은 모양 왼쪽에 있습니다.

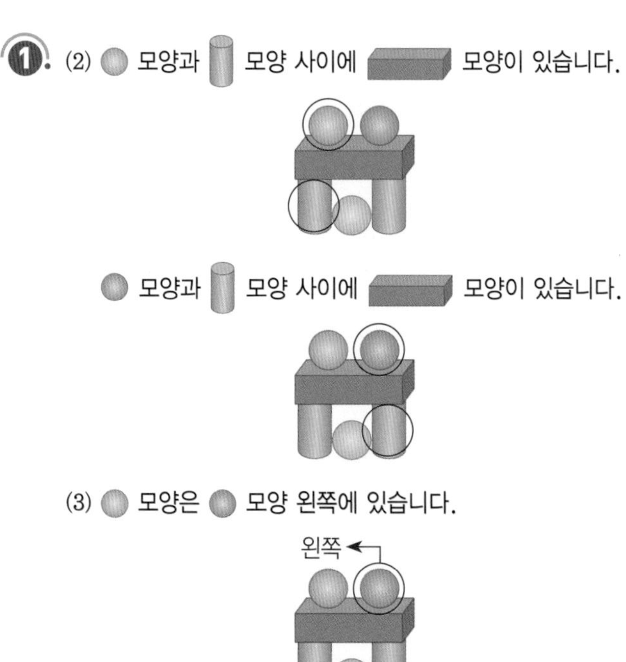

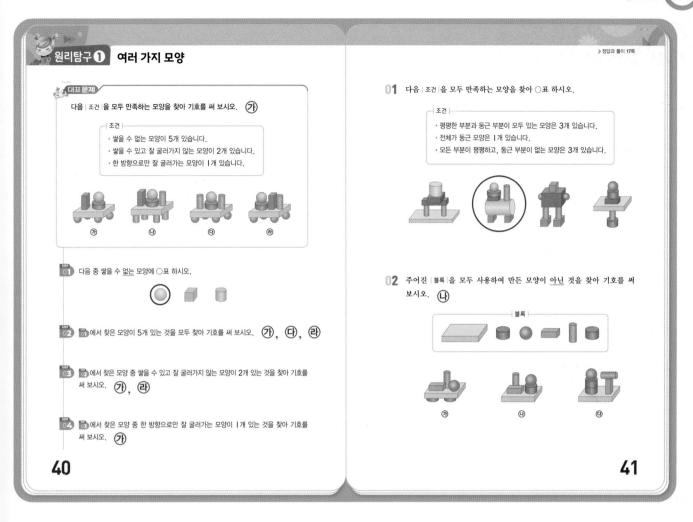

원리탐구 ❶ 여러 가지 모양

정답과 풀이 17쪽

대표문제

다음 조건 을 모두 만족하는 모양을 찾아 기호를 써 보시오. ㉮

조건
- 쌓을 수 없는 모양이 5개 있습니다.
- 쌓을 수 있고 잘 굴러가지 않는 모양이 2개 있습니다.
- 한 방향으로만 잘 굴러가는 모양이 1개 있습니다.

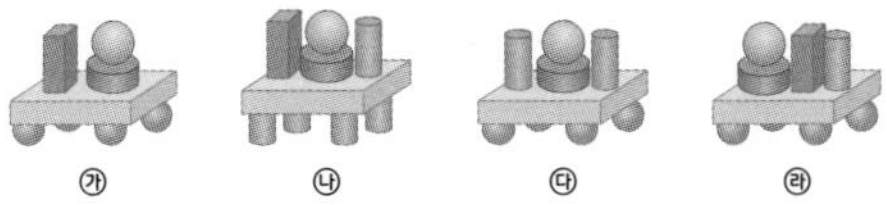

㉮ ㉯ ㉰ ㉱

STEP 01 다음 중 쌓을 수 없는 모양에 ○표 하시오.

STEP 02 STEP 01 에서 찾은 모양이 5개 있는 것을 모두 찾아 기호를 써 보시오. ㉮, ㉰, ㉱

STEP 03 STEP 02 에서 찾은 모양 중 쌓을 수 있고 잘 굴러가지 않는 모양이 2개 있는 것을 찾아 기호를 써 보시오. ㉮, ㉱

STEP 04 STEP 03 에서 찾은 모양 중 한 방향으로만 잘 굴러가는 모양이 1개 있는 것을 찾아 기호를 써 보시오. ㉮

40

01 다음 조건 을 모두 만족하는 모양을 찾아 ○표 하시오.

조건
- 평평한 부분과 둥근 부분이 모두 있는 모양은 3개 있습니다.
- 전체가 둥근 모양은 1개 있습니다.
- 모든 부분이 평평하고, 둥근 부분이 없는 모양은 3개 있습니다.

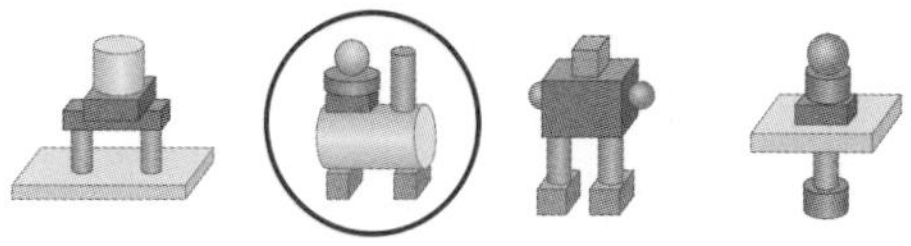

02 주어진 블록 을 모두 사용하여 만든 모양이 아닌 것을 찾아 기호를 써 보시오. ㉯

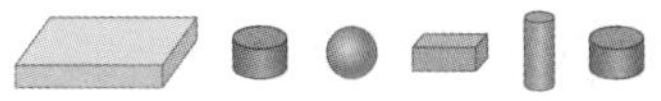

블록

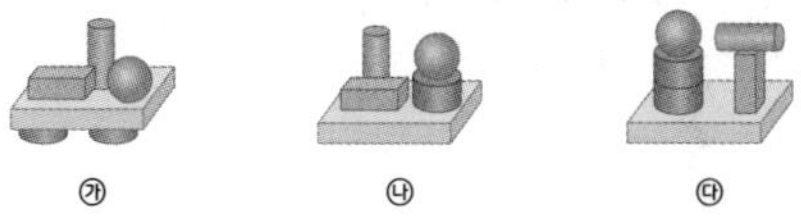

㉮ ㉯ ㉰

41

대표문제

STEP 01 쌓을 수 없는 모양은 모양입니다.

STEP 02

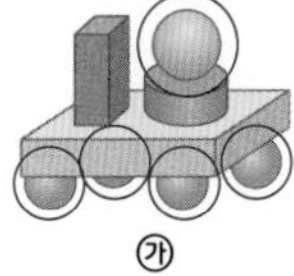

㉮

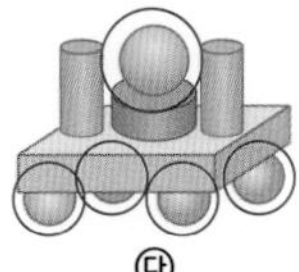

㉰

㉱

STEP 03 쌓을 수 있고 잘 굴러가지 않는 모양은 모양입니다.

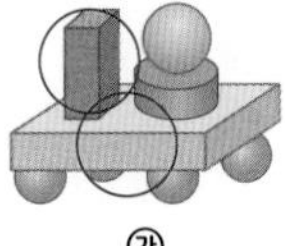

㉮

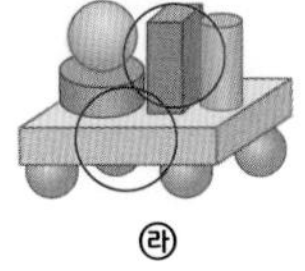

㉱

STEP 04 한 방향으로만 잘 굴러가는 모양은 모양입니다.

㉮

01 • 평평한 부분과 둥근 부분이 모두 있는 모양 3개
➡ 모양 3개
• 전체가 둥근 모양 1개 ➡ 모양 1개
• 모든 부분이 평평하고, 둥근 부분이 없는 모양 3개
➡ 모양 3개

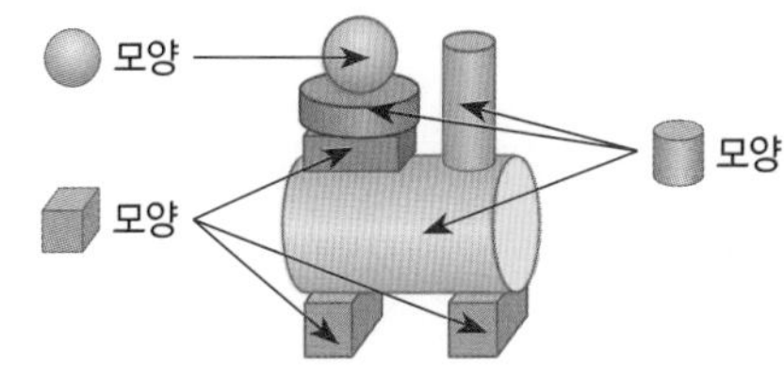

02 ㉯ 모양은 주어진 블록에서 모양을 1개 적게 사용했습니다.

원리탐구 ❷ 블록의 위치 관계

정답과 풀이 18쪽

대표문제

다음 모양을 보고 설명한 것 중 바르게 설명한 것을 찾아 기호를 써 보시오. ㉯

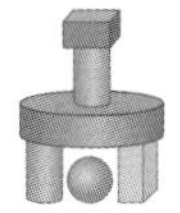

㉮ 가장 위에 있는 모양은 어느 방향으로도 잘 굴러갑니다.
㉯ 공 모양 오른쪽에는 잘 쌓을 수 있는 모양이 있습니다.
㉰ 쌓을 수 없는 모양의 왼쪽과 오른쪽에는 같은 모양이 있습니다.

STEP 01 가장 위에 있는 모양과 같은 모양을 찾아 ○표 하시오. 이 모양은 어느 방향으로도 잘 굴러갑니까?

잘 굴러가지 않습니다.

STEP 02 공 모양 오른쪽에 있는 모양과 같은 모양을 찾아 ○표 하시오. 이 모양은 잘 쌓을 수 있습니까?

잘 쌓을 수 있습니다.

STEP 03 쌓을 수 없는 모양의 왼쪽과 오른쪽에 있는 모양을 찾아 ○표 하시오. 찾은 모양은 서로 같습니까?

서로 다릅니다.

STEP 04 모양을 보고 설명한 것 중 바르게 설명한 것을 찾아 기호를 써 보시오. ㉯

42

01 다음 모양을 보고 바르게 설명한 사람을 모두 찾아 이름을 써 보시오.

성민, 하은

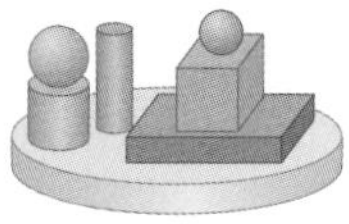

성민: 길쭉한 둥근 기둥 모양은 작은 공 모양 왼쪽에 있어.

시우: 굵은 둥근 기둥 모양 아래에 납작한 상자 모양이 있어.

하은: 납작한 상자 모양 아래에 납작한 둥근 기둥 모양이 있어.

유진: 큰 공 모양과 납작한 둥근 기둥 모양 사이에 작은 공 모양이 있어.

43

대표문제

STEP 01 가장 위에 있는 모양은  모양이고 이 모양은 어느 방향으로도 잘 굴러가지 않습니다.

STEP 02 공 모양 오른쪽에 있는 모양은  모양이고 이 모양은 잘 쌓을 수 있습니다.

STEP 03 쌓을 수 없는 모양은 공 모양이고 공 모양의 왼쪽에는  모양, 오른쪽에는  모양이 있습니다. 두 모양은 서로 다릅니다.

01 시우: 굵은 둥근 기둥 모양 아래에 납작한 둥근 기둥 모양이 있습니다.

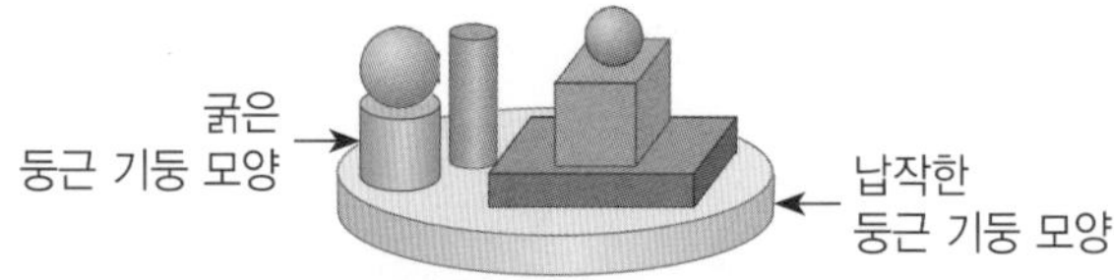

유진: 큰 공 모양과 납작한 둥근 기둥 모양 사이에 굵은 둥근 기둥 모양이 있습니다.

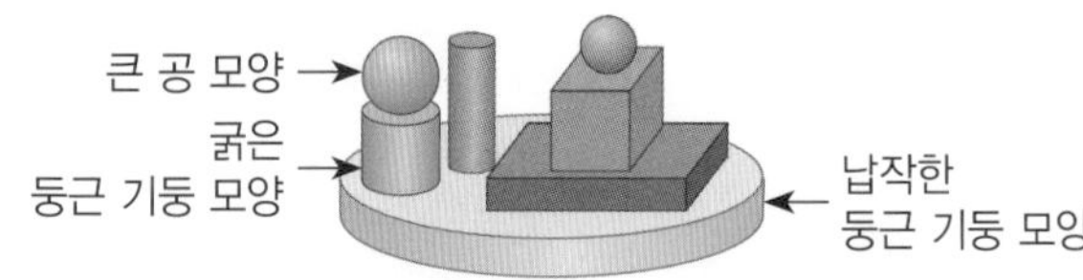

② 블록의 개수

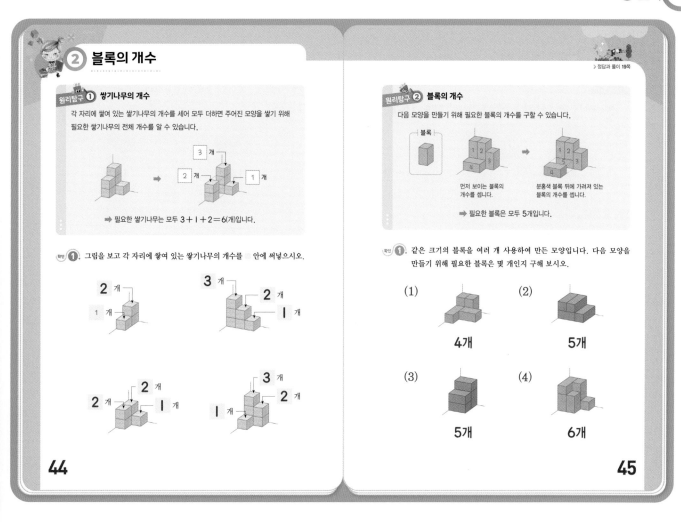

원리탐구 ① 쌓기나무의 개수

각 자리에 쌓여 있는 쌓기나무의 개수를 세어 모두 더하면 주어진 모양을 쌓기 위해 필요한 쌓기나무의 전체 개수를 알 수 있습니다.

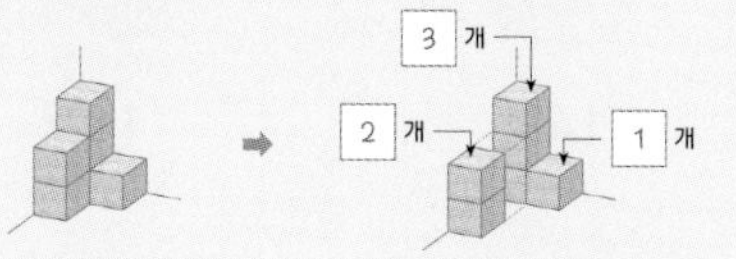

3 개
2 개
1 개

➡ 필요한 쌓기나무는 모두 3+1+2=6(개)입니다.

확인 1. 그림을 보고 각 자리에 쌓여 있는 쌓기나무의 개수를 안에 써넣으시오.

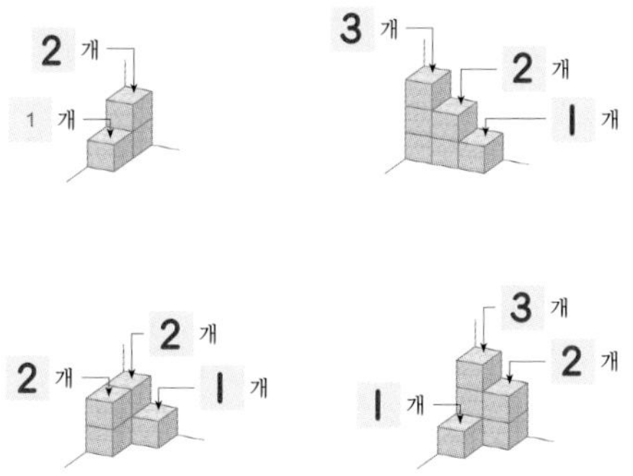

2 개
1 개
3 개
2 개
1 개
2 개
2 개
1 개
3 개
2 개
1 개

정답과 풀이 19쪽

원리탐구 ② 블록의 개수

다음 모양을 만들기 위해 필요한 블록의 개수를 구할 수 있습니다.

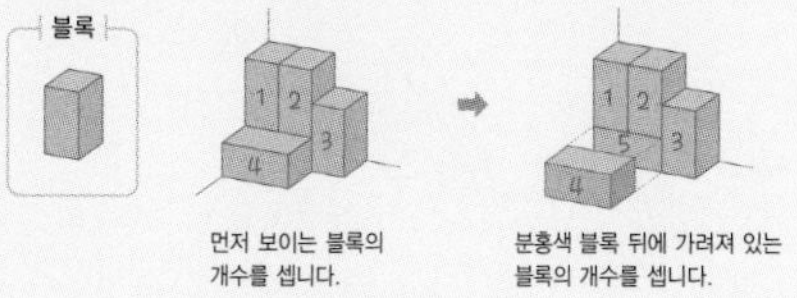

블록
1 2
3
4
1 2
5 3
4

먼저 보이는 블록의 개수를 셉니다.

분홍색 블록 뒤에 가려져 있는 블록의 개수를 셉니다.

➡ 필요한 블록은 모두 5개입니다.

확인 1. 같은 크기의 블록을 여러 개 사용하여 만든 모양입니다. 다음 모양을 만들기 위해 필요한 블록은 몇 개인지 구해 보시오.

(1)
4개

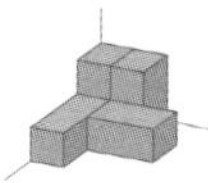

(2)
5개

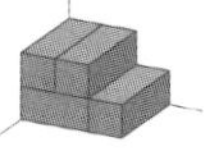

(3)
5개

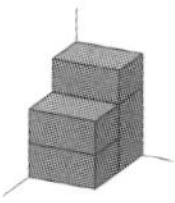

(4)
6개

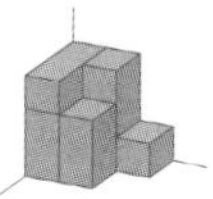

1. 쌓기나무가 각 자리에 몇 층으로 쌓여 있는지 세어 봅니다.

TIP 각 층별로 개수를 세어 모두 더해도 쌓기나무 전체의 개수를 알 수 있습니다.

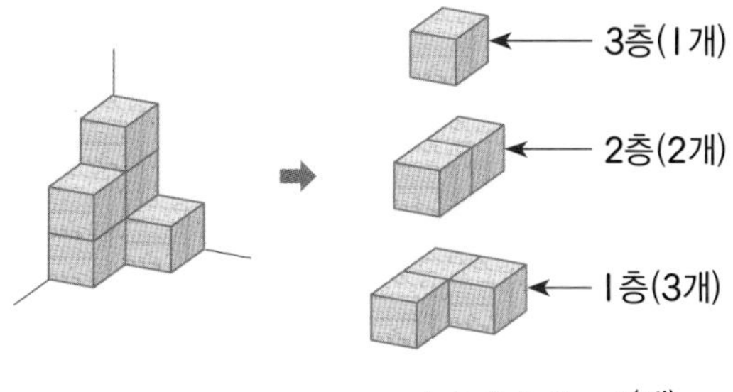

3층(1개)
2층(2개)
1층(3개)

1+2+3=6(개)

1. 보이는 블록과 가려져 있는 블록의 개수를 세어 더합니다.

(1)

1 2
3 4

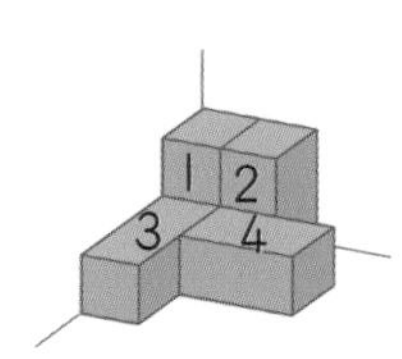

보이는 블록: 4개
가려진 블록: 0개
➡ 4+0=4(개)

(2)

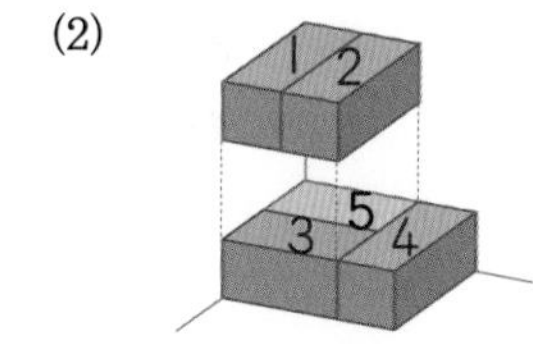

1 2
3 5 4

보이는 블록: 4개
가려진 블록: 1개
➡ 4+1=5(개)

(3)

1
5 4
2
3

보이는 블록: 4개
가려진 블록: 1개
➡ 4+1=5(개)

(4)

1
6 4
2 3
5

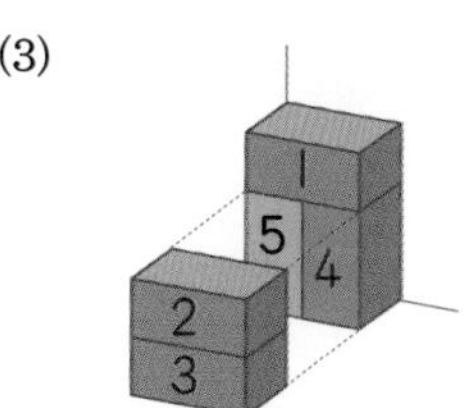

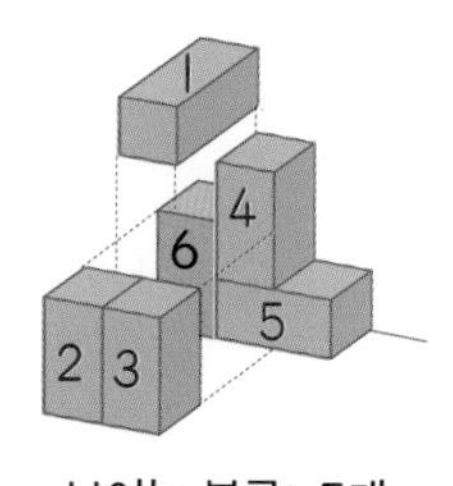

보이는 블록: 5개
가려진 블록: 1개
➡ 5+1=6(개)

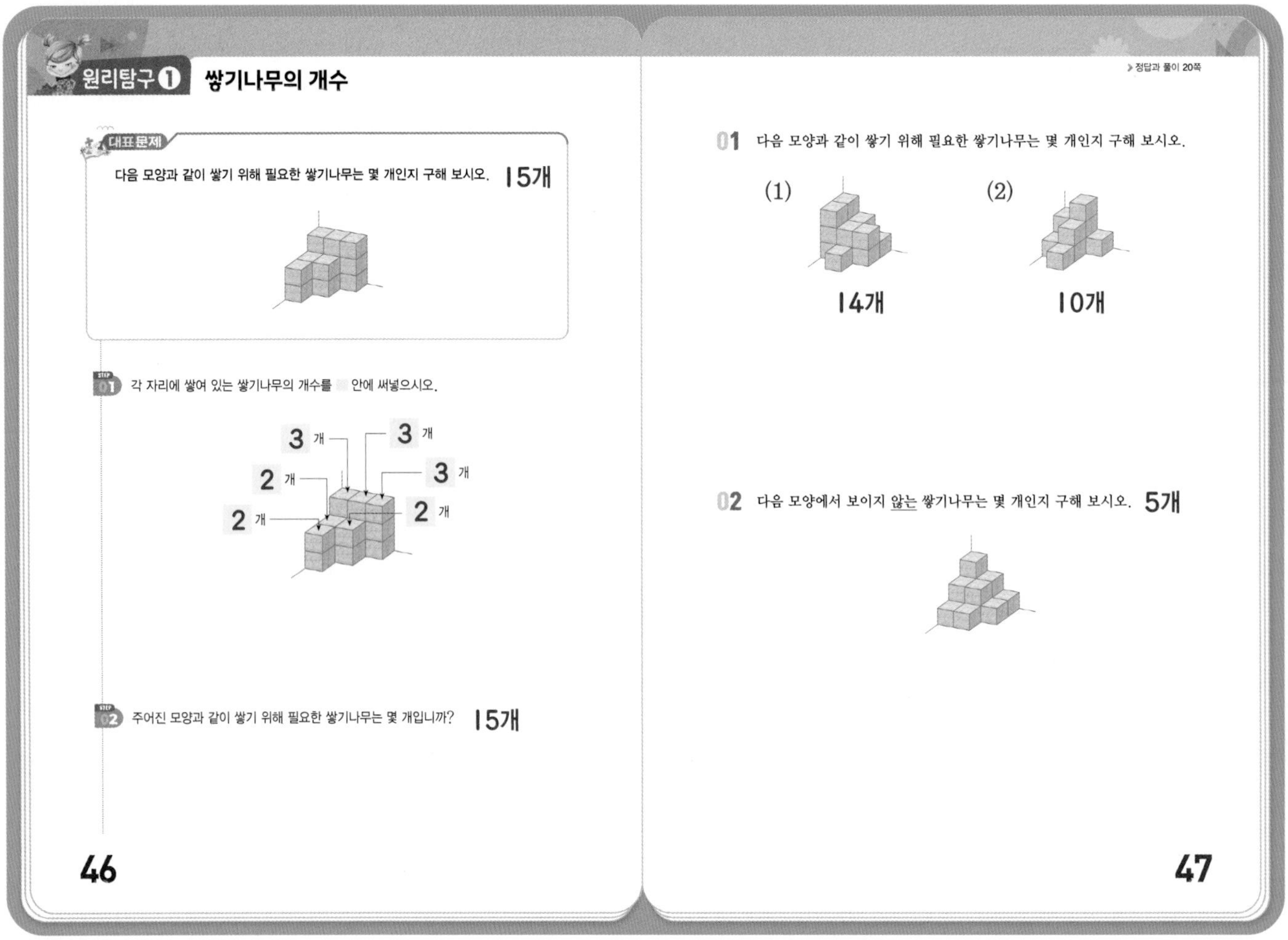

원리탐구 ① 쌓기나무의 개수

정답과 풀이 20쪽

대표문제

다음 모양과 같이 쌓기 위해 필요한 쌓기나무는 몇 개인지 구해 보시오. 15개

STEP 01 각 자리에 쌓여 있는 쌓기나무의 개수를 안에 써넣으시오.

3 개, 3 개, 2 개, 3 개, 2 개, 2 개

STEP 02 주어진 모양과 같이 쌓기 위해 필요한 쌓기나무는 몇 개입니까? 15개

01 다음 모양과 같이 쌓기 위해 필요한 쌓기나무는 몇 개인지 구해 보시오.

(1) 14개 (2) 10개

02 다음 모양에서 보이지 않는 쌓기나무는 몇 개인지 구해 보시오. 5개

46 47

대표문제

STEP 01 쌓기나무가 각 자리에 몇 층으로 쌓여 있는지 세어 봅니다.

STEP 02 $3+3+3+2+2+2=15$(개)

01 (1)

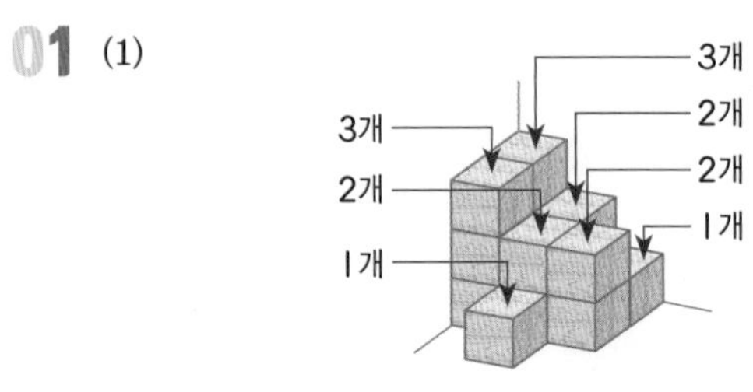

$3+2+1+3+2+2+1=14$(개)

(2)

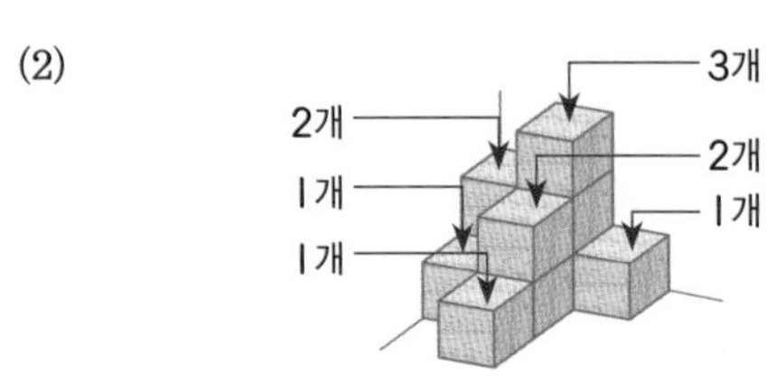

$2+3+1+1+2+1=10$(개)

02 각 층별로 보이지 않는 쌓기나무를 하늘색으로 표시해 보면 다음과 같으므로 보이지 않는 쌓기나무는 5개입니다.

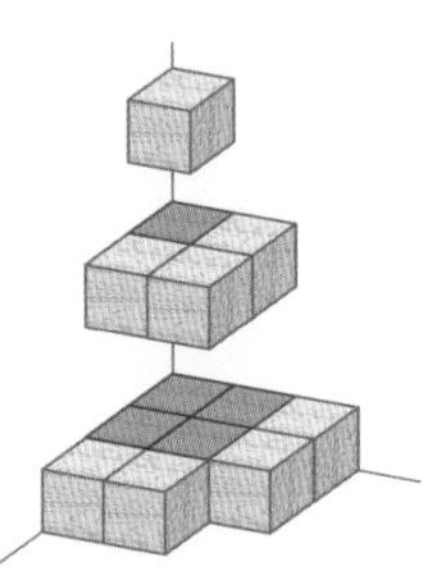

별해
- 먼저 쌓기나무 전체의 개수를 구해 보면 $3+2+2+2+1+1+1+1=13$(개)입니다.
- 보이는 쌓기나무의 개수는 8개입니다.

따라서 보이지 않는 쌓기나무의 개수는 $13-8=5$(개)입니다.

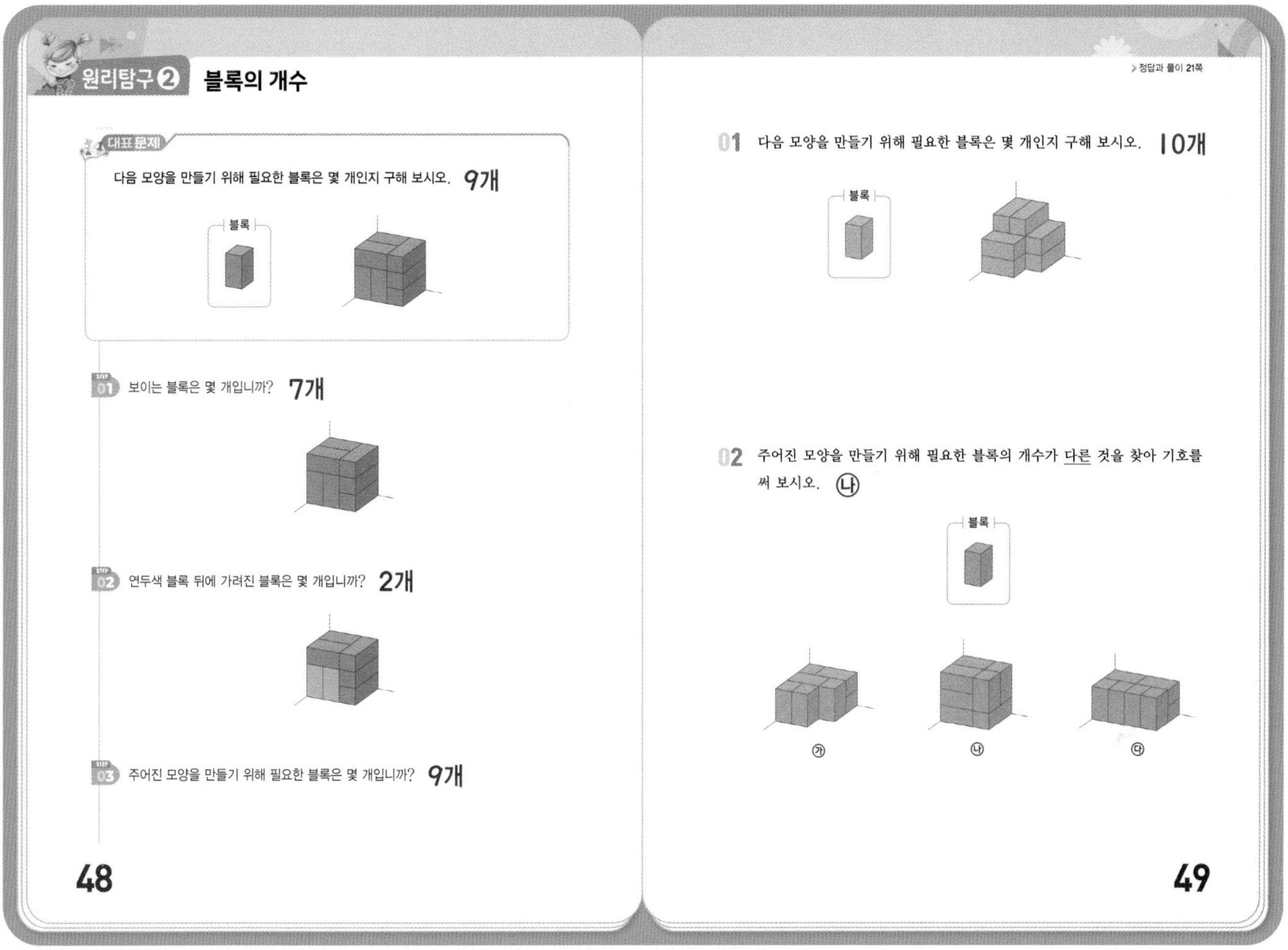

원리탐구 ❷ 블록의 개수

정답과 풀이 21쪽

대표문제

다음 모양을 만들기 위해 필요한 블록은 몇 개인지 구해 보시오. **9개**

블록

STEP 01 보이는 블록은 몇 개입니까? **7개**

STEP 02 연두색 블록 뒤에 가려진 블록은 몇 개입니까? **2개**

STEP 03 주어진 모양을 만들기 위해 필요한 블록은 몇 개입니까? **9개**

48

01 다음 모양을 만들기 위해 필요한 블록은 몇 개인지 구해 보시오. **10개**

블록

02 주어진 모양을 만들기 위해 필요한 블록의 개수가 다른 것을 찾아 기호를 써 보시오. **㉯**

블록

㉮ ㉯ ㉰

49

대표문제

STEP 01

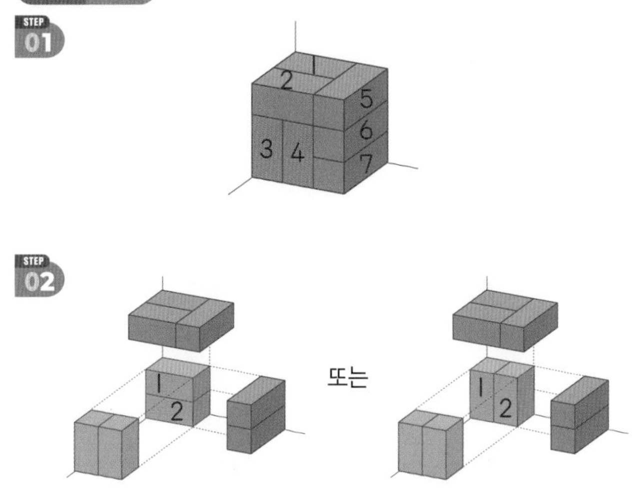

STEP 03 (필요한 블록의 개수)

=(보이는 블록의 개수)+(보이지 않는 블록의 개수)

=7+2=9(개)

01 보이는 블록의 개수와 보이지 않는 블록의 개수를 나누어 셉니다.

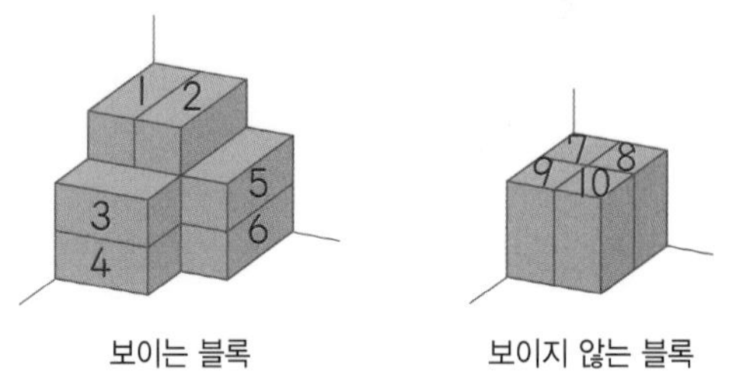

보이는 블록 보이지 않는 블록

02 보이는 블록의 개수는 다음과 같이 7개로 모두 같습니다.

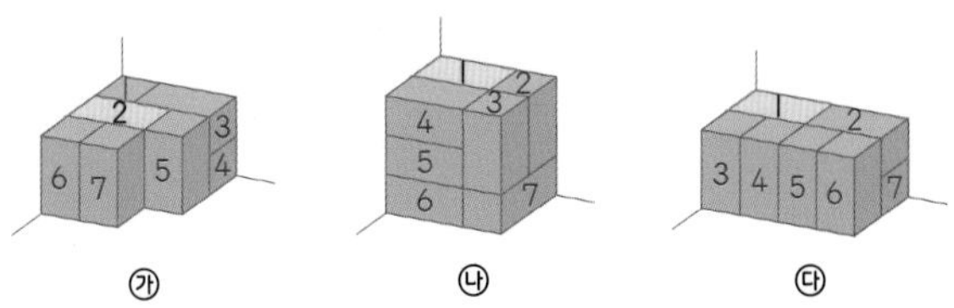

㉮ ㉯ ㉰

위의 노란색 블록 밑에 ㉮와 ㉰는 보이지 않는 블록이 1개씩 있고 ㉯는 2개 있습니다.

➡ ㉮: 8개, ㉯: 9개, ㉰: 8개

따라서 필요한 블록의 개수가 다른 모양은 ㉯입니다.

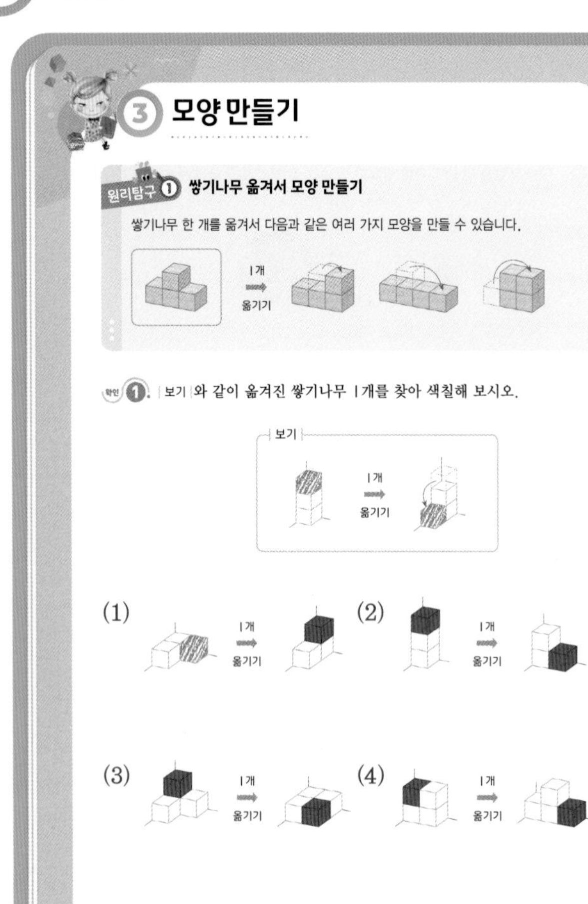

3 모양 만들기
원리탐구 1 쌓기나무 옮겨서 모양 만들기
쌓기나무 한 개를 옮겨서 다음과 같은 여러 가지 모양을 만들 수 있습니다.
1개
옮기기
확인 1. 보기 와 같이 옮겨진 쌓기나무 1개를 찾아 색칠해 보시오.
보기
1개
옮기기
(1)
1개
옮기기
(2)
1개
옮기기
(3)
1개
옮기기
(4)
1개
옮기기
50

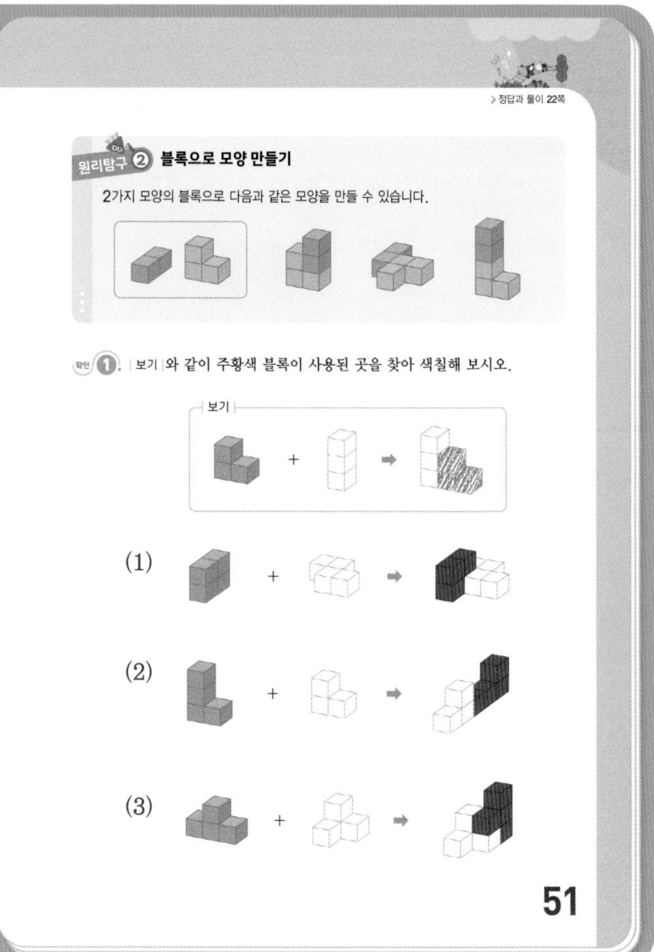

정답과 풀이 22쪽
원리탐구 2 블록으로 모양 만들기
2가지 모양의 블록으로 다음과 같은 모양을 만들 수 있습니다.
확인 1. 보기 와 같이 주황색 블록이 사용된 곳을 찾아 색칠해 보시오.
보기
(1)
(2)
(3)
51

1. (1)

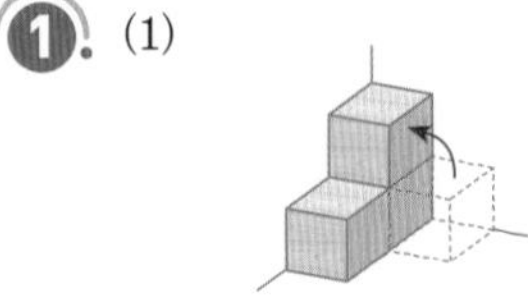

(2)

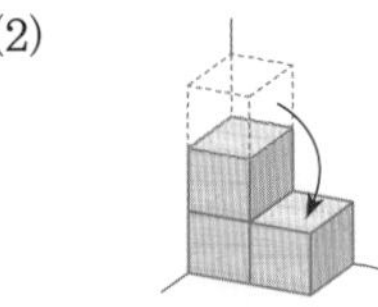

(3)

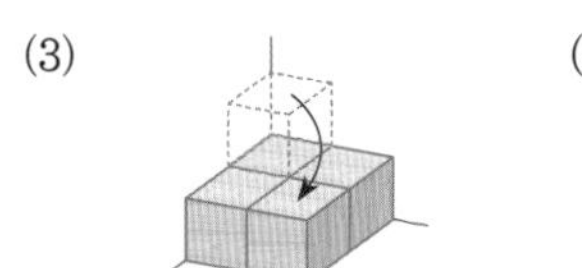

(4)

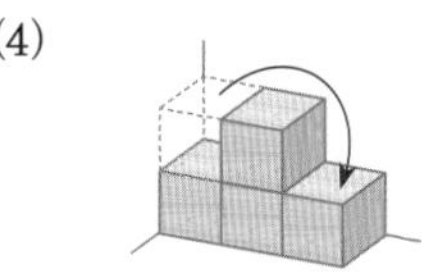

1. 주어진 모양을 주황색 블록과 나머지 1개의 블록으로 나타내면 다음과 같습니다.

(1)

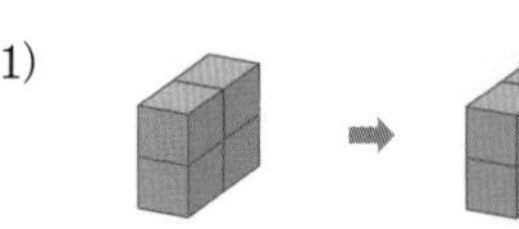

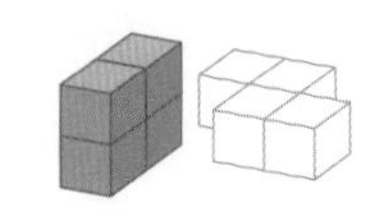

(2)

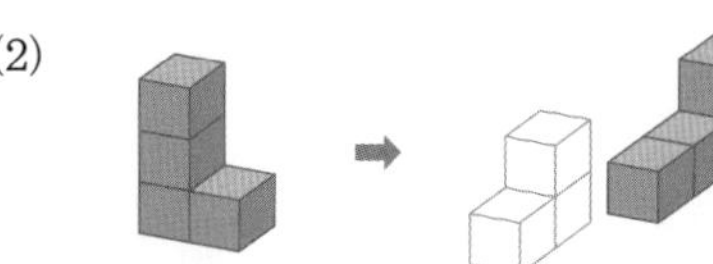

(3)

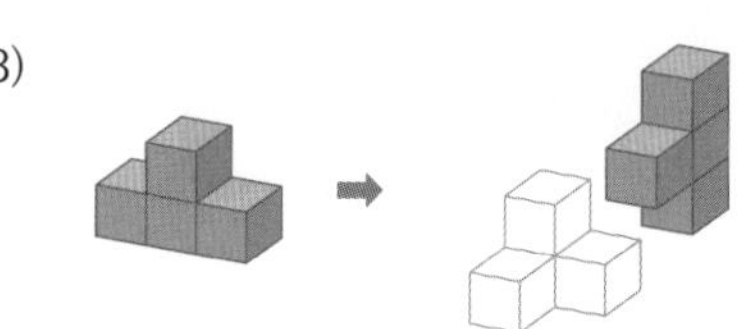

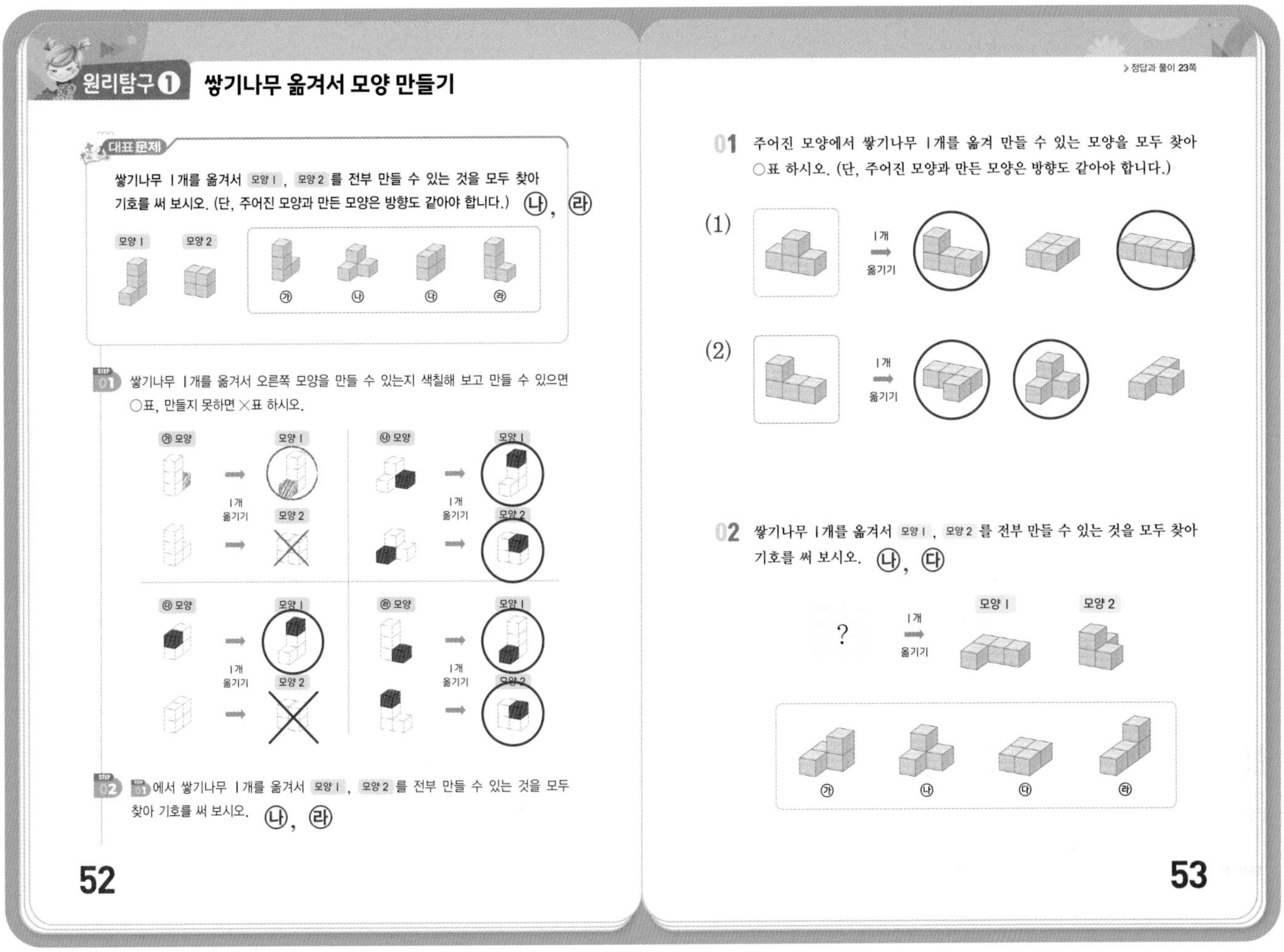

원리탐구 ① 쌓기나무 옮겨서 모양 만들기

정답과 풀이 23쪽

대표문제

쌓기나무 1개를 옮겨서 모양 1, 모양 2 를 전부 만들 수 있는 것을 모두 찾아 기호를 써 보시오. (단, 주어진 모양과 만든 모양은 방향도 같아야 합니다.) ㉯, ㉱

모양 1 모양 2

㉮ ㉯ ㉰ ㉱

STEP 01 쌓기나무 1개를 옮겨서 오른쪽 모양을 만들 수 있는지 색칠해 보고 만들 수 있으면 ○표, 만들지 못하면 ×표 하시오.

㉮ 모양 → 모양 1 / 1개 옮기기 → 모양 2

㉯ 모양 → 모양 1 / 1개 옮기기 → 모양 2

㉰ 모양 → 모양 1 / 1개 옮기기 → 모양 2

㉱ 모양 → 모양 1 / 1개 옮기기 → 모양 2

STEP 02 01에서 쌓기나무 1개를 옮겨서 모양 1, 모양 2 를 전부 만들 수 있는 것을 모두 찾아 기호를 써 보시오. ㉯, ㉱

01 주어진 모양에서 쌓기나무 1개를 옮겨 만들 수 있는 모양을 모두 찾아 ○표 하시오. (단, 주어진 모양과 만든 모양은 방향도 같아야 합니다.)

(1) 1개 옮기기

(2) 1개 옮기기

02 쌓기나무 1개를 옮겨서 모양 1, 모양 2 를 전부 만들 수 있는 것을 모두 찾아 기호를 써 보시오. ㉯, ㉰

? 1개 옮기기 모양 1 모양 2

㉮ ㉯ ㉰ ㉱

대표문제

STEP 01 ㉮, ㉯, ㉰, ㉱의 쌓기나무를 1개씩 옮기면서 모양 1 과 모양 2 를 만들 수 있는지 알아봅니다.

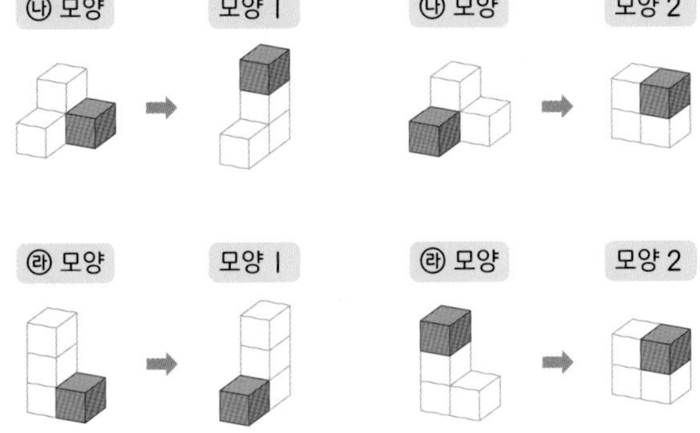

01 주어진 모양을 만들기 위해 옮길 쌓기나무 1개를 색칠해 보면 다음과 같습니다.

(1)

(또는)

(2)

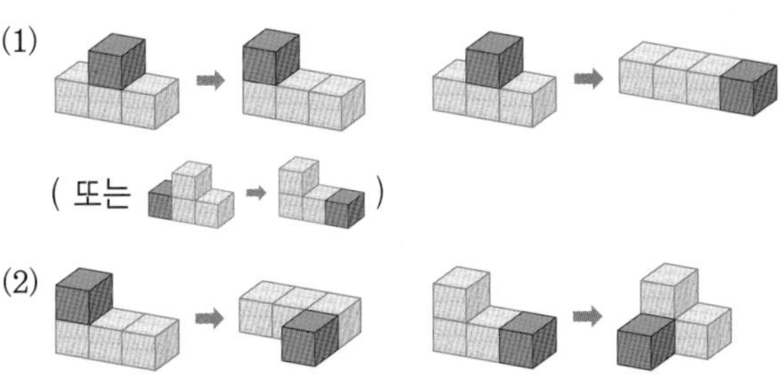

02 주어진 모양 1 과 모양 2 를 만들기 위해 옮길 쌓기나무 1개를 색칠해 보면 다음과 같습니다.

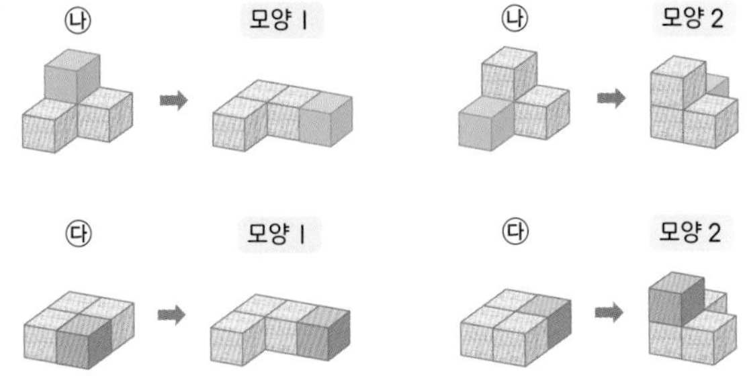

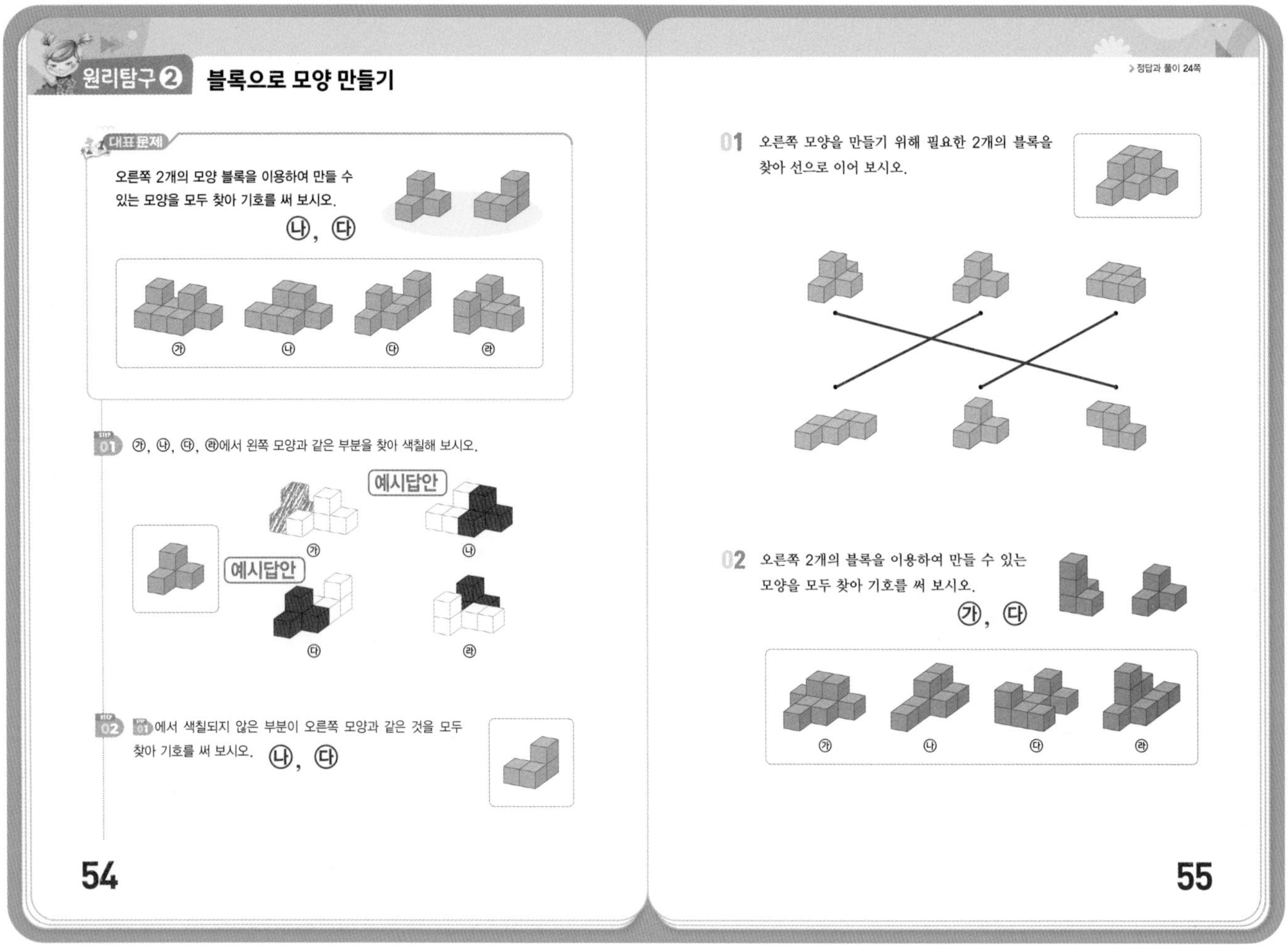

원리탐구 ❷ 블록으로 모양 만들기

대표문제

오른쪽 2개의 모양 블록을 이용하여 만들 수 있는 모양을 모두 찾아 기호를 써 보시오.

㉯, ㉰

㉮ ㉯ ㉰ ㉱

STEP 01 ㉮, ㉯, ㉰, ㉱에서 왼쪽 모양과 같은 부분을 찾아 색칠해 보시오.

예시답안 ㉮ ㉯

예시답안 ㉰ ㉱

STEP 02 STEP 01에서 색칠되지 않은 부분이 오른쪽 모양과 같은 것을 모두 찾아 기호를 써 보시오. ㉯, ㉰

54

> 정답과 풀이 24쪽

01 오른쪽 모양을 만들기 위해 필요한 2개의 블록을 찾아 선으로 이어 보시오.

02 오른쪽 2개의 블록을 이용하여 만들 수 있는 모양을 모두 찾아 기호를 써 보시오.

㉮, ㉰

㉮ ㉯ ㉰ ㉱

55

대표문제

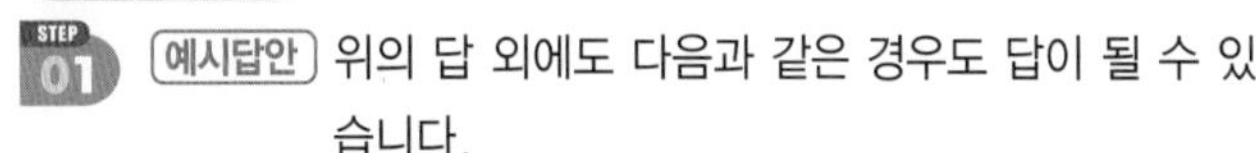

STEP 01 예시답안 위의 답 외에도 다음과 같은 경우도 답이 될 수 있습니다.

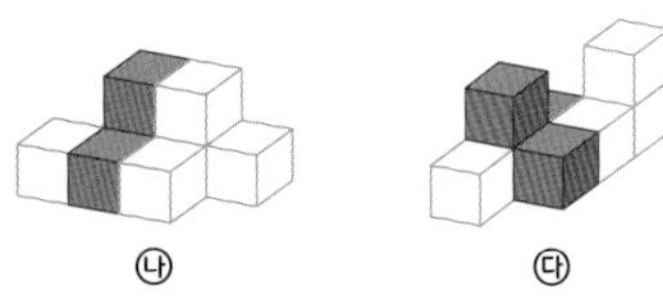

TIP STEP 01에서 답을 찾는 방법에 따라 STEP 02에서 답을 잘못 찾을 수도 있습니다. 이때는 STEP 01에서 답을 찾을 수 있는 방법을 다양하게 생각해 보도록 지도합니다.

01 필요한 2개의 블록으로 주어진 모양을 만드는 방법을 선으로 나타내면 다음과 같습니다.

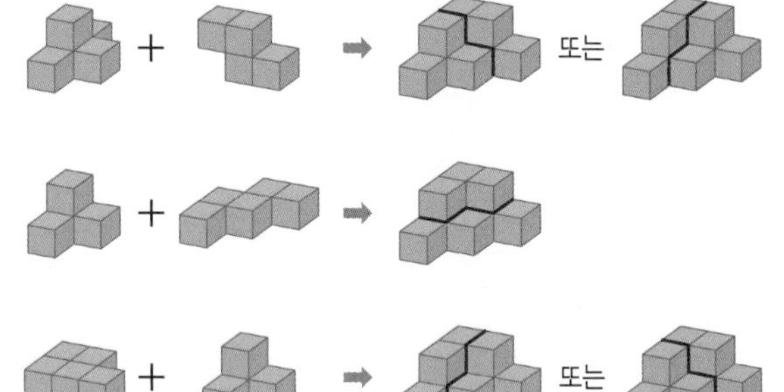

02 2개의 블록을 이용하여 주어진 모양을 만드는 방법을 선으로 나타내면 다음과 같습니다.

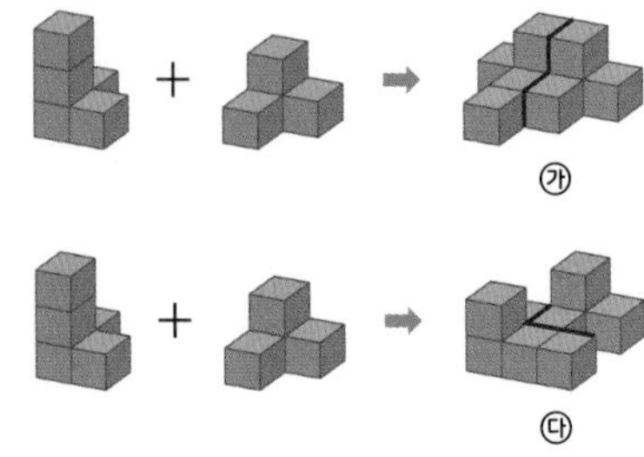

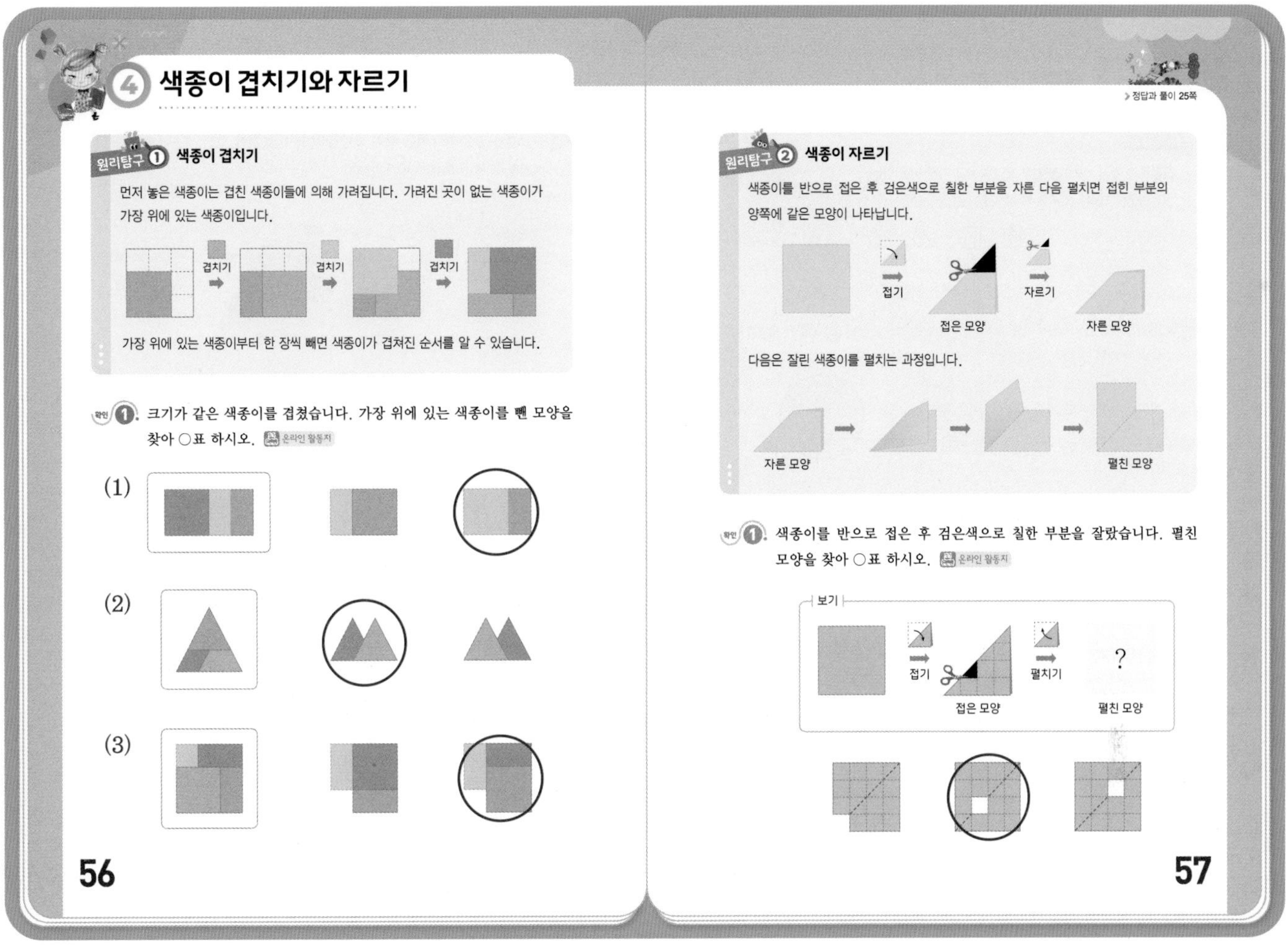

4 색종이 겹치기와 자르기

원리탐구 ① 색종이 겹치기

먼저 놓은 색종이는 겹친 색종이들에 의해 가려집니다. 가려진 곳이 없는 색종이가 가장 위에 있는 색종이입니다.

겹치기 → 겹치기 → 겹치기 →

가장 위에 있는 색종이부터 한 장씩 빼면 색종이가 겹쳐진 순서를 알 수 있습니다.

확인 1. 크기가 같은 색종이를 겹쳤습니다. 가장 위에 있는 색종이를 뺀 모양을 찾아 ○표 하시오. 온라인 활동지

(1)

(2)

(3)

56

정답과 풀이 25쪽

원리탐구 ② 색종이 자르기

색종이를 반으로 접은 후 검은색으로 칠한 부분을 자른 다음 펼치면 접힌 부분의 양쪽에 같은 모양이 나타납니다.

접기 → 접은 모양 → 자르기 → 자른 모양

다음은 잘린 색종이를 펼치는 과정입니다.

자른 모양 → → → 펼친 모양

확인 1. 색종이를 반으로 접은 후 검은색으로 칠한 부분을 잘랐습니다. 펼친 모양을 찾아 ○표 하시오. 온라인 활동지

보기: 접기 → 접은 모양 → 펼치기 → ? 펼친 모양

57

1. 가려진 곳이 없는 색종이가 가장 위에 있는 색종이입니다. 가장 위에 있는 색종이를 분홍색으로 칠하면 다음과 같습니다.

(1)

(2)

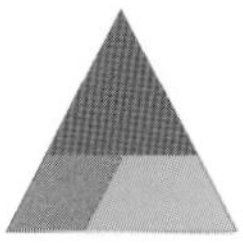

(3)

1. 잘려진 부분은 접은 선을 기준으로 대칭입니다.

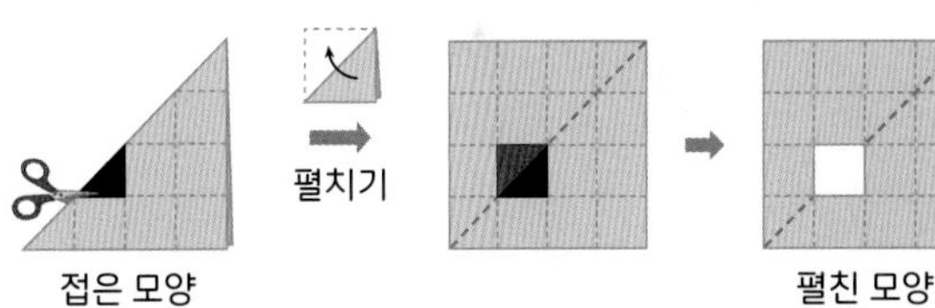

원리탐구 ① 색종이 겹치기

정답과 풀이 26쪽

대표문제

오른쪽과 같이 색종이를 겹친 모양을 보고 가장 위에 있는 색종이부터 차례로 기호를 써 보시오. 온라인 활동지

㉰, ㉱, ㉮, ㉯

STEP 01 가려진 곳이 없는 노란색 색종이가 가장 위에 있습니다. 노란색 색종이를 뺀 모양을 찾아 ○표 하시오.

STEP 02 STEP 01에서 찾은 모양을 보고 가장 위에 있는 색종이를 뺀 모양을 찾아 ○표 하시오.

STEP 03 STEP 02에서 찾은 모양을 보고 더 위에 있는 색종이를 뺀 모양을 찾아 ○표 하시오.

STEP 04 STEP 01, STEP 02, STEP 03에서 찾은 모양을 보고 가장 위에 있는 색종이부터 차례로 기호를 써 보시오.

㉰, ㉱, ㉮, ㉯

58

01 크기가 같은 색종이를 겹친 모양을 보고 가장 위에 있는 색종이부터 차례로 기호를 써 보시오. 온라인 활동지

(1)

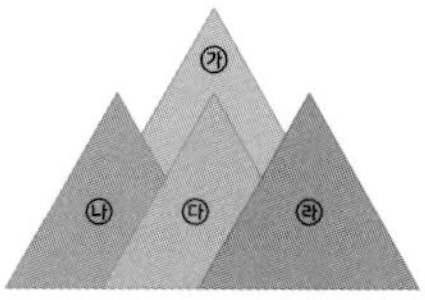

㉱ ➡ ㉰ ➡ ㉯ ➡ ㉮

(2)

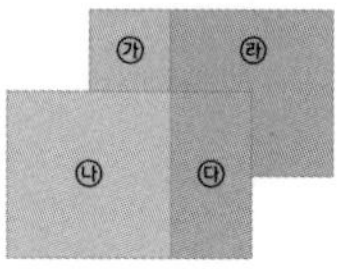

㉯ ➡ ㉰ ➡ ㉱ ➡ ㉮

59

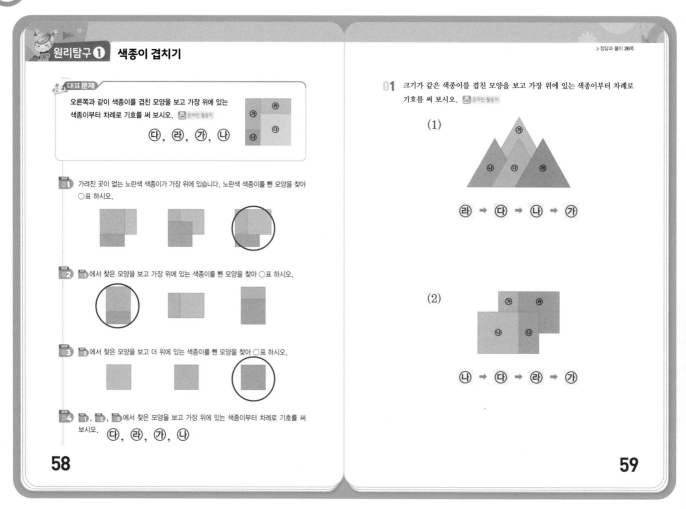

대표문제

가려진 곳이 없는 색종이가 가장 위에 있는 것입니다. 가장 위에 있는 색종이부터 한 장씩 빼 봅니다.

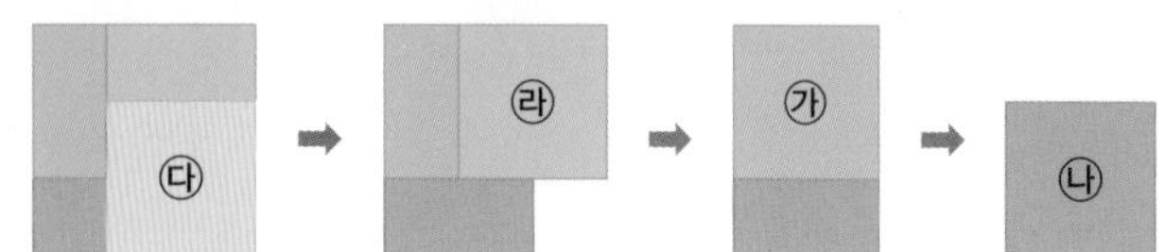

01 가려진 곳이 없는 색종이가 가장 위에 있는 것입니다. 가장 위에 있는 색종이부터 한 장씩 빼 봅니다.

(1)

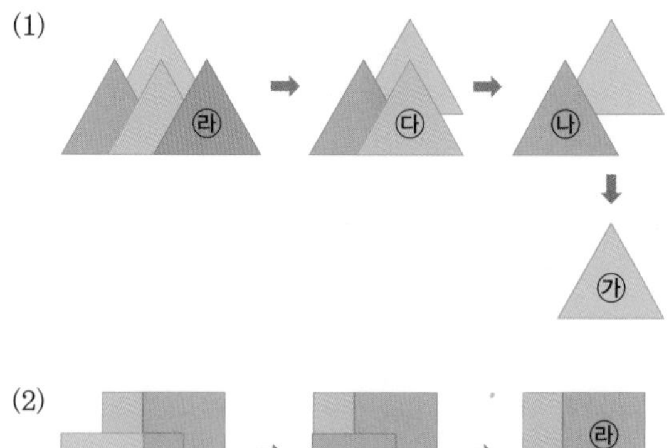

(2)

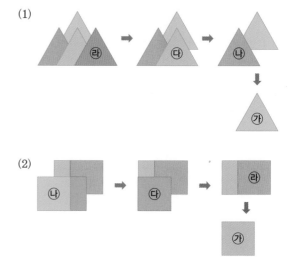

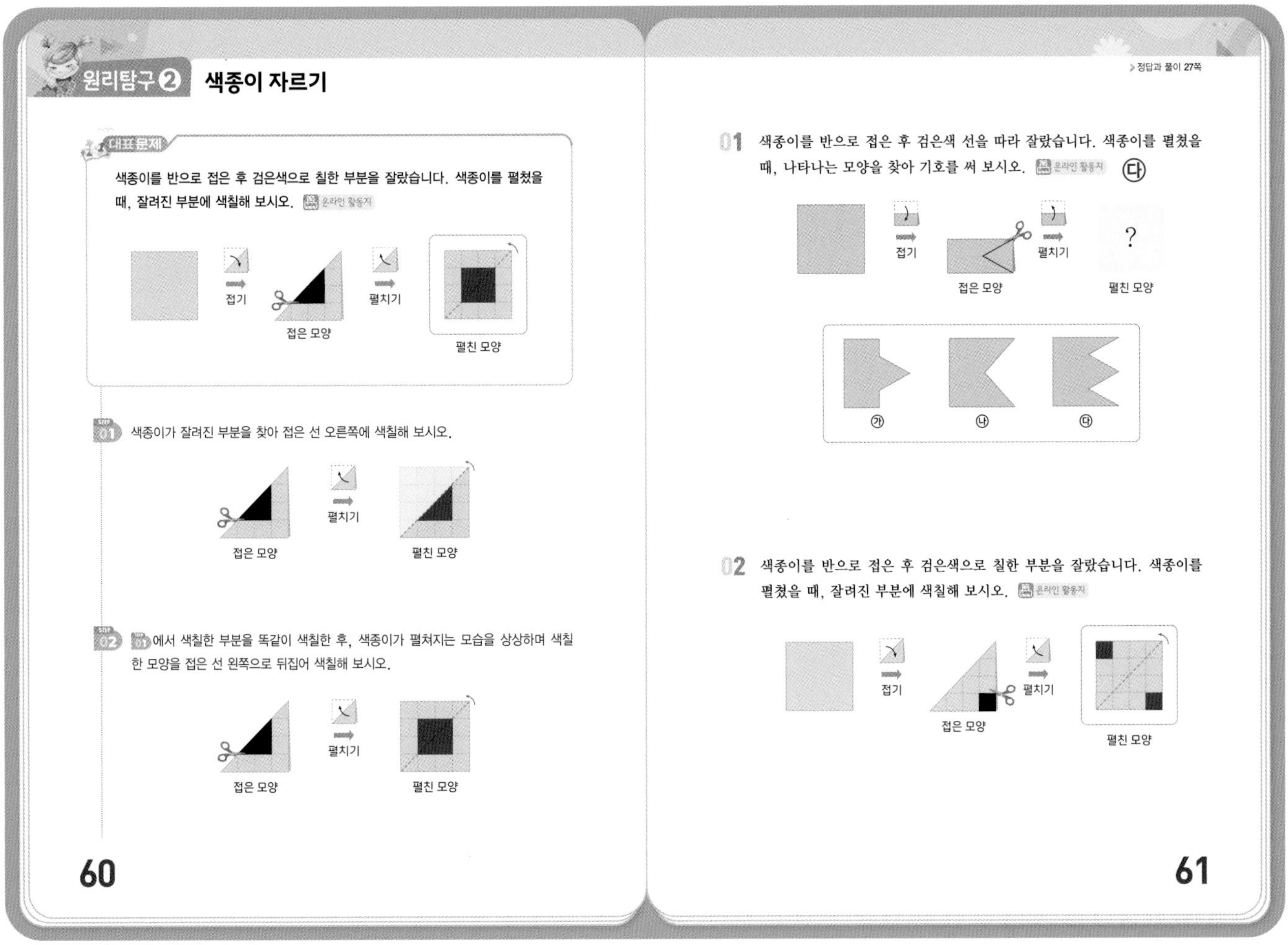

원리탐구 ❷ 색종이 자르기

정답과 풀이 27쪽

대표문제

색종이를 반으로 접은 후 검은색으로 칠한 부분을 잘랐습니다. 색종이를 펼쳤을 때, 잘려진 부분에 색칠해 보시오. 온라인 활동지

접기 → 접은 모양 → 펼치기 → 펼친 모양

STEP 01 색종이가 잘려진 부분을 찾아 접은 선 오른쪽에 색칠해 보시오.

접은 모양 → 펼치기 → 펼친 모양

STEP 02 01에서 색칠한 부분을 똑같이 색칠한 후, 색종이가 펼쳐지는 모습을 상상하며 색칠한 모양을 접은 선 왼쪽으로 뒤집어 색칠해 보시오.

접은 모양 → 펼치기 → 펼친 모양

60

01 색종이를 반으로 접은 후 검은색 선을 따라 잘랐습니다. 색종이를 펼쳤을 때, 나타나는 모양을 찾아 기호를 써 보시오. 온라인 활동지 ㉰

접기 → 접은 모양 → 펼치기 → ? 펼친 모양

㉮ ㉯ ㉰

02 색종이를 반으로 접은 후 검은색으로 칠한 부분을 잘랐습니다. 색종이를 펼쳤을 때, 잘려진 부분에 색칠해 보시오. 온라인 활동지

접기 → 접은 모양 → 펼치기 → 펼친 모양

61

대표문제

색종이를 반으로 접은 후 검은색으로 칠한 부분을 자른 다음 펼치면 잘려진 부분은 접은 선을 기준으로 대칭입니다.

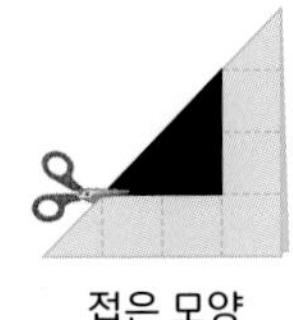
접은 모양

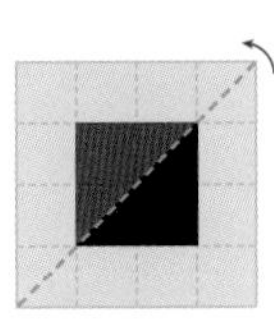

펼친 모양

01 색종이를 반으로 접은 후 검은색 선을 따라 자른 다음 펼치면 잘려진 부분은 접은 선을 기준으로 대칭입니다.

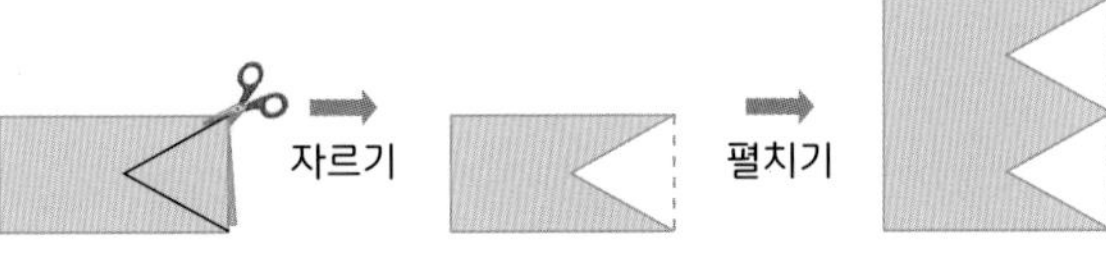

02 접은 선의 오른쪽에 색종이가 잘려진 부분을 찾아 색칠한 후 색칠한 모양을 접은 선 왼쪽으로 뒤집어 색칠해 봅니다.

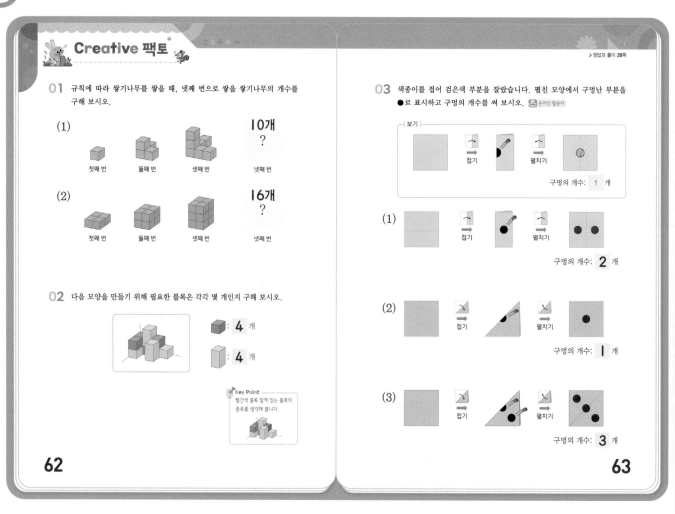

Creative 팩토

정답과 풀이 28쪽

01 규칙에 따라 쌓기나무를 쌓을 때, 넷째 번으로 쌓을 쌓기나무의 개수를 구해 보시오.

(1) 첫째 번 둘째 번 셋째 번 넷째 번 ? — 10개

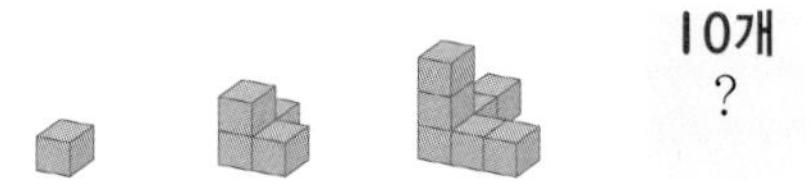

(2) 첫째 번 둘째 번 셋째 번 넷째 번 ? — 16개

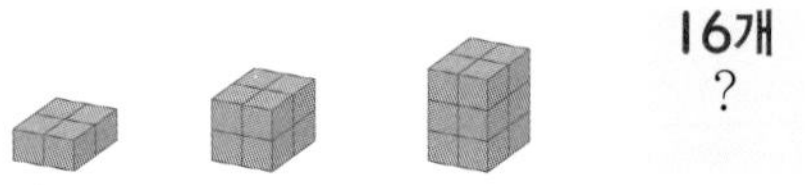

02 다음 모양을 만들기 위해 필요한 블록은 각각 몇 개인지 구해 보시오.

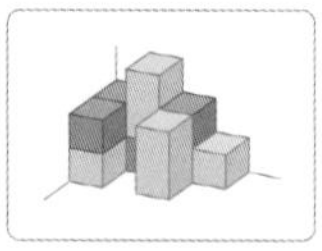

(보라색 블록): 4 개

(노란색 블록): 4 개

Key Point 빨간색 블록 밑에 있는 블록의 종류를 생각해 봅니다.

03 색종이를 접어 검은색 부분을 잘랐습니다. 펼친 모양에서 구멍난 부분을 ●로 표시하고 구멍의 개수를 써 보시오. 온라인 활동지

보기: 접기 → 펼치기 — 구멍의 개수: 1 개

(1) 접기 → 펼치기 — 구멍의 개수: 2 개

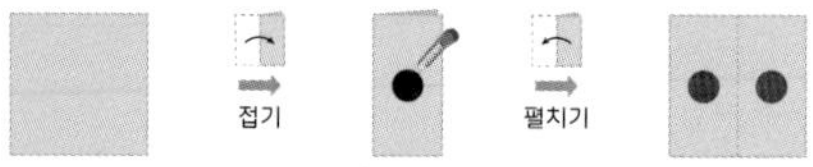

(2) 접기 → 펼치기 — 구멍의 개수: 1 개

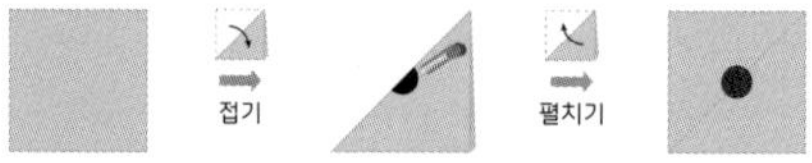

(3) 접기 → 펼치기 — 구멍의 개수: 3 개

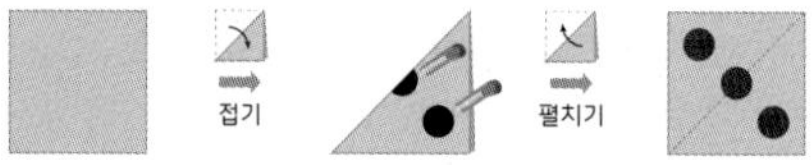

62 63

01 (1) 첫째 번 모양에서 화살표 방향으로 쌓기나무가 1개씩 늘어나는 규칙이므로 넷째 번 모양은 다음과 같습니다.

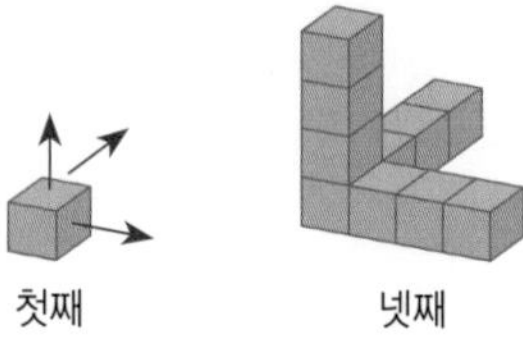

(2) 첫째 번 모양이 한 층씩 쌓여지는 규칙이므로 넷째 번 모양은 다음과 같습니다.

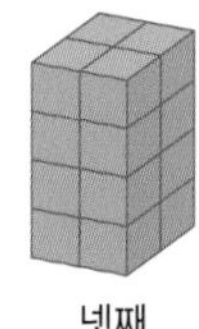

02 왼쪽 모양에서 분홍색 블록이 없을 때의 모습을 생각해 봅니다.

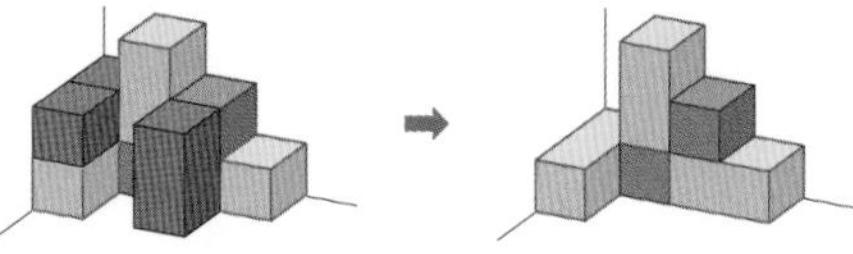

오른쪽 모양에서 노란색 블록은 3개, 보라색 블록은 2개이므로 주어진 모양을 만들기 위해 필요한 노란색 블록은 4개, 보라색 블록은 4개입니다.

03 접은 순서와 반대로 펼친 모양을 생각하며 그린 다음 구멍의 개수를 셉니다.

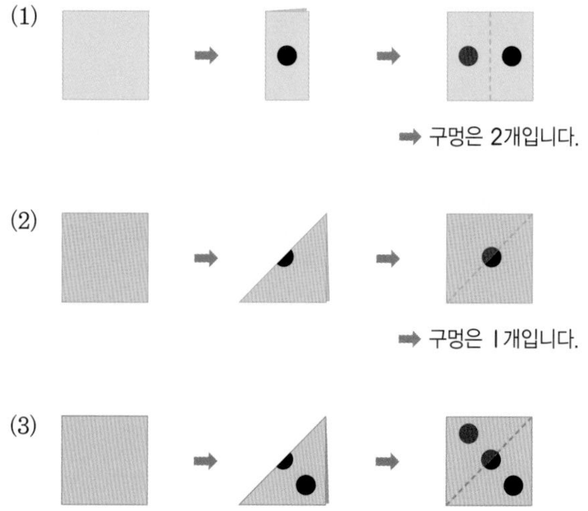

(1) ➡ 구멍은 2개입니다.

(2) ➡ 구멍은 1개입니다.

(3) ➡ 구멍은 3개입니다.

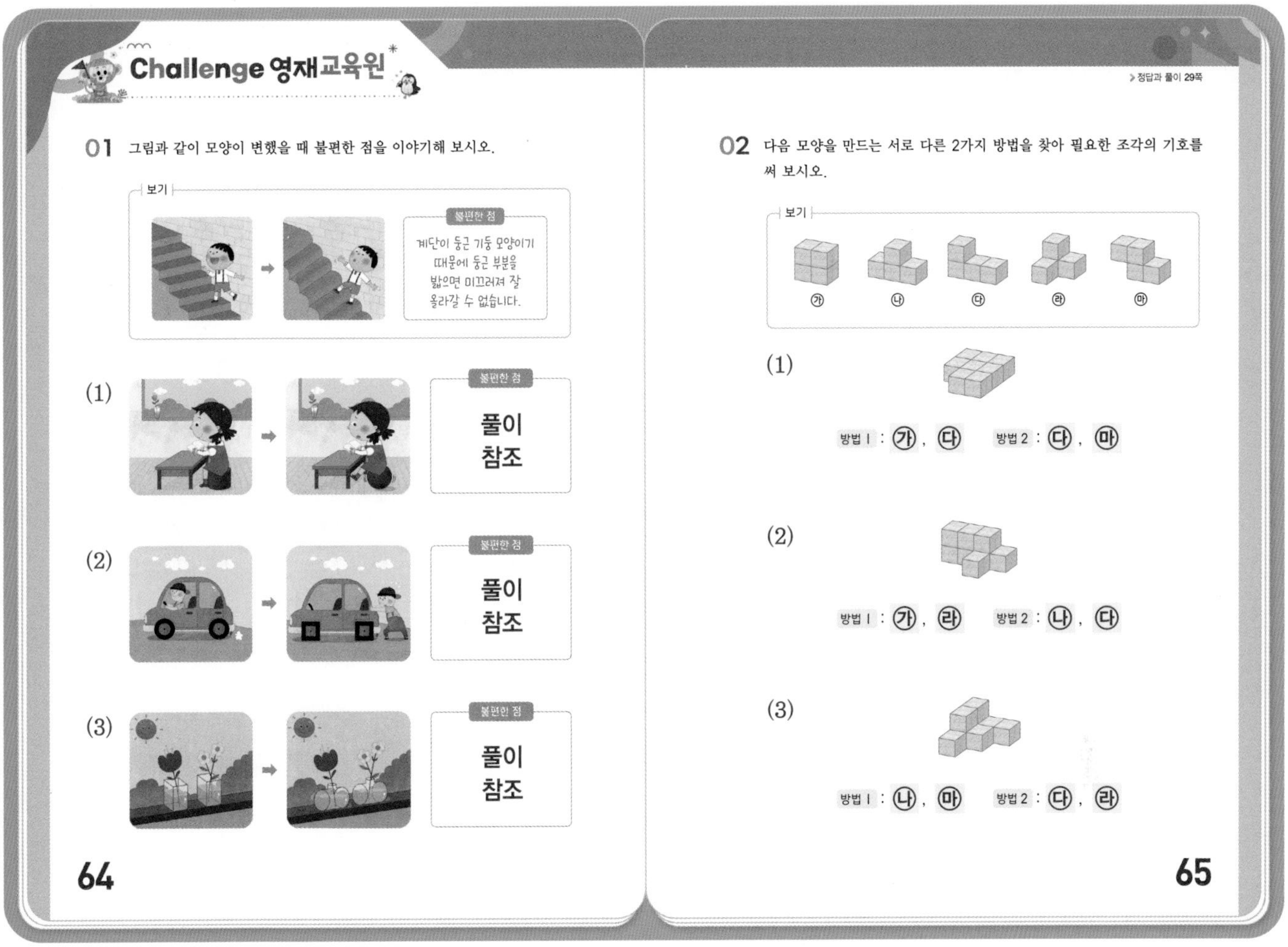

Challenge 영재교육원

> 정답과 풀이 29쪽

01 그림과 같이 모양이 변했을 때 불편한 점을 이야기해 보시오.

보기

불편한 점: 계단이 둥근 기둥 모양이기 때문에 둥근 부분을 밟으면 미끄러져 잘 올라갈 수 없습니다.

(1) 불편한 점: 풀이 참조

(2) 불편한 점: 풀이 참조

(3) 불편한 점: 풀이 참조

64

02 다음 모양을 만드는 서로 다른 2가지 방법을 찾아 필요한 조각의 기호를 써 보시오.

보기

㉮ ㉯ ㉰ ㉱ ㉲

(1) 방법 1 : ㉮, ㉰ 방법 2 : ㉰, ㉲

(2) 방법 1 : ㉮, ㉱ 방법 2 : ㉯, ㉰

(3) 방법 1 : ㉯, ㉲ 방법 2 : ㉰, ㉱

65

01 예시답안

(1) 의자가 공 모양이기 때문에 앉기에도 불편하고 잘 굴러서 넘어질 수 있습니다.

(2) 바퀴가 상자 모양이기 때문에 잘 구르지 않아 자동차가 움직이기 불편합니다.

(3) 꽃병이 둥근 기둥 모양이고 바닥에 둥근 부분이 맞닿아 있으므로 굴러서 엎어질 수 있습니다.

02 2가지 방법을 찾아 사용한 조각을 선으로 나타내면 다음과 같습니다.

(1)

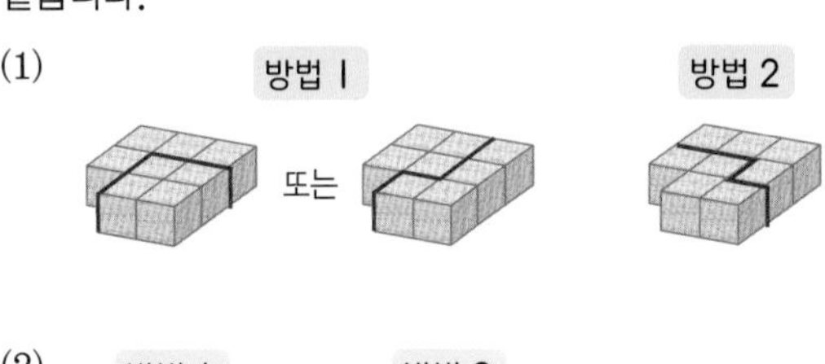

(2)

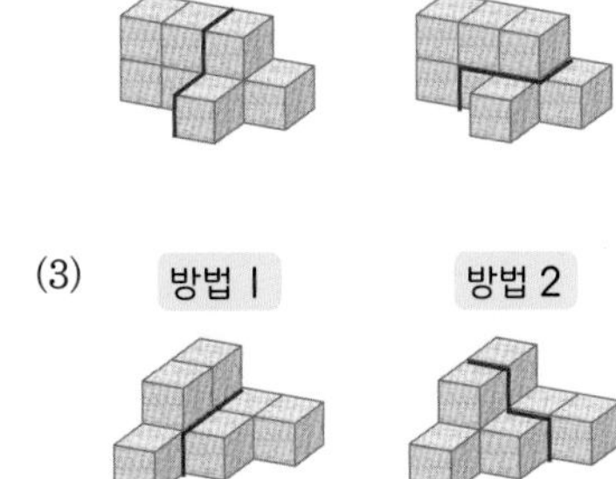

(3) 방법 1 방법 2

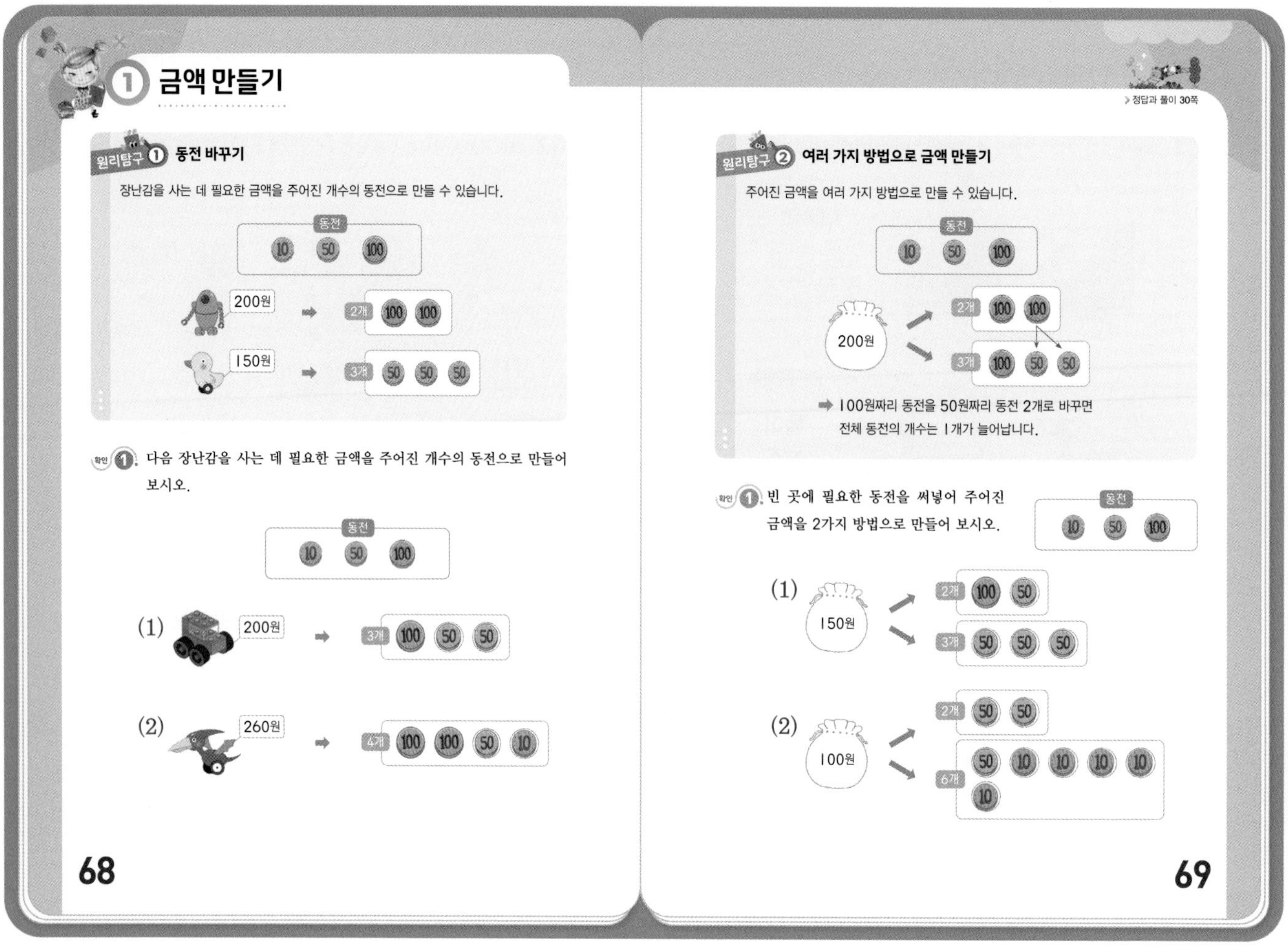

1 금액 만들기

정답과 풀이 30쪽

원리탐구 1 동전 바꾸기

장난감을 사는 데 필요한 금액을 주어진 개수의 동전으로 만들 수 있습니다.

동전: 10 50 100

200원 ➡ 2개 100 100

150원 ➡ 3개 50 50 50

확인 1. 다음 장난감을 사는 데 필요한 금액을 주어진 개수의 동전으로 만들어 보시오.

동전: 10 50 100

(1) 200원 ➡ 3개 100 50 50

(2) 260원 ➡ 4개 100 100 50 10

원리탐구 2 여러 가지 방법으로 금액 만들기

주어진 금액을 여러 가지 방법으로 만들 수 있습니다.

동전: 10 50 100

200원 → 2개 100 100 / 3개 100 50 50

➡ 100원짜리 동전을 50원짜리 동전 2개로 바꾸면 전체 동전의 개수는 1개가 늘어납니다.

확인 1. 빈 곳에 필요한 동전을 써넣어 주어진 금액을 2가지 방법으로 만들어 보시오.

동전: 10 50 100

(1) 150원 → 2개 100 50 / 3개 50 50 50

(2) 100원 → 2개 50 50 / 6개 50 10 10 10 10 10

68 69

1. (1) 200원을 3개의 동전으로 만들려면 100원짜리 동전 1개, 50원짜리 동전 2개가 필요합니다.
(2) 260원을 5개의 동전으로 만들려면 100원짜리 동전 2개, 50원짜리 동전 1개, 10원짜리 동전 1개가 필요합니다.

1.
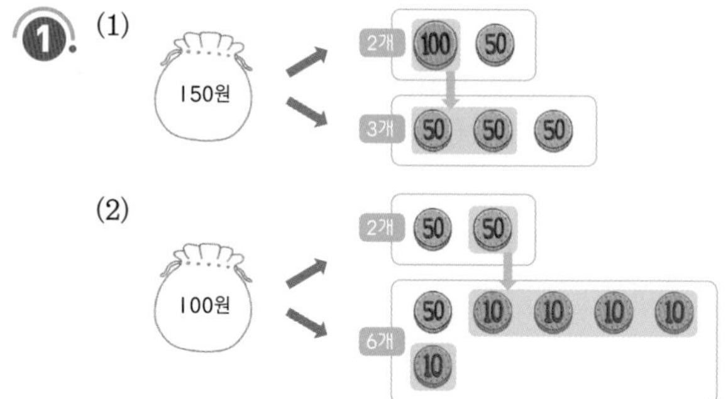

원리탐구 ❶ 동전 바꾸기

> 정답과 풀이 31쪽

대표문제

장난감을 사는 데 필요한 270원을 동전 6개로 만들어 보시오.

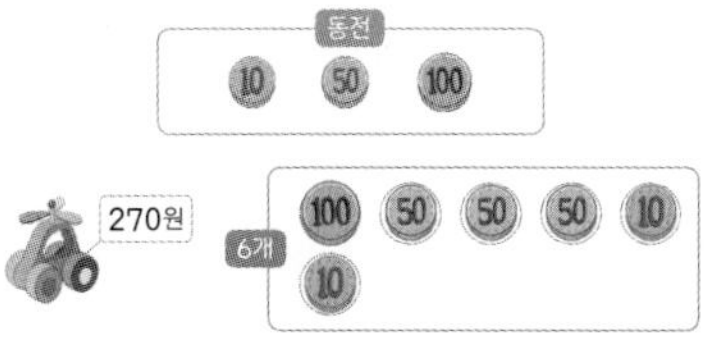

동전: 10, 50, 100

270원 → 6개: 100, 50, 50, 50, 10, 10

STEP 01 270원을 넘지 않으려면 100원짜리는 최대 몇 개까지 필요합니까? **2개**

STEP 02 270원을 넘지 않으려면 STEP 01의 금액에 50원짜리는 최대 몇 개까지 더 필요합니까? **1개**

STEP 03 270원을 넘지 않으려면 STEP 02의 금액에 10원짜리는 최대 몇 개까지 더 필요합니까? **2개**

STEP 04 STEP 03까지는 동전 5개로 270원을 만들었습니다. 다음을 이용하여 동전 6개로 270원이 되도록 만들어 보시오.

- 100원짜리 1개는 50원짜리 2개로 바꿀 수 있습니다.
- 50원짜리 1개는 10원짜리 5개로 바꿀 수 있습니다.

100원짜리: 1개, 50원짜리: 3개, 10원짜리: 2개

70

01 샌드위치를 사는 데 필요한 710원을 동전 5개로 만들어 보시오.

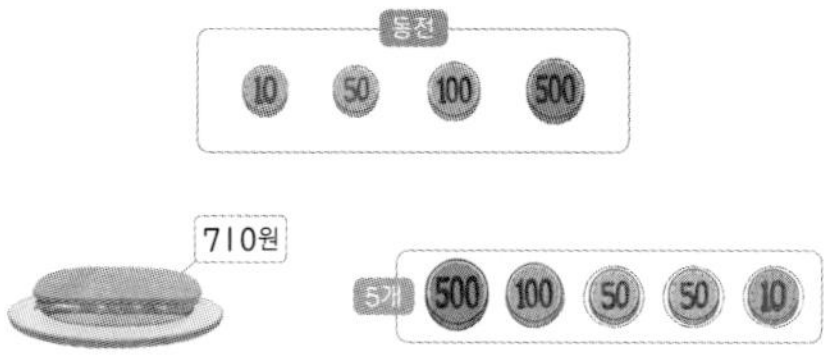

동전: 10, 50, 100, 500

710원 → 5개: 500, 100, 50, 50, 10

02 동전 6개로 640원짜리 로봇을 사려고 합니다. 필요한 동전의 종류를 모두 써 보시오.

500원짜리
100원짜리
10원짜리

동전: 10, 50, 100, 500

640원

71

대표문제

STEP 01 270원을 넘지 않으려면 100원짜리는 최대 2개까지 필요합니다.

STEP 02 100원짜리 동전 2개는 200원이므로, 270원을 넘지 않으려면 50원짜리는 최대 1개까지 필요합니다.

STEP 03 100원짜리 동전 2개와 50원짜리 동전 1개는 250원이므로, 270원을 넘지 않으려면 10원짜리는 최대 2개까지 필요합니다.

STEP 04

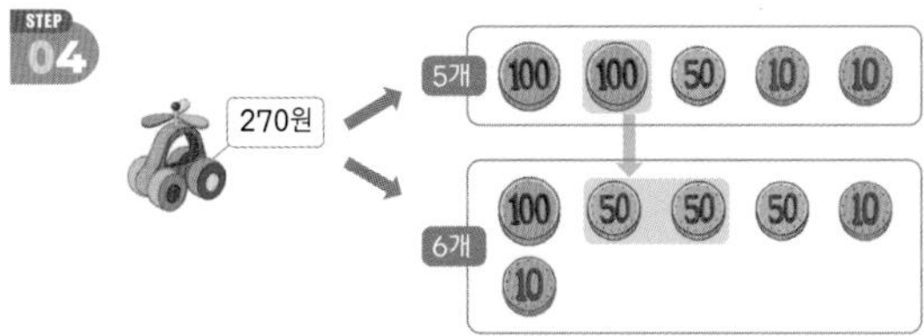

01 710원을 최소의 동전 개수로 만든 다음 조건에 맞게 동전을 바꿉니다.

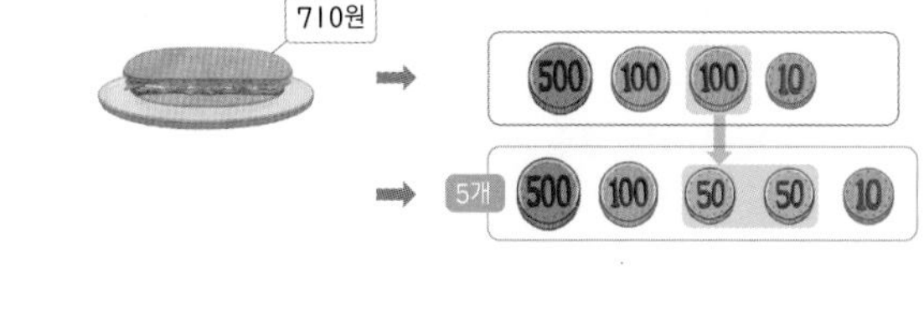

02

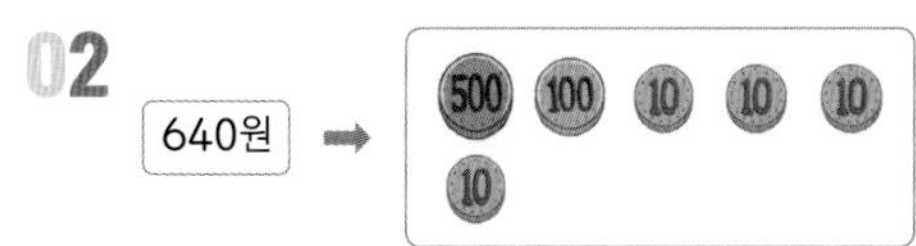

따라서 필요한 동전의 종류는 500원짜리, 100원짜리, 10원짜리입니다.

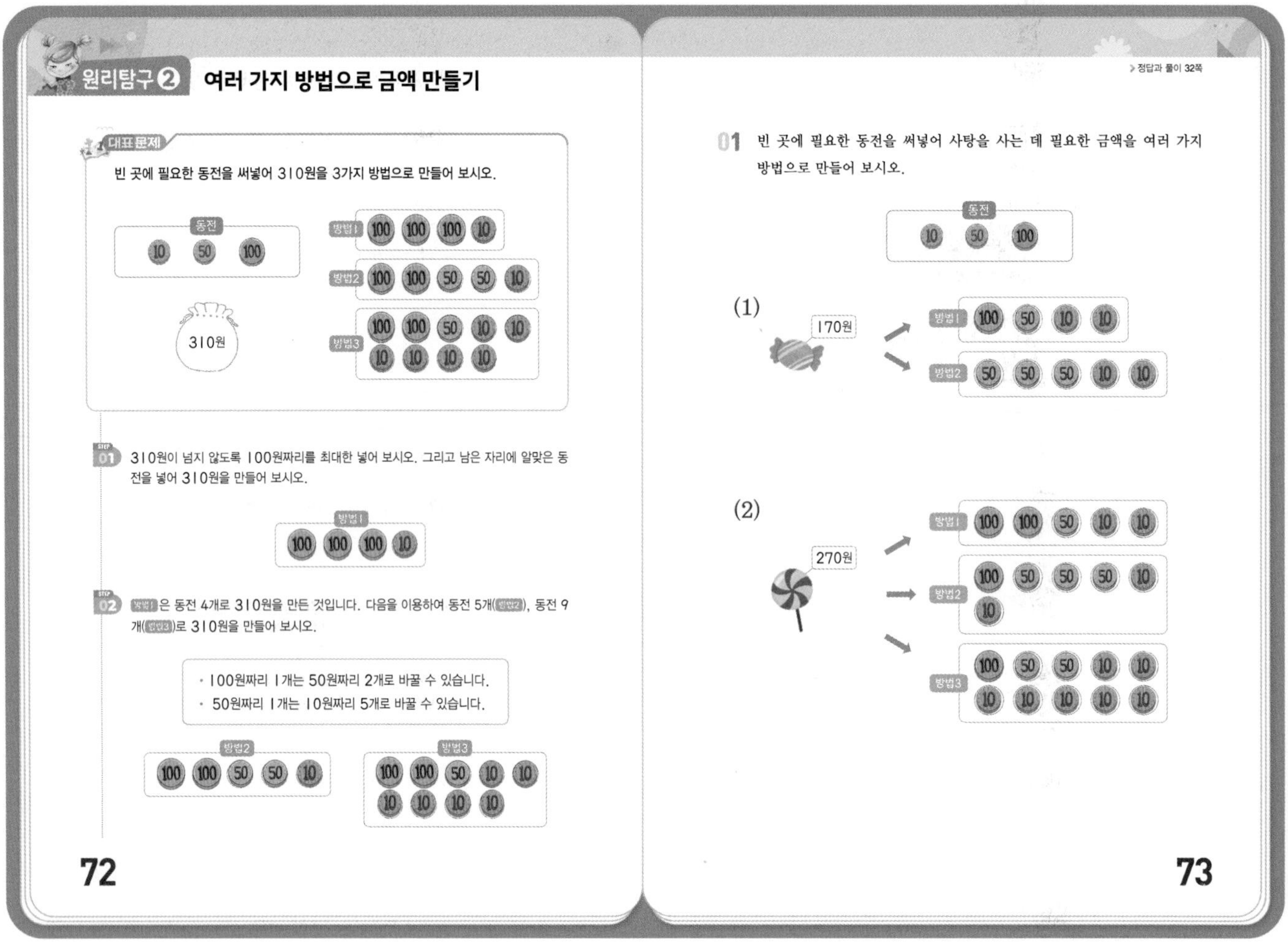

원리탐구 ❷ **여러 가지 방법으로 금액 만들기**

대표문제

빈 곳에 필요한 동전을 써넣어 310원을 3가지 방법으로 만들어 보시오.

동전: 10 50 100

310원

방법1: 100 100 100 10
방법2: 100 100 50 50 10
방법3: 100 100 50 10 10 10 10 10 10

STEP 01 310원이 넘지 않도록 100원짜리를 최대한 넣어 보시오. 그리고 남은 자리에 알맞은 동전을 넣어 310원을 만들어 보시오.

방법1: 100 100 100 10

STEP 02 방법1은 동전 4개로 310원을 만든 것입니다. 다음을 이용하여 동전 5개(방법2), 동전 9개(방법3)로 310원을 만들어 보시오.

- 100원짜리 1개는 50원짜리 2개로 바꿀 수 있습니다.
- 50원짜리 1개는 10원짜리 5개로 바꿀 수 있습니다.

방법2: 100 100 50 50 10
방법3: 100 100 50 10 10 10 10 10 10

72

> 정답과 풀이 32쪽

01 빈 곳에 필요한 동전을 써넣어 사탕을 사는 데 필요한 금액을 여러 가지 방법으로 만들어 보시오.

동전: 10 50 100

(1) 170원
방법1: 100 50 10 10
방법2: 50 50 50 10 10

(2) 270원
방법1: 100 100 50 10 10
방법2: 100 50 50 50 10 10
방법3: 100 50 50 10 10 10 10 10 10 10

73

대표문제

STEP 01 310원을 최소의 동전 개수로 만든 다음 주어진 조건에 맞게 동전을 바꿉니다.

STEP 02

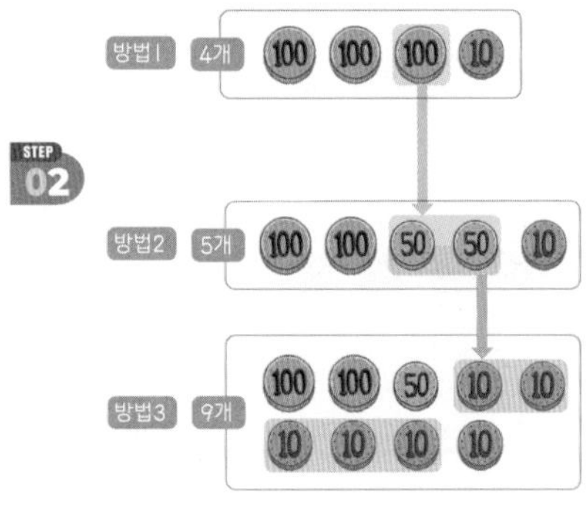

01 주어진 금액을 최소의 동전 개수로 만든 다음 주어진 조건에 맞게 동전을 바꿉니다.

(1) 170원 만들기

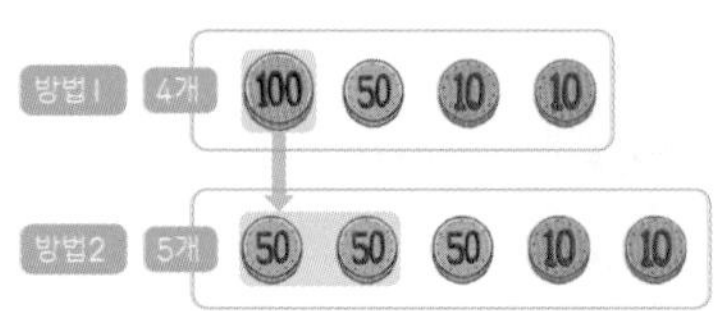

(2) 270원 만들기

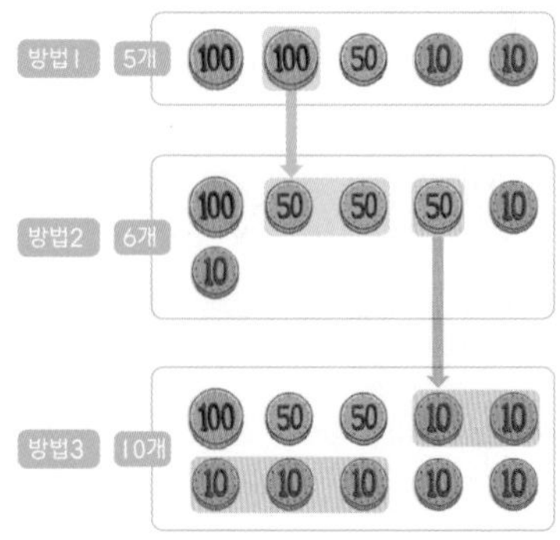

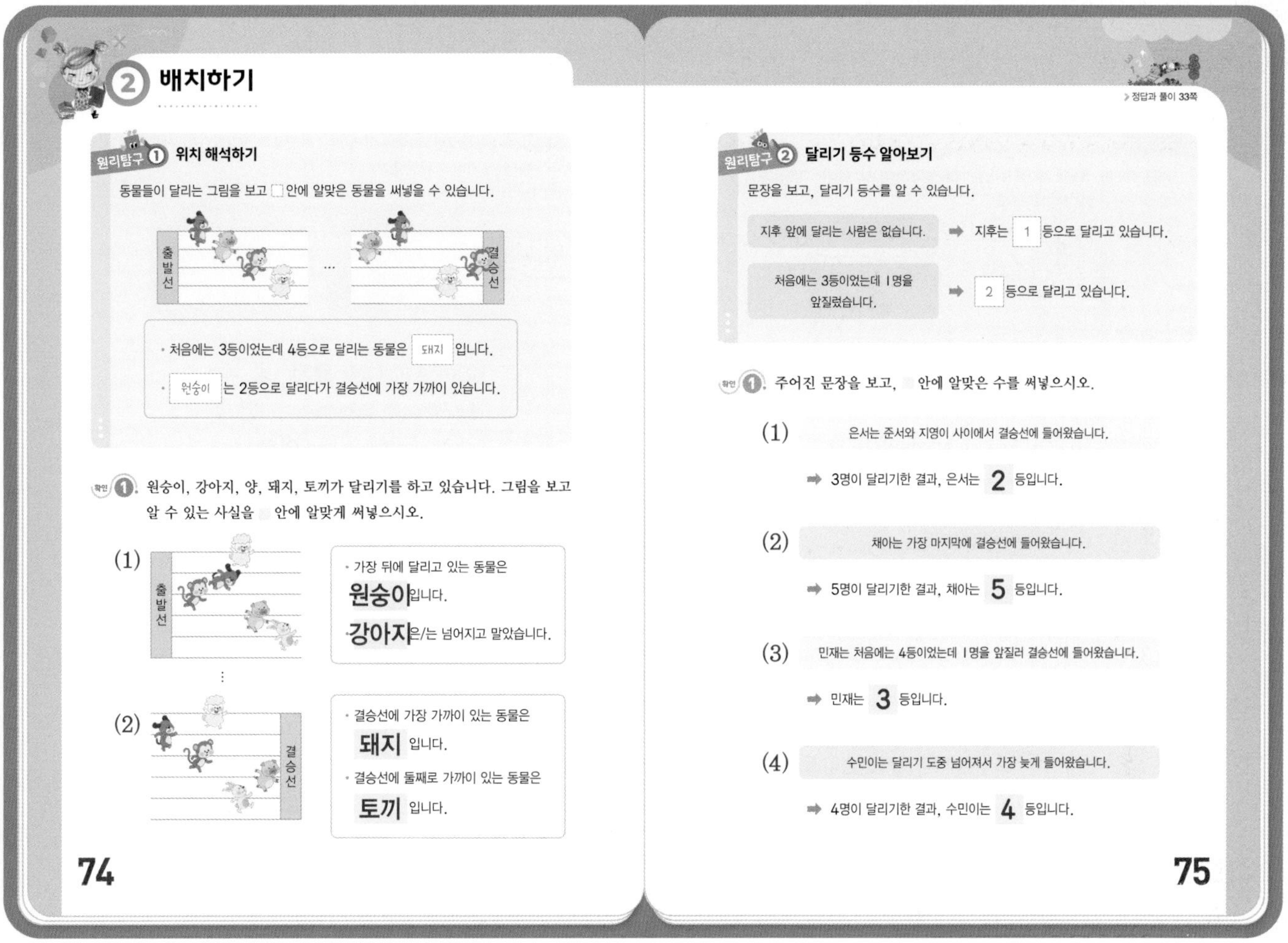

2 배치하기

원리탐구 1 위치 해석하기

동물들이 달리는 그림을 보고 □ 안에 알맞은 동물을 써넣을 수 있습니다.

출발선 … 결승선

- 처음에는 3등이었는데 4등으로 달리는 동물은 [돼지] 입니다.
- [원숭이] 는 2등으로 달리다가 결승선에 가장 가까이 있습니다.

확인 1. 원숭이, 강아지, 양, 돼지, 토끼가 달리기를 하고 있습니다. 그림을 보고 알 수 있는 사실을 □ 안에 알맞게 써넣으시오.

(1) 출발선

- 가장 뒤에 달리고 있는 동물은 [원숭이]입니다.
- [강아지]은/는 넘어지고 말았습니다.

(2) 결승선

- 결승선에 가장 가까이 있는 동물은 [돼지] 입니다.
- 결승선에 둘째로 가까이 있는 동물은 [토끼] 입니다.

74

정답과 풀이 33쪽

원리탐구 2 달리기 등수 알아보기

문장을 보고, 달리기 등수를 알 수 있습니다.

지후 앞에 달리는 사람은 없습니다.	➡	지후는 [1] 등으로 달리고 있습니다.
처음에는 3등이었는데 1명을 앞질렀습니다.	➡	[2] 등으로 달리고 있습니다.

확인 1. 주어진 문장을 보고, □ 안에 알맞은 수를 써넣으시오.

(1) 은서는 준서와 지영이 사이에서 결승선에 들어왔습니다.

➡ 3명이 달리기한 결과, 은서는 [2] 등입니다.

(2) 채아는 가장 마지막에 결승선에 들어왔습니다.

➡ 5명이 달리기한 결과, 채아는 [5] 등입니다.

(3) 민재는 처음에는 4등이었는데 1명을 앞질러 결승선에 들어왔습니다.

➡ 민재는 [3] 등입니다.

(4) 수민이는 달리기 도중 넘어져서 가장 늦게 들어왔습니다.

➡ 4명이 달리기한 결과, 수민이는 [4] 등입니다.

75

1. (1) • 가장 뒤에 달리고 있는 동물은 원숭이입니다.
• 강아지는 넘어지고 말았습니다.

(2) • 결승선에 가장 가까이 있는 동물은 돼지입니다.
• 결승선에 둘째로 가까이 있는 동물은 토끼입니다.

1. (1) 은서는 준서와 지영이 사이에서 결승선을 들어왔습니다.
➡ 3명이 달리기를 했다면 은서는 2등입니다.

(2) 채아는 가장 마지막에 결승선에 들어왔습니다.
➡ 5명이 달리기를 했다면 채아는 5등입니다.

(3) 민재는 처음에는 4등이었는데 1명을 앞질러 결승선에 들어왔습니다.
➡ 민재는 3등입니다.

(4) 수민이는 달리기 도중 넘어져서 가장 늦게 들어왔습니다.
➡ 4명이 달리기를 했다면 수민이는 4등입니다.

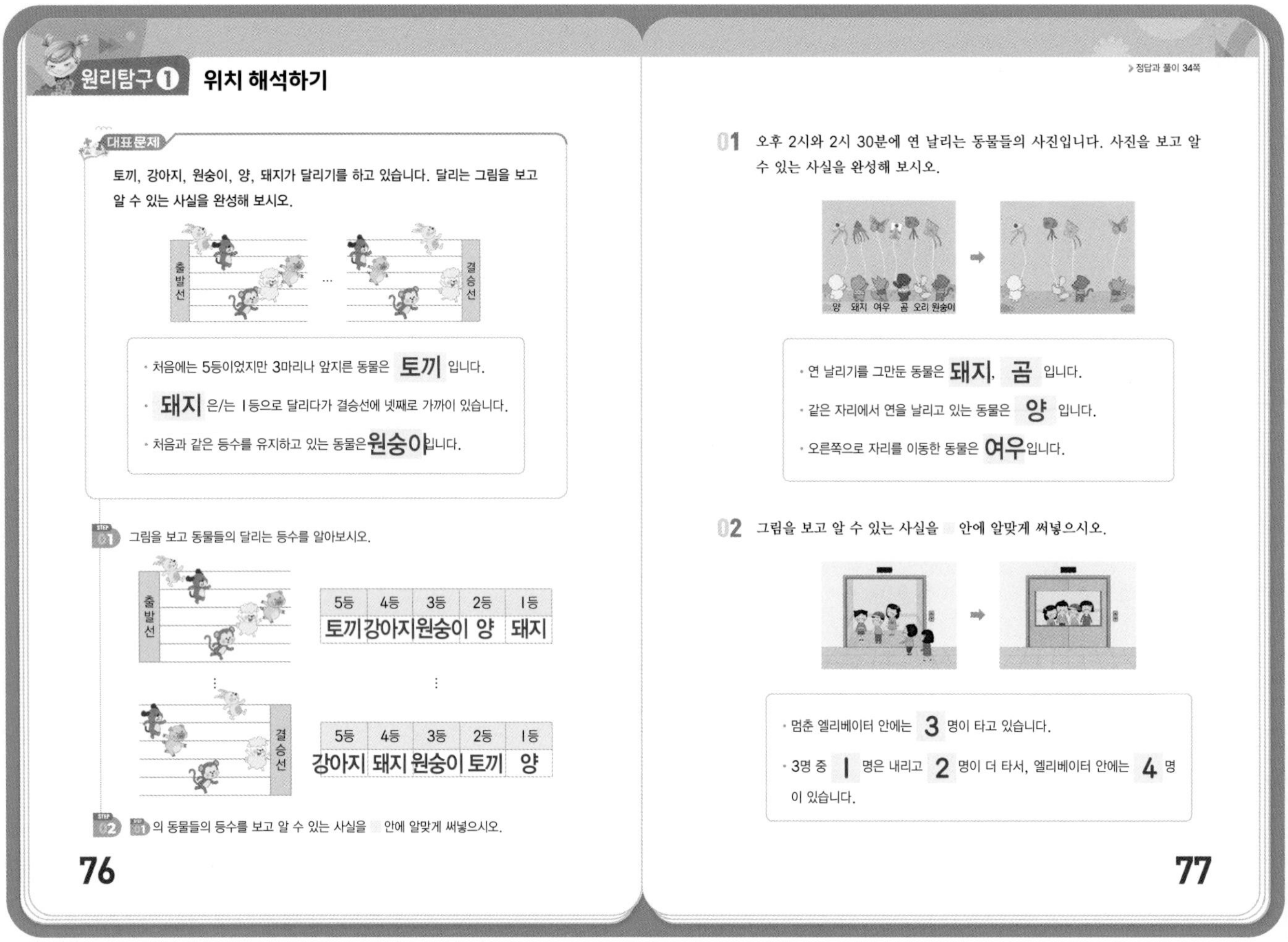

원리탐구 ❶ 위치 해석하기

정답과 풀이 34쪽

대표문제

토끼, 강아지, 원숭이, 양, 돼지가 달리기를 하고 있습니다. 달리는 그림을 보고 알 수 있는 사실을 완성해 보시오.

- 처음에는 5등이었지만 3마리나 앞지른 동물은 **토끼** 입니다.
- **돼지** 은/는 1등으로 달리다가 결승선에 넷째로 가까이 있습니다.
- 처음과 같은 등수를 유지하고 있는 동물은 **원숭이** 입니다.

STEP 01 그림을 보고 동물들의 달리는 등수를 알아보시오.

5등	4등	3등	2등	1등
토끼	강아지	원숭이	양	돼지

5등	4등	3등	2등	1등
강아지	돼지	원숭이	토끼	양

STEP 02 STEP 01 의 동물들의 등수를 보고 알 수 있는 사실을 안에 알맞게 써넣으시오.

76

01 오후 2시와 2시 30분에 연 날리는 동물들의 사진입니다. 사진을 보고 알 수 있는 사실을 완성해 보시오.

양 돼지 여우 곰 오리 원숭이

- 연 날리기를 그만둔 동물은 **돼지**, **곰** 입니다.
- 같은 자리에서 연을 날리고 있는 동물은 **양** 입니다.
- 오른쪽으로 자리를 이동한 동물은 **여우** 입니다.

02 그림을 보고 알 수 있는 사실을 안에 알맞게 써넣으시오.

- 멈춘 엘리베이터 안에는 **3** 명이 타고 있습니다.
- 3명 중 **1** 명은 내리고 **2** 명이 더 타서, 엘리베이터 안에는 **4** 명이 있습니다.

77

대표문제

STEP 01

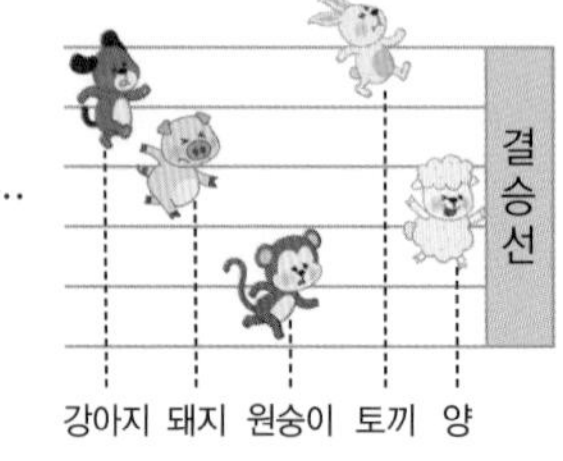

- 처음에는 5등이었지만 3마리나 앞질러 2등이 된 동물은 토끼입니다.
- 1등으로 달리다가 결승선에 넷째로 가까이 있는 동물은 돼지입니다.
- 원숭이는 계속 3등입니다.

01 왼쪽 그림과 오른쪽 그림을 비교하여 안에 알맞은 동물의 이름을 써 봅니다.

02 왼쪽 그림과 오른쪽 그림을 비교하여 안에 알맞은 수를 써 봅니다.
3명이 타고 있던 엘리베이터에서 1명이 내리고, 2명이 더 타서 모두 4명이 되었습니다.

원리탐구 ② 달리기 등수 알아보기

정답과 풀이 35쪽

대표문제

해나, 현준, 주희, 은우는 달리기를 하고 있습니다. 친구들의 달리는 현재 모습을 순서대로 써넣으시오.

- 해나는 셋째로 달리고 있습니다.
- 현준이는 주희 앞에서 달리고 있습니다.
- 은우는 해나 뒤에서 달리고 있습니다.

(앞) 현준 — 주희 — 해나 — 은우 (뒤)

STEP 01 주어진 문장을 보고 해나의 위치를 찾아 안에 써넣으시오.

- 해나는 셋째로 달리고 있습니다.

(앞) — — 해나 — (뒤)

STEP 02 주어진 문장을 보고 현준이와 주희의 위치를 찾아 안에 써넣으시오.

- 현준이는 주희 앞에서 달리고 있습니다.

(앞) 현준 — 주희 (뒤)

STEP 03 주어진 문장을 보고 친구들이 달리는 현재 모습을 1등부터 순서대로 써넣으시오.

- 은우는 해나 뒤에서 달리고 있습니다.

(앞) 현준 — 주희 — 해나 — 은우 (뒤)

78

01 서아, 상준, 수현, 민호는 달리기를 했습니다. 친구들의 등수를 1등부터 순서대로 써 보시오.

- 수현이는 상준이보다 먼저 결승선에 들어왔습니다.
- 서아는 가장 늦게 들어왔습니다.
- 민호는 수현이와 상준이보다 먼저 들어왔습니다.

(1등) 민호 — 수현 — 상준 — 서아 (4등)

02 친구들의 대화를 보고 은서, 예주, 윤아, 민정이의 키를 비교할 수 있습니다. 키가 큰 순서대로 이름을 써 보시오. 은서, 민정, 윤아, 예주

- 은서: 나는 민정이보다 키가 커.
- 예주: 윤아야, 네가 민정이보다 더 작네?
- 윤아: 그래도 예주보다는 내가 더 커!

79

대표문제

STEP 01 해나가 셋째로 달리고 있으므로 3등입니다.
따라서 (앞)에서 셋째에 이름을 써넣습니다.

STEP 02 현준이는 주희 앞에서 달리고 있으므로
현준이가 주희 앞에 있도록 그림으로 나타냅니다.

STEP 03 해나가 3등이고, 은우가 해나 뒤에서 달리고 있으므로 은우는 4등입니다.
따라서 현준이와 주희가 각각 1등과 2등입니다.

01
- 서아는 가장 늦게 들어왔습니다.
  ➡ 서아는 4등입니다.
- 민호는 수현이와 상준이보다 먼저 들어왔습니다.
  ➡ 서아가 4등이므로 민호는 1등입니다.
- 수현이는 상준이보다 먼저 결승선에 들어왔습니다.
  ➡ 수현이는 2등, 상준이는 3등입니다.

02
- 은서: 나는 민정이보다 키가 커. ➡ 은서 > 민정
- 예주: 윤아야, 네가 민정이보다 더 작네? ➡ 민정 > 윤아
- 윤아: 그래도 예주보다는 내가 더 커! ➡ 윤아 > 예주

은서 > 민정 > 윤아 > 예주이므로 키가 큰 순서대로 이름을 쓰면 은서, 민정, 윤아, 예주입니다.

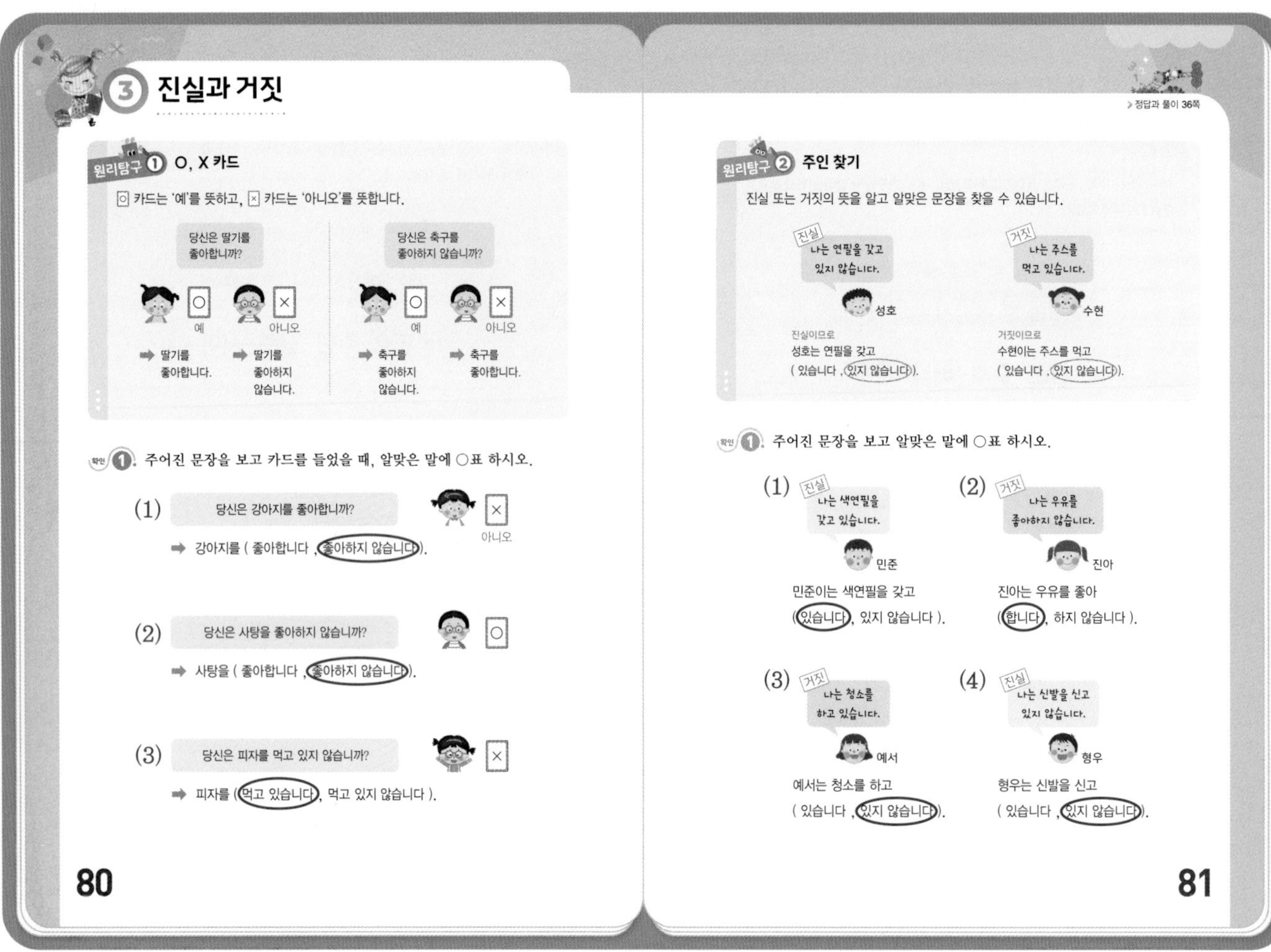

1. (1) 강아지를 좋아합니까?라는 질문의 답이 '아니오'이므로 강아지를 좋아하지 않습니다.

(2) 사탕을 좋아하지 않습니까?라는 질문의 답이 '예'이므로 사탕을 좋아하지 않습니다.

(3) 피자를 먹고 있지 않습니까?라는 질문의 답이 '아니오'이므로 피자를 먹고 있습니다.

1. (1) 나는 색연필을 갖고 있습니다. 진실
➡ 민준이는 색연필을 갖고 있습니다.

(2) 나는 우유를 좋아하지 않습니다. 거짓
➡ 진아는 우유를 좋아합니다.

(3) 나는 청소를 하고 있습니다. 거짓
➡ 예서는 청소를 하고 있지 않습니다.

(4) 나는 신발을 신고 있지 않습니다. 진실
➡ 형우는 신발을 신고 있지 않습니다.

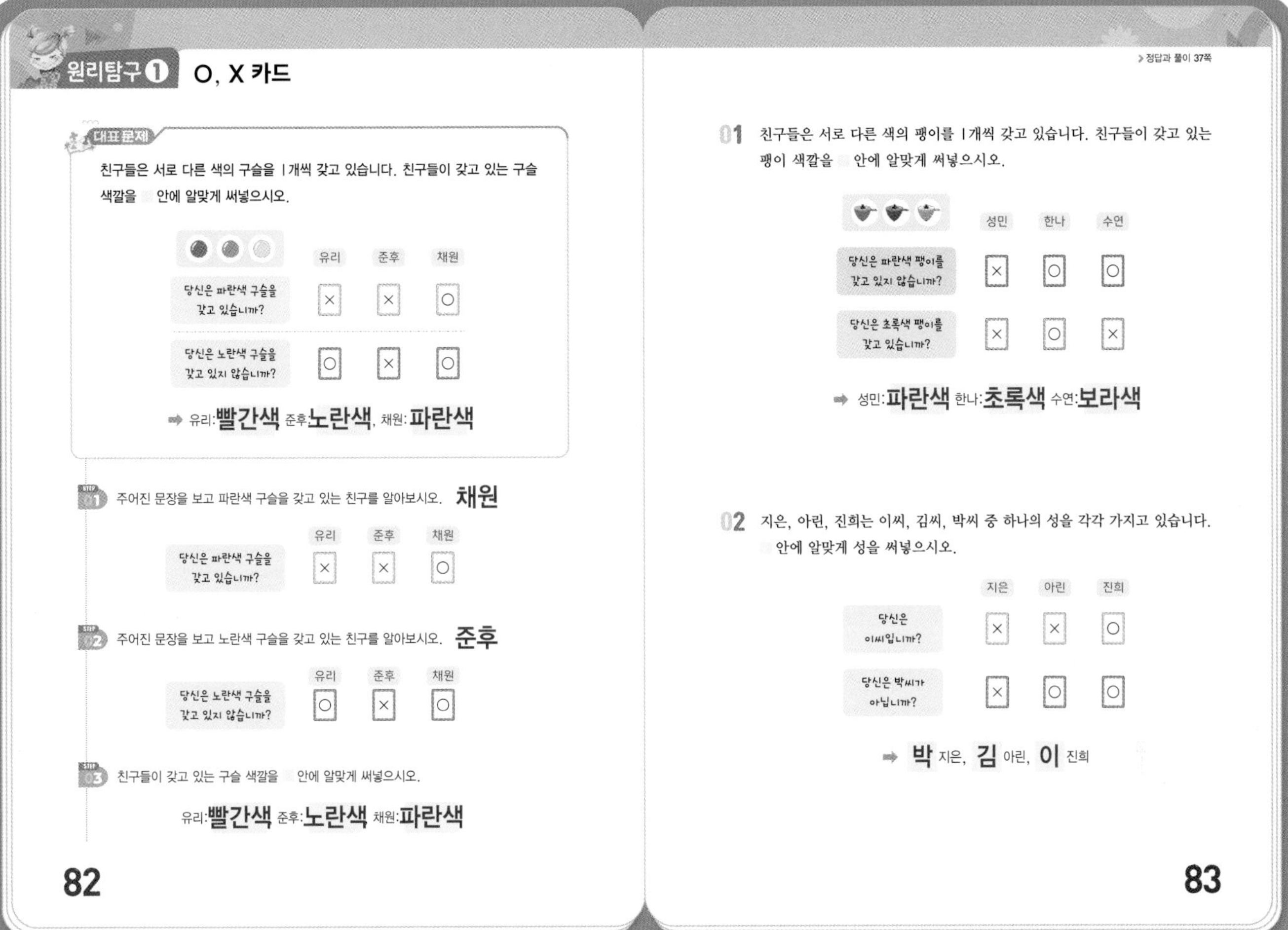

대표문제

STEP 01 파란색 구슬을 갖고 있습니까?라는 질문의 답이 '예'인 사람은 채원입니다.
➡ 채원이는 파란색 구슬을 갖고 있습니다.

STEP 02 노란색 구슬을 갖고 있지 않습니까?라는 질문의 답이 '아니오'인 사람은 준후입니다.
➡ 준후는 노란색 구슬을 갖고 있습니다.

STEP 03 채원이는 파란색 구슬, 준후가 노란색 구슬을 갖고 있으므로 유리는 빨간색 구슬을 갖고 있습니다.

01
- 파란색 팽이를 갖고 있지 않습니까?라는 질문의 답이 '아니오'인 사람은 성민입니다.
  ➡ 성민이는 파란색 팽이를 갖고 있습니다.
- 초록색 팽이를 갖고 있습니까?라는 질문의 답이 '예'인 사람은 한나입니다.
  ➡ 한나는 초록색 팽이를 갖고 있습니다.

성민이가 파란색, 한나가 초록색 팽이를 갖고 있으므로 수연이는 보라색 팽이를 갖고 있습니다.

02
- 당신은 이씨입니까?라는 질문의 답이 '예'인 사람은 진희입니다.
  ➡ 진희는 이씨입니다.
- 당신은 박씨가 아닙니까?라는 질문의 답이 '아니오'인 사람은 지은입니다.
  ➡ 지은이는 박씨입니다.

진희는 이씨, 지은이는 박씨이므로 아린이는 김씨입니다.

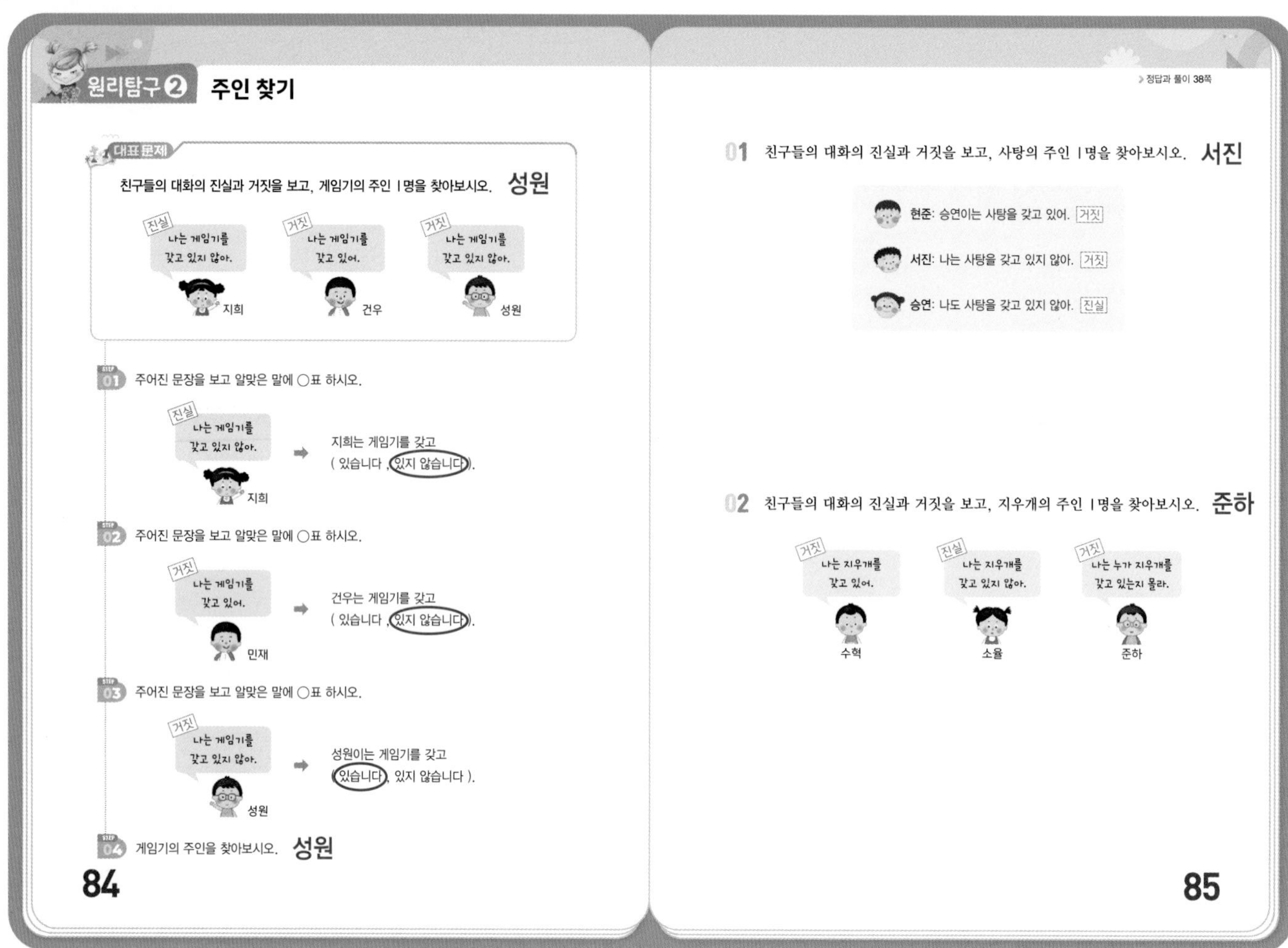

원리탐구 ❷ 주인 찾기

대표문제

친구들의 대화의 진실과 거짓을 보고, 게임기의 주인 1명을 찾아보시오. 성원

STEP 01 주어진 문장을 보고 알맞은 말에 ○표 하시오.

➡ 지희는 게임기를 갖고 (있습니다 , 있지 않습니다).

STEP 02 주어진 문장을 보고 알맞은 말에 ○표 하시오.

➡ 건우는 게임기를 갖고 (있습니다 , 있지 않습니다).

STEP 03 주어진 문장을 보고 알맞은 말에 ○표 하시오.

➡ 성원이는 게임기를 갖고 (있습니다 , 있지 않습니다).

STEP 04 게임기의 주인을 찾아보시오. 성원

84

▷ 정답과 풀이 38쪽

01 친구들의 대화의 진실과 거짓을 보고, 사탕의 주인 1명을 찾아보시오. 서진

02 친구들의 대화의 진실과 거짓을 보고, 지우개의 주인 1명을 찾아보시오. 준하

85

대표문제

STEP 01 지희: 나는 게임기를 갖고 있지 않아. [진실]
➡ 지희는 게임기를 갖고 있지 않습니다.

STEP 02 건우: 나는 게임기를 갖고 있어. [거짓]
➡ 건우는 게임기를 갖고 있지 않습니다.

STEP 03 성원: 나는 게임기를 갖고 있지 않아. [거짓]
➡ 성원이는 게임기를 갖고 있습니다.

STEP 04 게임기를 갖고 있는 사람은 성원입니다.

01
- 현준: 승연이는 사탕을 갖고 있어. [거짓]
  ➡ 승연이는 사탕을 갖고 있지 않습니다.
- 서진: 나는 사탕을 갖고 있지 않아. [거짓]
  ➡ 서진이는 사탕을 갖고 있습니다.
- 승연: 나도 사탕을 갖고 있지 않아. [진실]
  ➡ 승연이는 사탕을 갖고 있지 않습니다.

따라서 사탕을 갖고 있는 사람은 서진이입니다.

02
- 수혁: 나는 지우개를 갖고 있어. [거짓]
  ➡ 수혁이는 지우개를 갖고 있지 않습니다.
- 소율: 나는 지우개을 갖고 있지 않아. [진실]
  ➡ 소율이는 지우개를 갖고 있지 않습니다.
- 준하: 나는 누가 지우개를 갖고 있는지 몰라. [거짓]
  ➡ 준하는 누가 지우개를 갖고 있는지 알고 있습니다.

따라서 수혁, 소율이는 지우개를 갖고 있지 않으므로 지우개를 갖고 있는 사람은 준하입니다.

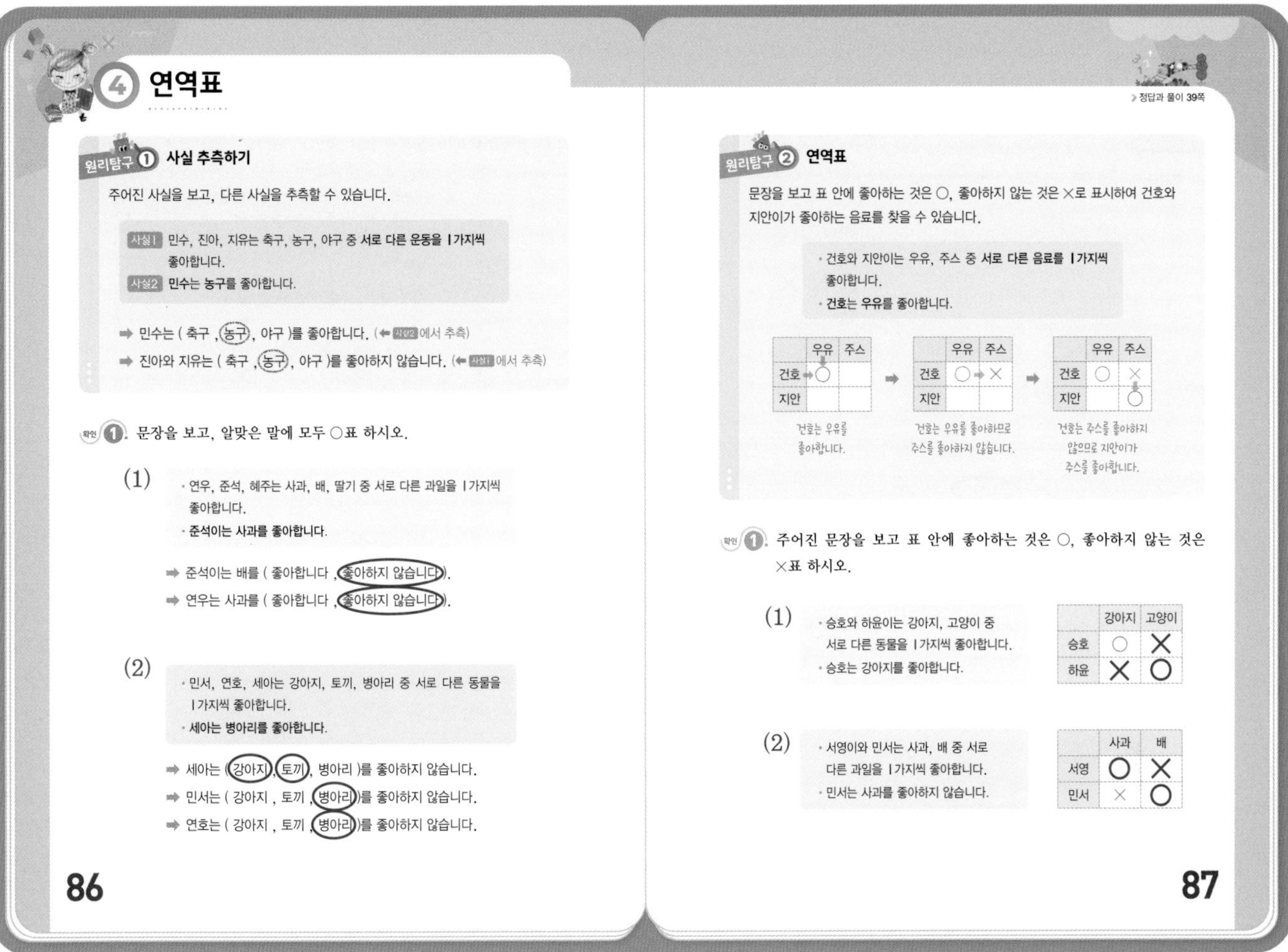

1. (1) 준석이는 사과를 좋아하므로, 배는 좋아하지 않습니다. 또한 연우는 사과를 좋아하지 않습니다.
   (2) 세아는 병아리를 좋아하므로, 강아지와 토끼는 좋아하지 않습니다. 또한 민서와 연호는 병아리를 좋아하지 않습니다.

1. (1) 승호는 강아지를 좋아하므로, 고양이는 좋아하지 않습니다.
   따라서 하윤이는 고양이를 좋아하고, 강아지를 좋아하지 않습니다.
   (2) 민서는 사과를 좋아하지 않으므로, 배를 좋아합니다. 따라서 서영이는 배를 좋아하지 않고, 사과를 좋아합니다.

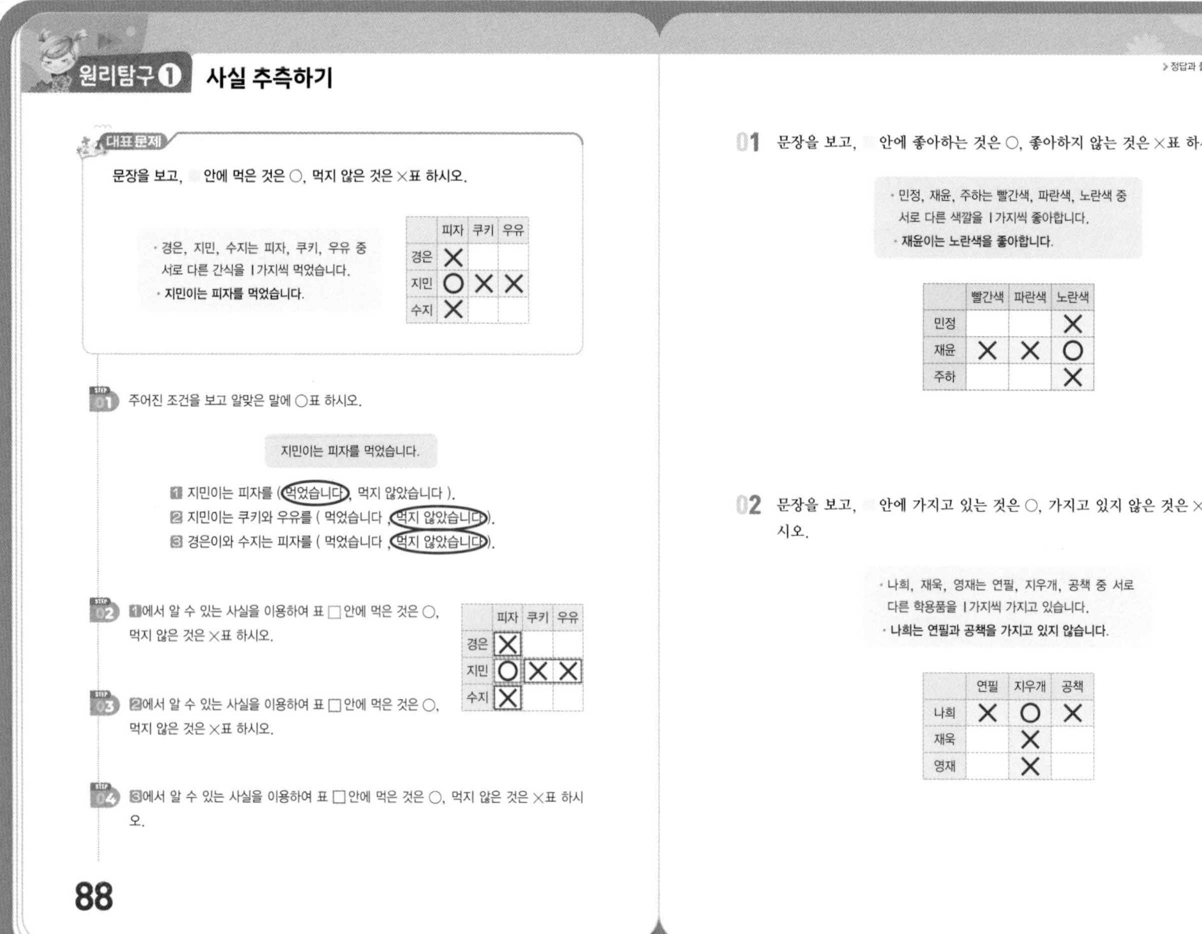

원리탐구 ① 사실 추측하기

대표문제

문장을 보고, 안에 먹은 것은 ○, 먹지 않은 것은 ×표 하시오.

• 경은, 지민, 수지는 피자, 쿠키, 우유 중 서로 다른 간식을 1가지씩 먹었습니다.
• 지민이는 피자를 먹었습니다.

	피자	쿠키	우유
경은	×		
지민	○	×	×
수지	×		

STEP 01 주어진 조건을 보고 알맞은 말에 ○표 하시오.

지민이는 피자를 먹었습니다.

1 지민이는 피자를 (먹었습니다 , 먹지 않았습니다).
2 지민이는 쿠키와 우유를 (먹었습니다 , 먹지 않았습니다).
3 경은이와 수지는 피자를 (먹었습니다 , 먹지 않았습니다).

STEP 02 1에서 알 수 있는 사실을 이용하여 표 □안에 먹은 것은 ○, 먹지 않은 것은 ×표 하시오.

STEP 03 2에서 알 수 있는 사실을 이용하여 표 □안에 먹은 것은 ○, 먹지 않은 것은 ×표 하시오.

	피자	쿠키	우유
경은	×		
지민	○	×	×
수지	×		

STEP 04 3에서 알 수 있는 사실을 이용하여 표 □안에 먹은 것은 ○, 먹지 않은 것은 ×표 하시오.

88

≫ 정답과 풀이 40쪽

01 문장을 보고, 안에 좋아하는 것은 ○, 좋아하지 않는 것은 ×표 하시오.

• 민정, 재윤, 주하는 빨간색, 파란색, 노란색 중 서로 다른 색깔을 1가지씩 좋아합니다.
• 재윤이는 노란색을 좋아합니다.

	빨간색	파란색	노란색
민정			×
재윤	×	×	○
주하			×

02 문장을 보고, 안에 가지고 있는 것은 ○, 가지고 있지 않은 것은 ×표 하시오.

• 나희, 재욱, 영재는 연필, 지우개, 공책 중 서로 다른 학용품을 1가지씩 가지고 있습니다.
• 나희는 연필과 공책을 가지고 있지 않습니다.

	연필	지우개	공책
나희	×	○	×
재욱		×	
영재		×	

89

대표문제

STEP 01 지민이가 피자를 먹었으므로 지민이는 쿠키와 우유를 먹지 않았고, 경은이와 수지는 피자를 먹지 않았습니다.

STEP 02 1 지민이는 피자를 먹었습니다.

	피자	쿠키	우유
경은			
지민	○		
수지			

STEP 03 2 지민이는 쿠키와 우유를 먹지 않았습니다.

	피자	쿠키	우유
경은			
지민	○	×	×
수지			

STEP 04 3 경은이와 수지는 피자를 먹지 않았습니다.

	피자	쿠키	우유
경은	×		
지민	○	×	×
수지	×		

01 • 재윤이는 노란색을 좋아합니다.

	빨간색	파란색	노란색
민정			
재윤			○
주하			

• 재윤이는 빨간색과 파란색을 좋아하지 않습니다.

	빨간색	파란색	노란색
민정			
재윤	×	×	○
주하			

• 민정이와 주하는 노란색을 좋아하지 않습니다.

	빨간색	파란색	노란색
민정			×
재윤	×	×	○
주하			×

02 • 나희는 연필과 공책을 가지고 있지 않습니다.

	연필	지우개	공책
나희	×		×
재욱			
영재			

• 나희는 지우개를 가지고 있지 않습니다.

	연필	지우개	공책
나희	×	○	×
재욱			
영재			

• 재욱이와 영재는 지우개를 가지고 있지 않습니다.

	연필	지우개	공책
나희	×	○	×
재욱		×	
영재		×	

원리탐구 ❷ 연역표

대표문제

수영, 규현, 혜수는 피자, 떡볶이, 라면 중 서로 다른 음식을 1가지씩 좋아합니다. 문장을 보고, 친구들이 좋아하는 음식을 알아보시오.

수영: 피자
규현: 떡볶이
혜수: 라면

- 수영이는 피자를 좋아합니다.
- 혜수는 떡볶이를 좋아하지 않습니다.

STEP 01 문장을 보고 알 수 있는 사실을 완성하고, 표 안에 좋아하는 것은 ○, 좋아하지 않는 것은 ×표 하시오.

	피자	떡볶이	라면
수영	○	×	×
규현	×	○	×
혜수	×	×	○

❶ 표의 □ 안에 ○ 또는 ×표 하기

수영이는 피자를 좋아합니다.

알 수 있는 사실
수영이는 (피자 , 떡볶이 , 라면)을 좋아하지 않습니다.

❷ 표의 □ 안에 ○ 또는 ×표 하기

수영이는 피자를 좋아합니다.

알 수 있는 사실
규현이와 혜수는 피자를 (좋아합니다 , 좋아하지 않습니다).

❸ 표의 □ 안에 ○ 또는 ×표 하기

혜수는 떡볶이를 좋아하지 않습니다.

STEP 02 01 의 표의 남은 칸을 완성하여 친구들이 좋아하는 음식을 알아보시오.

수영: 피자, 규현: 떡볶이, 혜수: 라면

90

정답과 풀이 41쪽

01 민지, 승호, 소율이는 장미, 백합, 무궁화 중 서로 다른 꽃을 1가지씩 좋아합니다. 문장을 보고, 표를 이용하여 친구들이 좋아하는 꽃을 알아보시오.

- 민지는 무궁화를 좋아합니다.
- 승호는 백합을 좋아하지 않습니다.

민지: 무궁화
승호: 장미
소율: 백합

	장미	백합	무궁화
민지	×	×	○
승호	○	×	×
소율	×	○	×

02 지아, 도현, 태희는 인형, 팽이, 구슬 중 서로 다른 장난감을 1가지씩 가지고 있습니다. 문장을 보고, 표를 이용하여 친구들이 가지고 있는 장난감을 알아보시오.

- 지아는 팽이를 가지고 있지 않습니다.
- 도현이는 구슬을 가지고 있습니다.

지아: 인형
도현: 구슬
태희: 팽이

	인형	팽이	구슬
지아	○	×	×
도현	×	×	○
태희	×	○	×

91

대표문제

❶ 수영이는 피자를 좋아합니다.
➡ 수영이는 떡볶이, 라면을 좋아하지 않습니다.

	피자	떡볶이	라면
수영	○	×	×
규현			
혜수			

❷ ➡ 규현이와 혜수는 피자를 좋아하지 않습니다.

	피자	떡볶이	라면
수영	○	×	×
규현	×		
혜수	×		

❸ 혜수는 떡볶이를 좋아하지 않으므로 혜수는 라면을 좋아하고, 규현이는 떡볶이를 좋아합니다.

	피자	떡볶이	라면
수영	○	×	×
규현	×	○	×
혜수	×	×	○

01 • 민지는 무궁화를 좋아합니다.

	장미	백합	무궁화
민지	×	×	○
승호			×
소율			×

• 승호는 백합을 좋아하지 않습니다.

	장미	백합	무궁화
민지	×	×	○
승호		×	×
소율			×

➡ 승호는 장미를 좋아합니다.
➡ 소율이는 장미와 무궁화를 좋아하지 않으므로 백합을 좋아합니다.

	장미	백합	무궁화
민지	×	×	○
승호	○	×	×
소율	×	○	×

02 • 지아는 팽이를 가지고 있지 않습니다.

	인형	팽이	구슬
지아		×	
도현			
태희			

• 도현이는 구슬을 가지고 있습니다.

	인형	팽이	구슬
지아		×	×
도현	×	×	○
태희			×

➡ 지아는 인형을 가지고 있습니다.
➡ 태희는 인형과 구슬을 가지고 있지 않으므로 팽이를 가지고 있습니다.

	인형	팽이	구슬
지아	○	×	×
도현	×	×	○
태희	×	○	×

Creative 팩토

정답과 풀이 42쪽

01 100원짜리 동전 3개와 50원짜리 동전 8개로 600원을 만들 수 있는 방법은 모두 몇 가지인지 구해 보시오. **2가지**

동전: 50, 100

02 재영, 정아, 지원, 유선이의 나이가 다음과 같을 때, 나이가 많은 순서대로 이름을 써 보시오. **정아, 지원, 유선, 재영**

- 정아는 지원이보다 나이가 많습니다.
- 재영이는 4명 중에서 가장 어립니다.
- 유선이는 지원이보다 나이가 어립니다.

03 지훈, 예린, 영아는 오렌지, 바나나, 사과 중에서 서로 다른 과일을 1개씩 좋아합니다. ○ 카드는 '예'를 뜻하고, × 카드는 '아니오'를 뜻할 때, 각각 좋아하는 과일을 □ 안에 알맞게 써넣으시오.

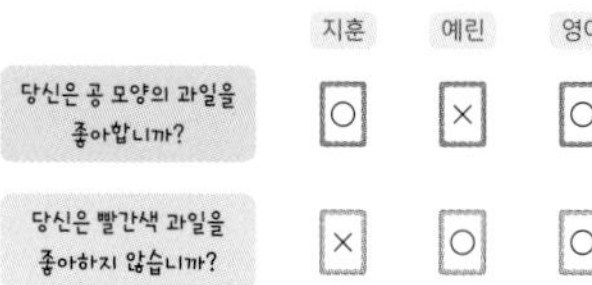

	지훈	예린	영아
당신은 공 모양의 과일을 좋아합니까?	○	×	○
당신은 빨간색 과일을 좋아하지 않습니까?	×	○	○

➡ 지훈: **사과**, 예린: **바나나**, 영아: **오렌지**

04 선우, 정호, 민규는 축구, 농구, 야구 중 서로 다른 운동을 1가지씩 좋아합니다. 문장을 보고, 표를 이용하여 민규가 좋아하는 운동을 알아보시오. **야구**

- 선우는 야구를 좋아하지 않습니다.
- 정호는 발로 하는 운동을 좋아합니다.

	축구	농구	야구
선우	×	×	○
정호	○	×	×
민규	×	○	×

01 방법1 100원짜리 동전 3개, 50원짜리 동전 6개
방법2 100원짜리 동전 2개, 50원짜리 동전 8개
따라서 방법은 모두 2가지입니다.

02
- 정아는 지원이보다 나이가 많습니다.
  ➡ 정아 > 지원
- 재영이는 4명 중에서 가장 어립니다.
  ➡ 다른 세 사람 > 재영
- 유선이는 지원이보다 나이가 어립니다.
  ➡ 지원 > 유선

정아 > 지원 > 유선 > 재영이므로 나이가 많은 순서대로 이름을 쓰면 정아, 지원, 유선, 재영입니다.

03
- 공 모양의 과일을 좋아합니까?라는 질문의 답이 '아니오'인 사람은 예린입니다.
  ➡ 예린이는 공 모양 과일을 좋아하지 않으므로, 바나나를 좋아합니다.
- 빨간색 과일을 좋아하지 않습니까?라는 질문의 답이 '아니오'인 사람은 지훈입니다.
  ➡ 지훈이는 빨간색 과일을 좋아하므로, 사과를 좋아합니다.

지훈이가 사과, 예린이가 바나나를 좋아하므로 영아는 오렌지를 좋아합니다.

04
- 선우는 야구를 좋아하지 않습니다.

	축구	농구	야구
선우			×
정호			
민규			

- 정호는 발로 하는 운동을 좋아합니다.
  ➡ 정호는 축구를 좋아합니다.

	축구	농구	야구
선우	×		×
정호	○	×	×
민규	×		

- 선우가 좋아하는 운동은 농구, 민규가 좋아하는 운동은 야구입니다.

	축구	농구	야구
선우	×	○	×
정호	○	×	×
민규	×	×	○

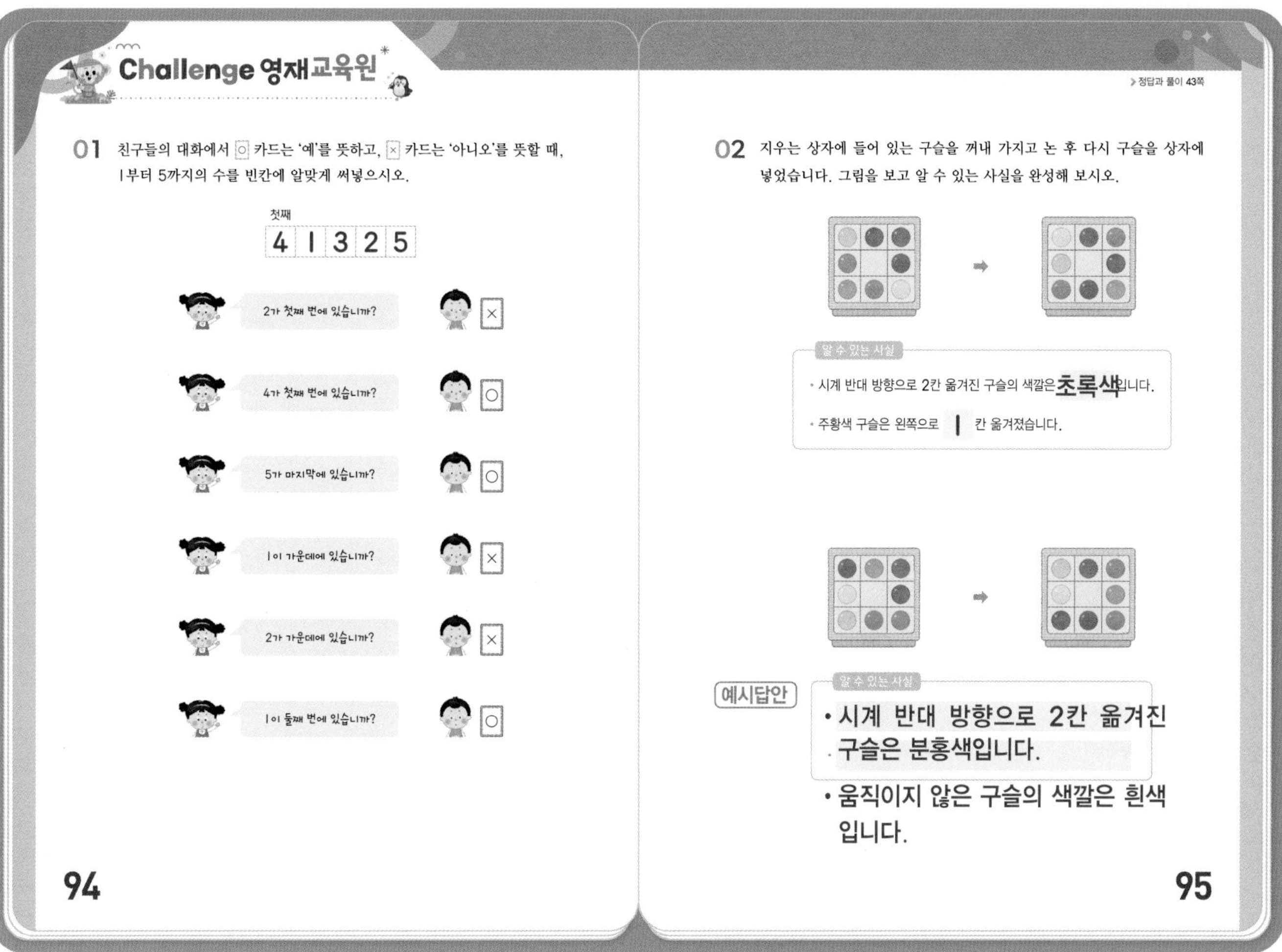

Challenge 영재교육원

01 친구들의 대화에서 ○ 카드는 '예'를 뜻하고, × 카드는 '아니오'를 뜻할 때, 1부터 5까지의 수를 빈칸에 알맞게 써넣으시오.

첫째

4	1	3	2	5

2가 첫째 번에 있습니까? ×

4가 첫째 번에 있습니까? ○

5가 마지막에 있습니까? ○

1이 가운데에 있습니까? ×

2가 가운데에 있습니까? ×

1이 둘째 번에 있습니까? ○

94

정답과 풀이 43쪽

02 지우는 상자에 들어 있는 구슬을 꺼내 가지고 논 후 다시 구슬을 상자에 넣었습니다. 그림을 보고 알 수 있는 사실을 완성해 보시오.

알 수 있는 사실

- 시계 반대 방향으로 2칸 옮겨진 구슬의 색깔은 초록색입니다.
- 주황색 구슬은 왼쪽으로 1 칸 옮겨졌습니다.

예시답안

알 수 있는 사실

- 시계 반대 방향으로 2칸 옮겨진 구슬은 분홍색입니다.
- 움직이지 않은 구슬의 색깔은 흰색입니다.

95

01 질문과 ○, × 카드의 답을 보고 문장을 해석해 보면 다음과 같습니다.

- 2는 첫째 번에 있지 않습니다.
- 4는 첫째 번에 있습니다.
- 5는 마지막에 있습니다.
- 1은 가운데에 있지 않습니다.
- 2는 가운데에 있지 않습니다.
- 1은 둘째 번에 있습니다.

위에서 해석한 문장을 활용하여 수를 알맞게 써넣습니다.

- 4는 첫째 번에 있습니다.

4				

- 5는 마지막에 있습니다.

4				5

- 1은 가운데에 있지 않습니다.
- 2는 가운데에 있지 않습니다.

➡ 가운데에 있는 수는 3입니다.

4		3		5

- 1은 둘째 번에 있습니다.

4	1	3		5

➡ 남은 칸에 들어갈 수는 2입니다.

4	1	3	2	5

02 TIP 같은 색 구슬의 위치가 어떻게 달라지는지 비교해 보면서 여러 가지 알 수 있는 사실을 찾아보도록 지도합니다.

형성평가 연산 영역

01 두 수의 차가 4가 되도록 ▭ 또는 ▯으로 모두 묶어 보시오.

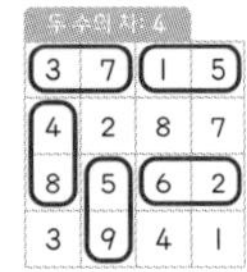

02 다음 조각으로 덮은 세 수의 합이 12가 되도록 ▭ 또는 ┗으로 모두 묶어 보시오.

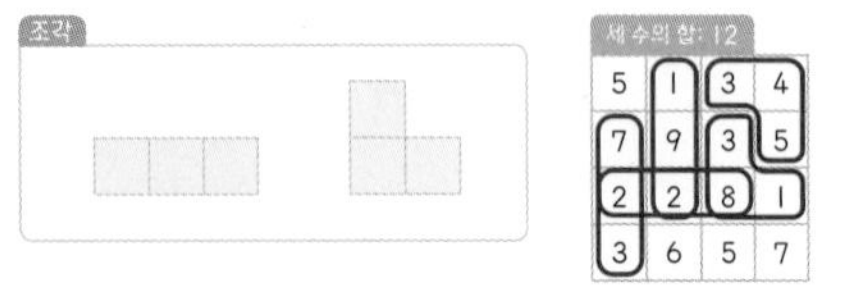

03 수 카드를 한 번씩만 사용하여 퍼즐을 완성해 보시오.

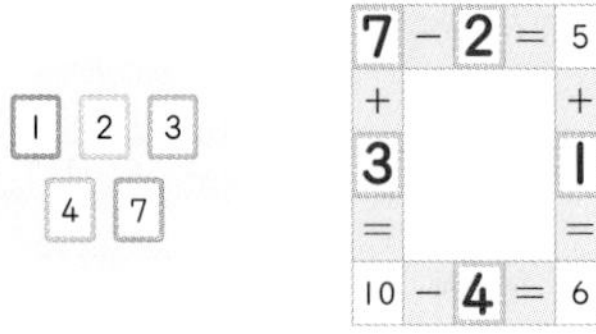

04 사다리타기를 하면서 계산하여 빈 곳에 알맞은 수를 써넣으시오.

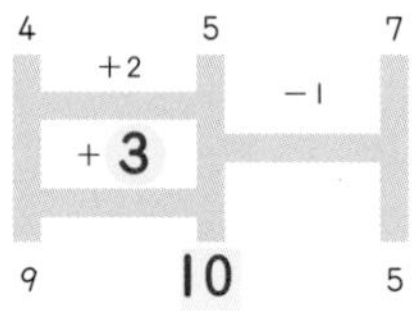

2 3

01 1부터 9까지의 수로 만들 수 있는 두 수의 차가 4인 뺄셈식은 다음과 같습니다.

9－5＝4　8－4＝4　7－3＝4

6－2＝4　5－1＝4

02 1부터 9까지의 수로 만들 수 있는 세 수의 합이 12가 되는 덧셈식은 다음과 같습니다.

1＋2＋9＝12　2＋4＋6＝12

1＋3＋8＝12　2＋5＋5＝12

1＋4＋7＝12　3＋3＋6＝12

1＋5＋6＝12　3＋4＋5＝12

2＋2＋8＝12　4＋4＋4＝12

2＋3＋7＝12

03

□	－	□	＝	5
＋				＋
□				1
＝				＝
10	－	4	＝	6

5＋□＝6 ➡ □＝1

10－□＝6 ➡ □＝4

1과 4를 제외한 나머지 수 카드는 2, 3, 7입니다.
따라서 7－2＝5, 7＋3＝10이 됩니다.

04

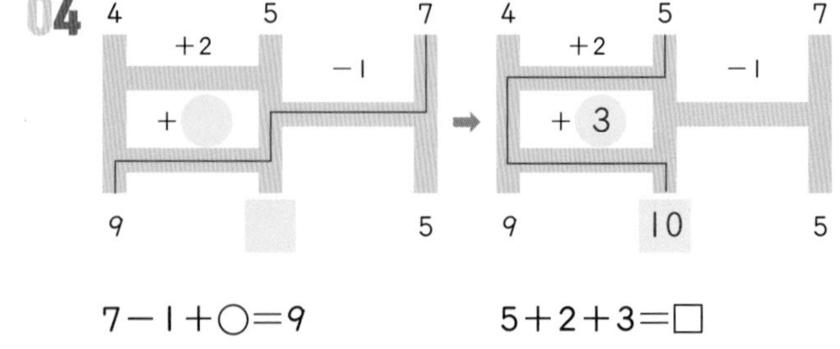

7－1＋○＝9　　5＋2＋3＝□

6＋○＝9 ➡ ○＝3　　➡ □＝10

형성평가 연산 영역

05 주어진 수를 한 번씩만 사용하여 계산한 값이 목표수가 되도록 여러 가지 식을 만들어 보시오. (단, 1+2=3, 2+1=3과 같이 같은 수로 만든 식은 같은 것으로 봅니다.)

예시답안

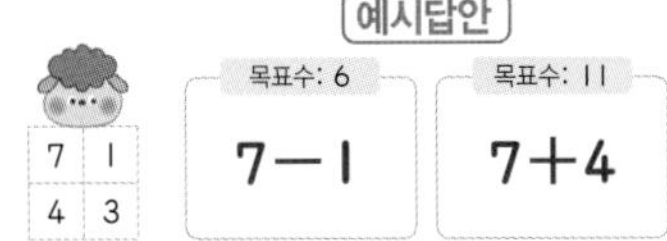

06 빈 곳에 알맞은 수를 써넣어 퍼즐을 완성해 보시오.

7	−	3	=	4
−		−		+
3	−	1	=	2
=		=		=
4	+	2	=	6

4

07 주어진 수 카드를 모두 사용하여 올바른 식을 만들어 보시오.
(단, 1+2=3, 2+1=3과 같이 같은 수로 만든 식은 같은 것으로 봅니다.)

예시답안

(1) 3 9 4 2 ➡ 3 + 2 = 9 − 4

(2) 1 3 5 9 ➡ 9 − 1 = 3 + 5

08 주어진 수를 사용하여 가로줄과 세로줄에 놓인 세 수의 합이 모두 같아지도록 만들어 보시오.

4 6 8

3	8	6
		4
1	9	7

5

05 목표수가 6이 되는 식은 7−1, 4+3−1이 있습니다.
목표수가 11이 되는 식은 7+4, 7+3+1이 있습니다.
TIP 각 덧셈식에 쓰인 수의 위치를 바꾸어도 정답이 됩니다.

06

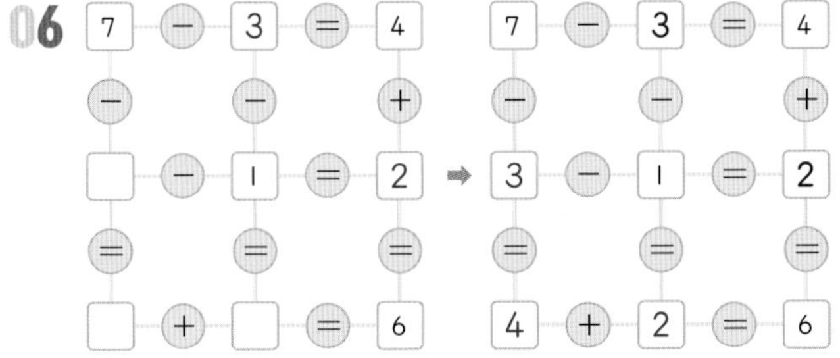

07

예시답안

(1)

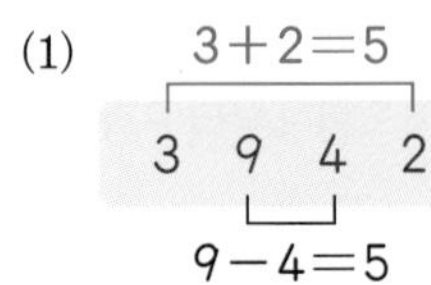

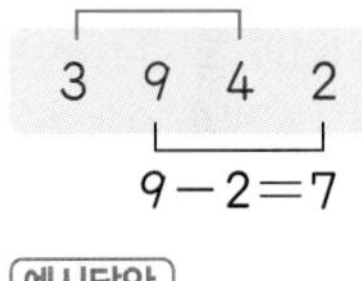

예시답안

(2)

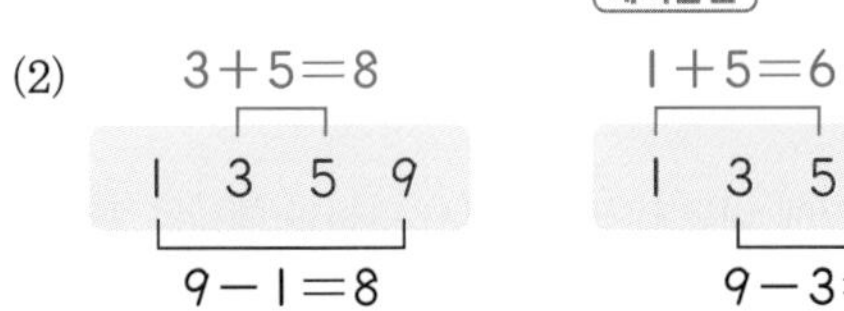

TIP 각 덧셈식에 쓰인 수 위치를 바꾸어도 정답입니다.

08 1+9+7=17이므로 가로줄에 놓은 세 수의 합이 17이 되도록 해야 합니다.
3과 두 수를 더하면 17이 되어야 하므로 합이 14인 두 수를 찾으면 6과 8입니다.
따라서 4가 세로줄에 쓰여야 하고, 7과 4의 합에 6을 더하면 17이 됩니다.

형성평가 연산 영역

09 1부터 9까지의 수를 한 번씩만 사용하여 각 줄에 있는 네 수의 합이 20이 되도록 만들어 보시오.

4, 2, 7, 9, 3, 5, 1, 8, 6

10 올바른 식이 되도록 ○ 안에 +, −, = 기호를 알맞게 써넣으시오.

예시답안

(1) 8 − 7 + 2 = 3

(2) 6 + 2 = 9 − 1

수고하셨습니다!

6

정답과 풀이 44쪽

09 4+2+○+5=20 ➡ ○=9
5와 1을 포함한 네 수의 합이 20이 되려면 두 수의 합이 14이어야 합니다. 사용한 수를 제외한 1부터 9까지의 수 중 합이 14인 두 수는 6, 8입니다.
그리고 4와 7을 포함한 네 수의 합이 20이 되려면 두 수의 합은 9이어야 하고, 두 수 중 한 수는 3이므로 나머지 다른 수는 6이 됩니다.

10 =를 어디에 넣을지 생각하면서 덧셈과 뺄셈을 해 봅니다.
(1) 예시답안 8=7−2+3

형성평가 공간 영역

01 다음 조건을 모두 만족하는 모양을 찾아 기호를 써 보시오. ㉰

조건
- 한 방향으로만 잘 굴러가는 모양이 2개 있습니다.
- 쌓을 수 없는 모양이 3개 있습니다.
- 모든 부분이 평평하고, 둥근 부분이 없는 모양이 2개 있습니다.

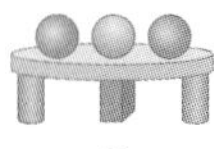
㉮
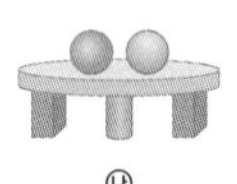
㉯
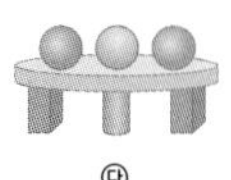
㉰

02 다음 모양을 보고 설명한 내용이 맞으면 ○표, 틀리면 ×표 하시오.

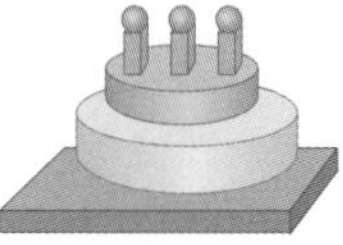

- 가장 아래에 있는 모양은 어느 방향으로도 잘 굴러갑니다. ······ (×)
- 가장 위에 있는 모양은 둥근 기둥 모양입니다. ······ (×)
- 쌓을 수 없는 모양은 3개 있습니다. ······ (○)

8

03 다음 모양과 같이 쌓기 위해 필요한 쌓기나무는 몇 개인지 구해 보시오. 16개

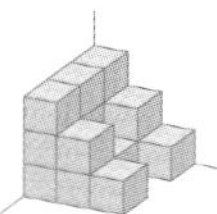

04 다음 모양을 만들기 위해 필요한 블록은 몇 개인지 구해 보시오. 12개

블록
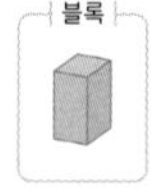
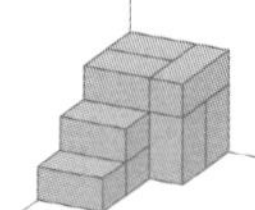

9

01 • 한 방향으로만 잘 굴러가는 모양 2개 ➡ 모양 2개
• 쌓을 수 없는 모양 3개 ➡ 모양 3개
• 모든 부분이 평평하고, 둥근 부분이 없는 모양 2개
➡ 모양 2개

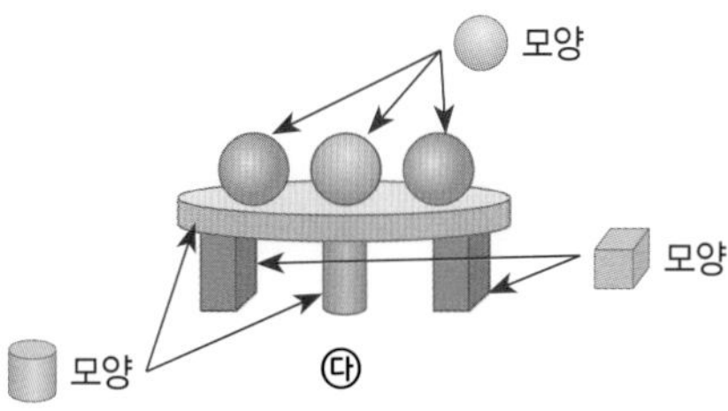

02 • 가장 아래에 있는 모양은  모양이고 이 모양은 어느 방향으로도 잘 굴러가지 않습니다.
• 가장 위에 있는 모양은 모양으로 공 모양입니다.

03 쌓기나무가 각 자리에 몇 층으로 쌓여 있는지 세어 봅니다.

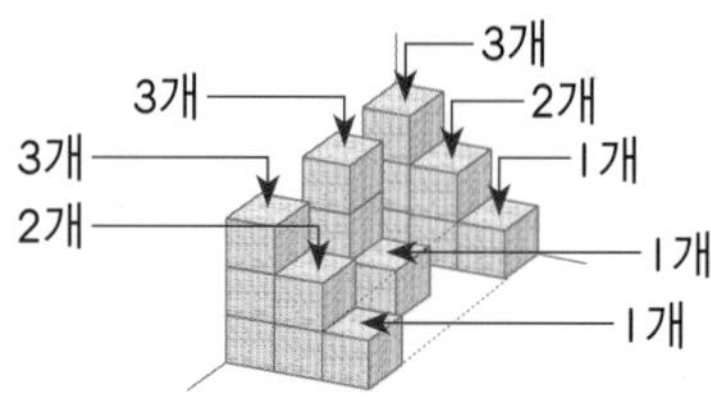

$3+2+1+3+1+3+2+1=16$(개)

04 보이는 블록의 개수와 보이지 않는 블록의 개수를 나누어 셉니다.

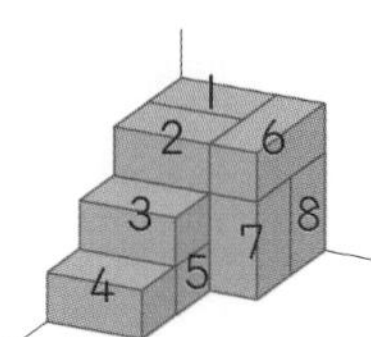

보이는 블록

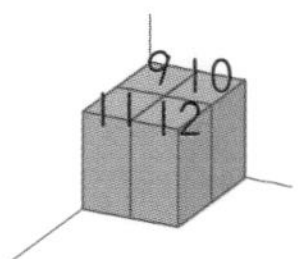

보이지 않는 블록

형성평가 공간 영역

05 쌓기나무 1개를 옮겨서 모양 1, 모양 2 를 전부 만들 수 있는 것을 찾아 기호를 써 보시오. (단, 주어진 모양과 만든 모양은 방향도 같아야 합니다.)

㉯

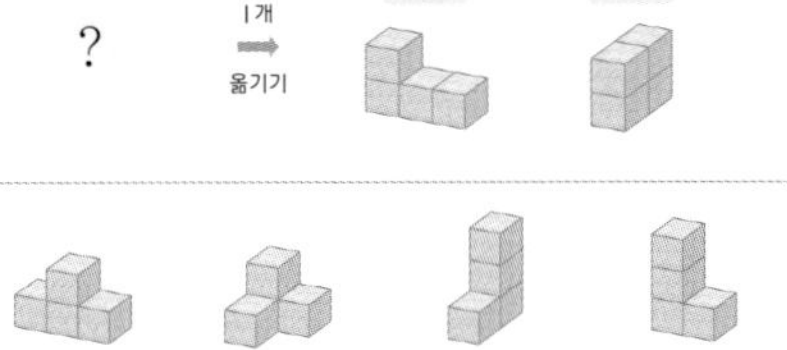

㉮ ㉯ ㉰ ㉱

06 크기가 같은 색종이를 겹친 모양을 보고 가장 위에 있는 색종이부터 차례로 기호를 써 보시오.

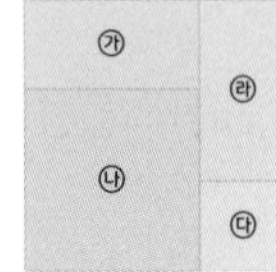

㉯ ➡ ㉮ ➡ ㉱ ➡ ㉰

10

07 오른쪽 2개의 모양 블록을 이용하여 만들 수 있는 모양을 모두 찾아 기호를 써 보시오.

㉮, ㉱

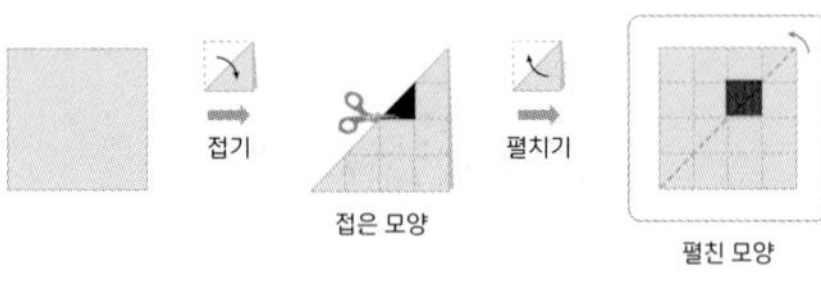

08 색종이를 반으로 접은 후 검은색으로 칠한 부분을 잘랐습니다. 색종이를 펼쳤을 때, 잘려진 부분에 색칠해 보시오.

접기 펼치기 접은 모양 펼친 모양

11

05 주어진 모양 1 과 모양 2 를 만들기 위해 옮길 쌓기나무 1개를 색칠해 보면 다음과 같습니다.

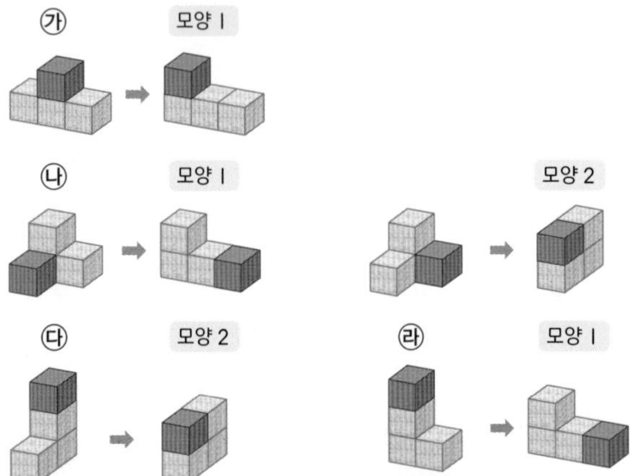

06 가려진 곳이 없는 색종이가 가장 위에 있는 색종이입니다. 가장 위에 있는 색종이부터 한 장씩 빼 봅니다.

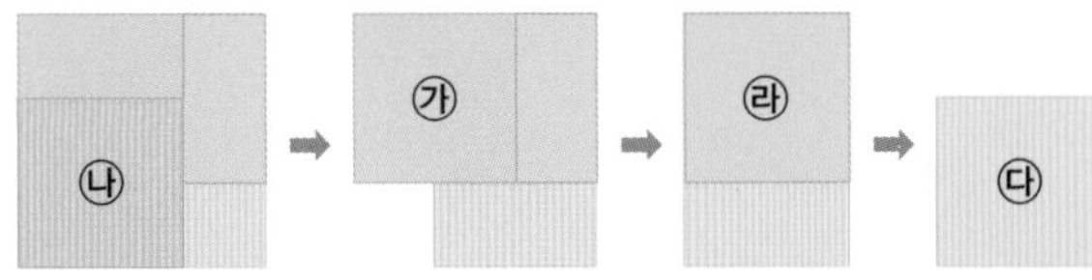

07 2개의 블록을 이용하여 주어진 모양을 만드는 방법을 선으로 나타내면 다음과 같습니다.

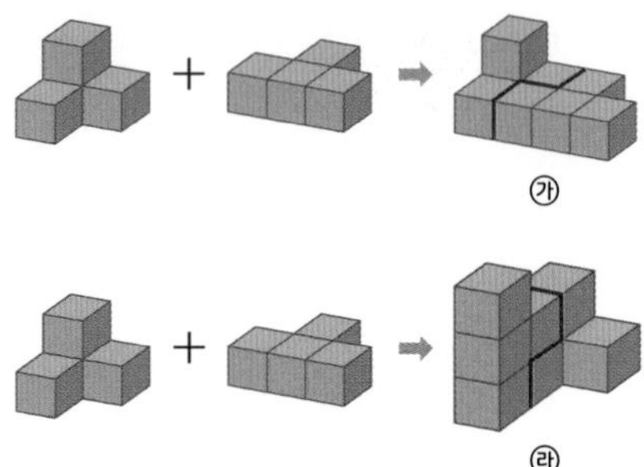

08 접은 선의 오른쪽에 색종이가 잘려진 부분을 찾아 색칠한 후 색칠한 모양을 접은 선 왼쪽으로 뒤집어 색칠해 봅니다.

형성평가 공간 영역

09 크기가 같은 색종이를 겹친 모양을 보고 가장 위에 있는 색종이부터 차례로 기호를 써 보시오.

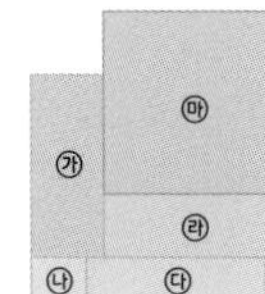

㉲ ➡ ㉱ ➡ ㉮ ➡ ㉰ ➡ ㉯

10 다음 모양을 만들기 위해 필요한 블록은 각각 몇 개인지 구해 보시오.

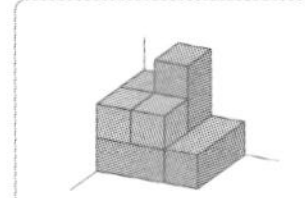

: 3 개

: 4 개

정답과 풀이 47쪽

09 가려진 곳이 없는 색종이가 가장 위에 있는 색종이입니다. 가장 위에 있는 색종이부터 한 장씩 빼 봅니다.

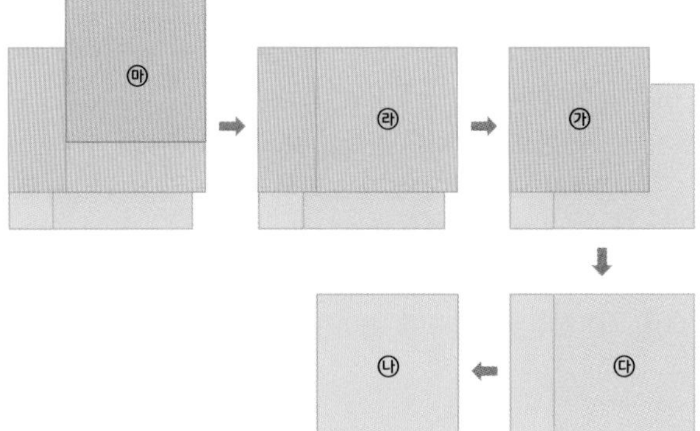

10 왼쪽 모양에서 분홍색 블록이 없을 때 모습을 생각해 봅니다.

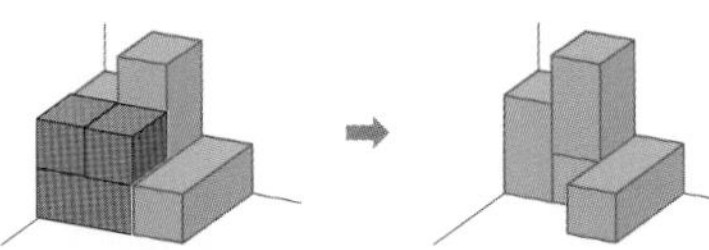

오른쪽 모양에서 연두색 블록이 1개, 파란색 블록이 3개이므로 주어진 모양을 만들기 위해 필요한 연두색 블록은 3개, 파란색 블록은 4개입니다.

01 장난감을 사는 데 필요한 320원을 동전 6개로 만들어 보시오.

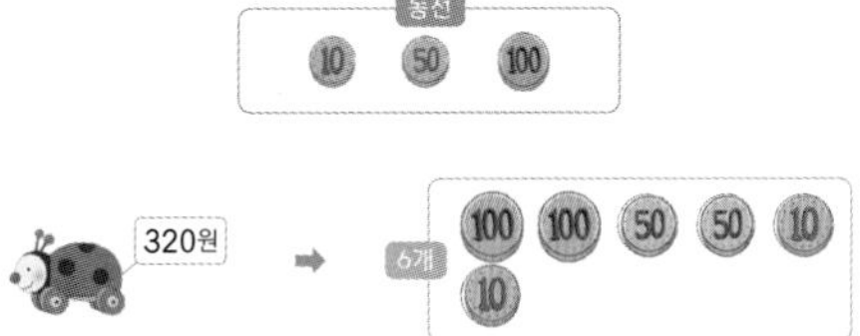

02 원숭이, 돼지, 강아지, 양이 달리기를 하고 있습니다. 그림을 보고 알 수 있는 사실을 완성해 보시오.

- 처음과 같은 등수를 유지하고 있는 동물은 원숭이입니다.
- 처음에는 3등이었지만 2마리나 앞지른 동물은 돼지 입니다.

03 친구들은 서로 다른 색의 블록을 1개씩 갖고 있습니다. 친구들이 갖고 있는 블록 색깔을 안에 알맞게 써넣으시오.

➡ 세아: 연두색 영주: 노란색 성호: 보라색

04 문장을 보고, 안에 좋아하는 것은 ○, 좋아하지 않는 것은 ×표 하시오.

- 주연, 혜수, 은우는 개나리, 장미, 튤립 중 서로 다른 꽃을 1가지씩 좋아합니다.
- 혜수는 개나리를 좋아합니다.

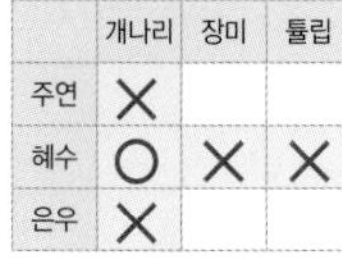

	개나리	장미	튤립
주연	×		
혜수	○	×	×
은우	×		

01 320원을 최소의 동전 개수로 만든 다음 조건에 맞게 동전을 바꿉니다.

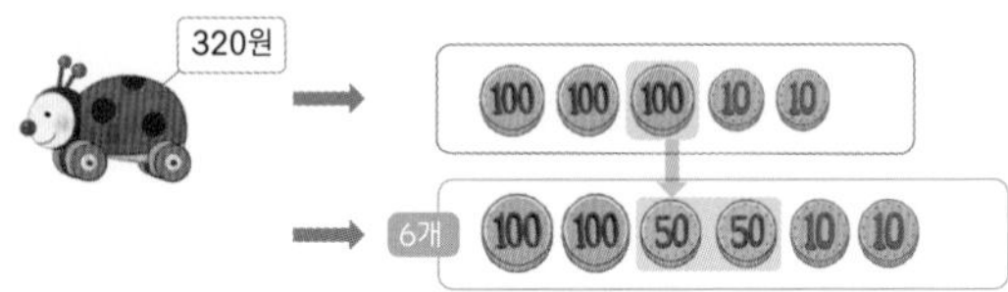

02

출발선 결승선

원숭이 돼지 강아지 양 … 원숭이 강아지 양 돼지

- 원숭이는 계속 4등입니다.
- 처음에는 3등이었지만 2마리나 앞질러 1등이 된 동물은 돼지입니다.

03
- 당신은 노란색 블록을 갖고 있습니까?라는 질문의 답이 '예'인 사람은 영주입니다.
  ➡ 영주는 노란색 블록을 갖고 있습니다.
- 당신은 보라색 블록을 갖고 있지 않습니까?라는 질문의 답이 '아니오'인 사람은 성호입니다.
  ➡ 성호는 보라색 블록을 갖고 있습니다.

영주가 노란색, 성호가 보라색 블록을 갖고 있으므로 세아는 연두색 블록을 갖고 있습니다.

04 ① 혜수는 개나리를 좋아합니다.

	개나리	장미	튤립
주연			
혜수	○		
은우			

② 혜수는 장미와 튤립을 좋아하지 않습니다.

	개나리	장미	튤립
주연			
혜수	○	×	×
은우			

③ 주연이와 은우는 개나리를 좋아하지 않습니다.

	개나리	장미	튤립
주연	×		
혜수	○	×	×
은우	×		

형성평가 논리추론 영역

05 빈 곳에 필요한 동전을 써넣어 팽이를 사는 데 필요한 금액을 여러 가지 방법으로 만들어 보시오.

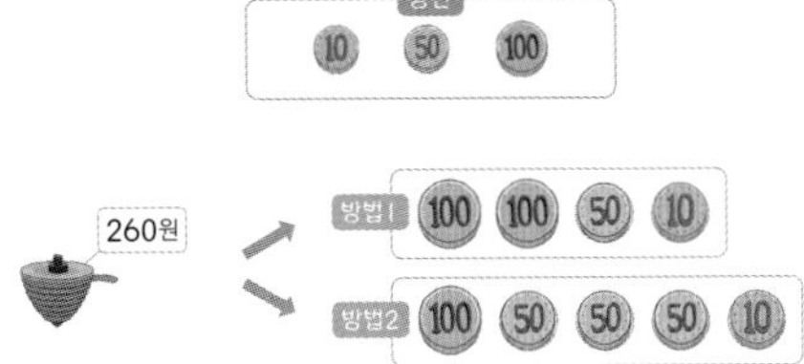

06 승혜, 은서, 정수, 인영이는 달리기를 했습니다. 친구들의 등수를 1등부터 순서대로 써 보시오.

- 은서는 승혜와 정수보다 늦게 들어왔습니다.
- 인영이는 가장 늦게 들어왔습니다.
- 승혜는 정수보다 먼저 결승선에 들어왔습니다.

(1등) 승혜 – 정수 – 은서 – 인영 (4등)

16

07 수진, 정우, 연아는 문씨, 최씨, 박씨 중 하나의 성을 각각 가지고 있습니다. ▢ 안에 알맞게 성을 써넣으시오.

	수진	정우	연아
당신은 최씨입니까?	○	×	×
당신은 박씨가 아닙니까?	○	○	×

➡ 최 수진, 문 정우, 박 연아

08 친구들의 대화의 진실과 거짓을 보고, 구슬의 주인을 찾아보시오. 경아

17

05 주어진 금액을 최소의 동전 개수로 만든 다음 주어진 조건에 맞게 동전을 바꿉니다.

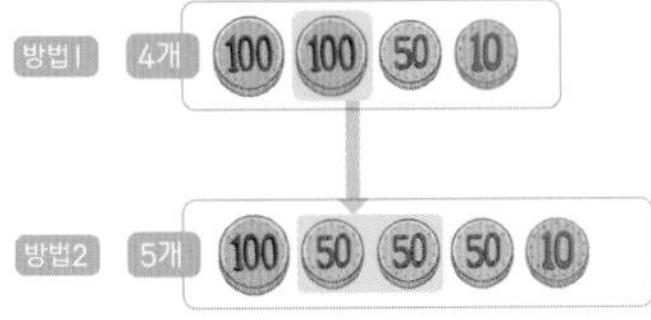

06
- 인영이는 가장 늦게 들어왔습니다.
  ➡ 인영이는 4등입니다.
- 은서는 승혜와 정수보다 늦게 들어왔습니다.
  ➡ 인영이가 4등이므로 은서는 3등입니다.
- 승혜는 정수보다 먼저 결승선에 들어왔습니다.
  ➡ 승혜는 1등, 정수는 2등입니다.

07
- 당신은 최씨입니까?라는 질문의 답이 '예'인 사람은 수진입니다.
  ➡ 수진이는 최씨입니다.
- 당신은 박씨가 아닙니까?라는 질문의 답이 '아니오'인 사람은 연아입니다.
  ➡ 연아는 박씨입니다.

수진이는 최씨, 연아는 박씨이므로 정우는 문씨입니다.

08
- 형주: 나는 구슬을 갖고 있어. 거짓
  ➡ 형주는 구슬을 갖고 있지 않습니다.
- 성훈: 나는 누가 구슬을 갖고 있는지 몰라. 진실
  ➡ 성훈이는 누가 구슬을 갖고 있는지 모릅니다.
- 경아: 나는 구슬을 갖고 있지 않아. 거짓
  ➡ 경아는 구슬을 갖고 있습니다.

따라서 구슬을 갖고 있는 사람은 경아입니다.

형성평가 논리추론 영역

09 지원, 우정, 태호는 필통, 가위, 연필 중 서로 다른 물건을 1가지씩 가지고 있습니다. 문장을 보고, 표를 이용하여 친구들이 가지고 있는 물건을 알아보시오. **지원: 연필, 우정: 가위, 태호: 필통**

- 태호는 가위를 가지고 있지 않습니다.
- 지원이는 연필을 가지고 있습니다.

	필통	가위	연필
지원	×	×	○
우정	×	○	×
태호	○	×	×

10 선호, 혜윤, 재희, 민수의 나이가 다음과 같을 때, 나이가 적은 순서대로 이름을 써 보시오. **혜윤, 선호, 재희, 민수**

- 민수는 4명 중에서 나이가 가장 많습니다.
- 혜윤이는 선호보다 나이가 어립니다.
- 재희는 선호보다 나이가 많습니다.

18

정답과 풀이 50쪽

09 • 태호는 가위를 가지고 있지 않습니다.

	필통	가위	연필
지원			
우정			
태호		×	

• 지원이는 연필을 가지고 있습니다.

	필통	가위	연필
지원	×	×	○
우정			×
태호		×	×

➡ 태호는 필통을 가지고 있습니다.
➡ 우정이는 필통과 연필을 가지고 있지 않으므로 가위를 가지고 있습니다.

	필통	가위	연필
지원	×	×	○
우정	×	○	×
태호	○	×	×

10 • 민수는 4명 중에서 나이가 가장 많습니다.
• 혜윤이는 선호보다 나이가 어립니다.
➡ 혜윤 < 선호 < 민수
• 재희는 선호보다 나이가 많습니다.
➡ 혜윤 < 선호 < 재희 < 민수

총괄평가

Lv. 1 기본 C

01 두 수의 차가 5가 되도록 ▭ 또는 ▯으로 모두 묶어 보시오.

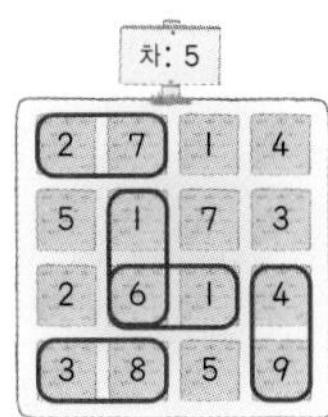

02 사다리타기를 하면서 계산하여 빈 곳에 알맞은 수를 써넣으시오.

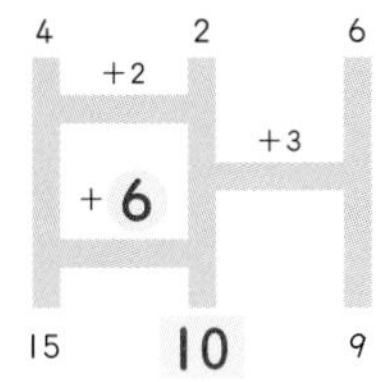

20

03 주어진 수 카드를 모두 사용하여 올바른 식을 만들어 보시오. (단, $1+2=3$, $2+1=3$과 같이 같은 수로 만든 식은 같은 것으로 봅니다.)

(1) 1 9 2 6 ➡ $1+6=9-2$
$2+6=9-1$

(2) 8 1 3 4 ➡ $8-1=3+4$
$8-3=1+4$
$8-4=1+3$

04 1부터 6까지의 수를 한 번씩만 사용하여 가로줄과 세로줄에 있는 세 수의 합이 같도록 만들어 보시오.

(1) 세 수의 합: 9 (2) 세 수의 합: 12

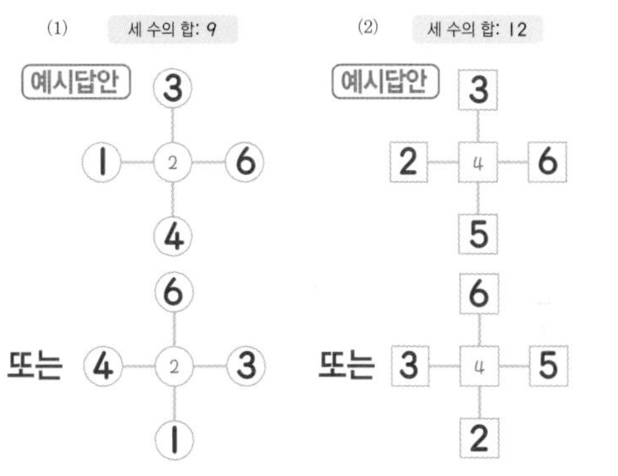

21

01 1부터 9까지의 수 중에서 두 수의 차가 5인 경우는 다음과 같습니다.
$6-1=5$ $7-2=5$ $8-3=5$ $9-4=5$

02

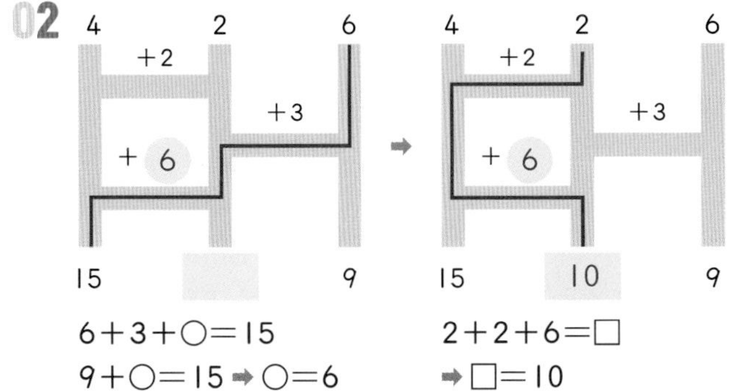

$6+3+○=15$
$9+○=15$ ➡ $○=6$

$2+2+6=□$
➡ $□=10$

03 (1) 주어진 수 카드 중에서 두 수의 합이 다른 두 수의 차가 되는 경우를 찾아봅니다.
TIP 덧셈식에 쓰인 수의 위치를 바꾸어도 정답입니다.
(2) 주어진 수 카드 중에서 두 수의 차가 다른 두 수의 합이 되는 경우를 찾아봅니다.
TIP 덧셈식에 쓰인 수의 위치를 바꾸어도 정답입니다.

04 (1) 2를 제외하고 두 수의 합이 $9-2=7$이 되는 수들을 찾아봅니다. ➡ $3+4=1+6$
(2) 4를 제외하고 두 수의 합이 $12-4=8$이 되는 수들을 찾아봅니다. ➡ $2+6=3+5$

총괄평가 I

Lv.1 기본 C

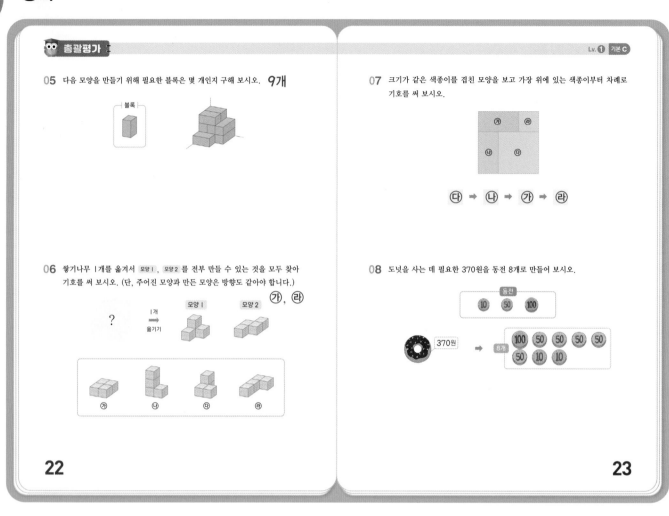

05 다음 모양을 만들기 위해 필요한 블록은 몇 개인지 구해 보시오. 9개

블록

06 쌓기나무 1개를 옮겨서 모양 1, 모양 2를 전부 만들 수 있는 것을 모두 찾아 기호를 써 보시오. (단, 주어진 모양과 만든 모양은 방향도 같아야 합니다.) ㉮, ㉱

? 1개 옮기기 모양 1 모양 2

㉮ ㉯ ㉰ ㉱

22

07 크기가 같은 색종이를 겹친 모양을 보고 가장 위에 있는 색종이부터 차례로 기호를 써 보시오.

㉮ ㉱ ㉯ ㉰

㉰ → ㉯ → ㉮ → ㉱

08 도넛을 사는 데 필요한 370원을 동전 8개로 만들어 보시오.

동전 10 50 100

370원 → 8개 100 50 50 50 50 50 10 10

23

05 보이는 블록의 개수와 보이지 않는 블록의 개수를 나누어 셉니다.

보이는 블록 보이지 않는 블록

06

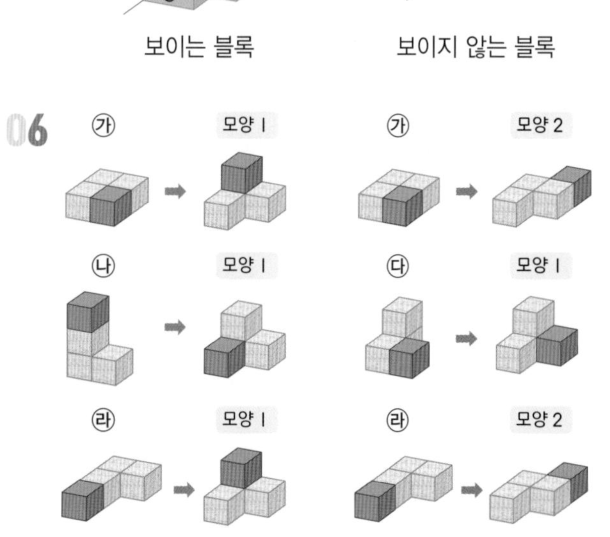

07 가려진 곳이 없는 색종이가 가장 위에 있는 것입니다. 가장 위에 있는 색종이부터 한 장씩 빼 봅니다.

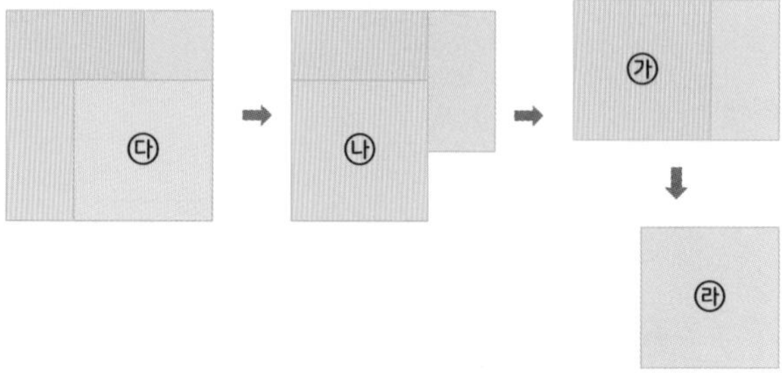

08 370원을 최소 동전 개수로 만든 다음 조건에 맞게 동전을 바꿉니다.

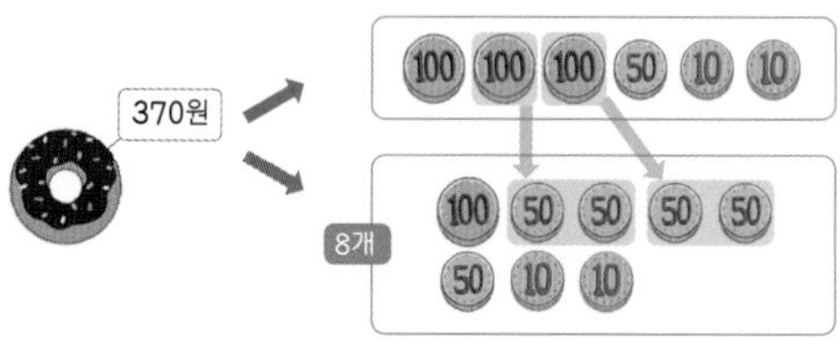

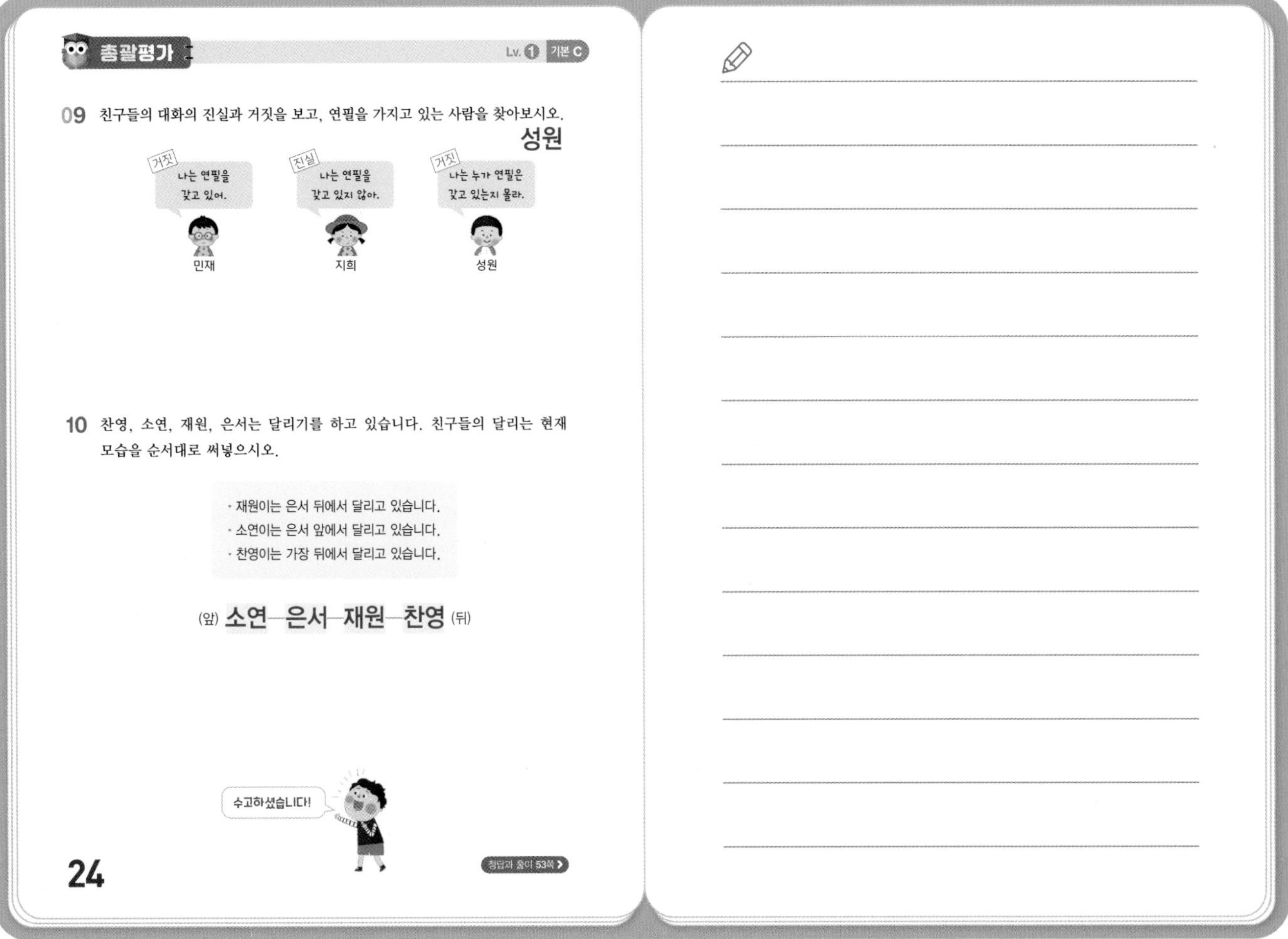

09 • 민재: 나는 연필을 갖고 있어. 거짓
➡ 민재는 연필을 갖고 있지 않습니다.
• 지희: 나는 연필을 갖고 있지 않아. 진실
➡ 지희는 연필을 갖고 있지 않습니다.
• 성원: 나는 누가 연필을 갖고 있는지 몰라. 거짓
➡ 성원이는 누가 연필을 갖고 있는지 압니다.
따라서 연필을 갖고 있는 사람은 성원입니다.

10 • 찬영이는 가장 뒤에서 달리고 있습니다.
➡ 찬영이는 4등입니다.
• 소연이는 은서 앞에서 달리고 있고 재원이는 은서 뒤에서 달리고 있습니다.
➡ 소연, 은서, 재원의 순서로 달리고 있습니다.
따라서 소연, 은서, 재원, 찬영 순서로 달리고 있습니다.

MEMO

창의사고력
초등수학

팩토

팩토는 자유롭게 자신감있게 창의적으로
생각하는 주·니·어·수·학·자입니다.

Free Active Creative Thinking O. Junior mathtian

논리적 사고력과 창의적 문제해결력을 키워 주는

매스티안 교재 활용법!

대상	창의사고력 교재			연산 교재
	팩토슐레 시리즈	팩토 시리즈		원리 연산 소마셈
4~5세	 팩토슐레 Math Lv.1 (6권)			
5~6세	 팩토슐레 Math Lv.2 (6권)			
6~7세	 팩토슐레 Math Lv.3 (6권)	 팩토 킨더 A, 팩토 킨더 B	팩토 킨더 C, 팩토 킨더 D	 소마셈 K시리즈 K1~K8
7세~초1		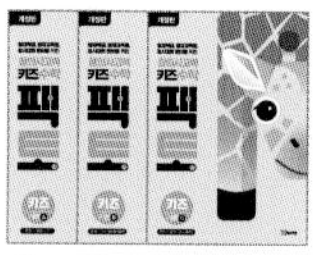 팩토 키즈 기본 A, B, C 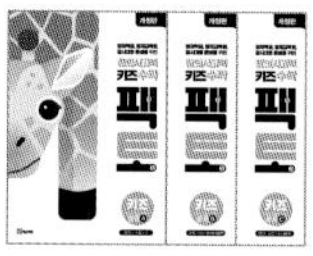	팩토 키즈 응용 A, B, C	 소마셈 P시리즈 P1~P8
초1~2		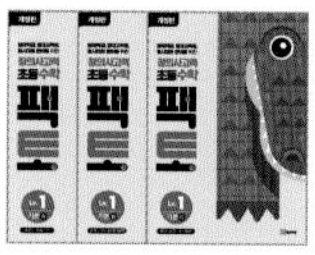 팩토 Lv.1 기본 A, B, C 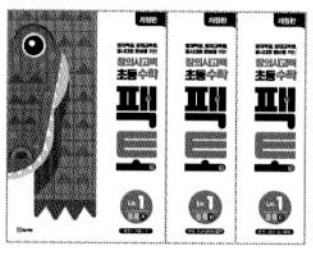	팩토 Lv.1 응용 A, B, C	 소마셈 A시리즈 A1~A8
초2~3		 팩토 Lv.2 기본 A, B, C 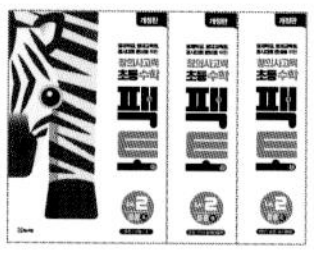	팩토 Lv.2 응용 A, B, C	 소마셈 B시리즈 B1~B8
초3~4		 팩토 Lv.3 기본 A, B, C 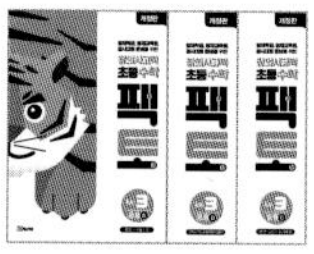	팩토 Lv.3 응용 A, B, C	 소마셈 C시리즈 C1~C8
초4~5		 팩토 Lv.4 기본 A, B 	팩토 Lv.4 응용 A, B	 소마셈 D시리즈 D1~D6
초5~6		 팩토 Lv.5 기본 A, B 	팩토 Lv.5 응용 A, B	
초6~		 팩토 Lv.6 기본 A, B 	팩토 Lv.6 응용 A, B	